全国高等学校计算机教育研究会
计算机核心课程规划教材

丛书主编 何炎祥

Web前端开发案例剖析教程

（HTML5+CSS3+JavaScript+jQuery）

李林 张艳辉 杨蓓 编著

清华大学出版社
北京

内 容 简 介

本书系统地介绍了 Web 前端开发技术 HTML、CSS、JavaScript 和 jQuery 的核心内容与 Web 前端网站的设计开发方法，包括 Web 前端开发概述、HTML5 语法基础、简单图文网页设计、层叠样式表 CSS、网页的布局设计、JavaScript 语言基础、BOM 与 DOM 编程、HTML5 进阶、应用 CSS3 渲染网页效果、jQuery 基础与应用共 10 章的内容。

本书面向 Web 前端设计与开发的实际应用，应用案例剖析教学法的教学理念，实施"案例-应用、知识-应用"双线与"案例-知识"双向的教学法，深入剖析知识要点，以问题为导向，培养读者解决问题的能力。通过阅读本书，读者可以快速掌握 Web 前端网站设计开发的技术和方法，并达到一定的实际应用水平。

本书适合作为普通高校计算机类本科专业的教材，也适合 Web 前端设计与开发爱好者自学使用。

版权所有，侵权必究。举报：010-62782989，beiqinquan@tup.tsinghua.edu.cn。

图书在版编目（CIP）数据

Web 前端开发案例剖析教程：HTML5＋CSS3＋JavaScript＋jQuery /李林，张艳辉，杨蓓编著. -- 北京：清华大学出版社，2025.5. -- （全国高等学校计算机教育研究会计算机核心课程规划教材）. -- ISBN 978-7-302-68949-2

Ⅰ. TP312.8；TP393.092.2

中国国家版本馆 CIP 数据核字第 2025XY2589 号

责任编辑：谢 琛 苏东方
封面设计：傅瑞学
责任校对：申晓焕
责任印制：曹婉颖

出版发行：清华大学出版社
网　　址：https://www.tup.com.cn,https://www.wqxuetang.com
地　　址：北京清华大学学研大厦 A 座
邮　　编：100084
社 总 机：010-83470000
邮　　购：010-62786544
投稿与读者服务：010-62776969，c-service@tup.tsinghua.edu.cn
质量反馈：010-62772015，zhiliang@tup.tsinghua.edu.cn
课件下载：https://www.tup.com.cn,010-83470236

印 装 者：三河市铭诚印务有限公司
经　　销：全国新华书店
开　　本：185mm×260mm
印　　张：25.75
字　　数：624 千字
版　　次：2025 年 5 月第 1 版
印　　次：2025 年 5 月第 1 次印刷
定　　价：79.00 元

产品编号：104223-01

全国高等学校计算机教育研究会
计算机核心课程规划教材编委会

主任
  何炎祥   武汉大学 教授

委员(按姓氏拼音排序)
  贲可荣   海军工程大学 教授
  曹淑艳   对外经济贸易大学 教授
  陈向群   北京大学 教授
  陈志刚   中南大学 教授
  杜小勇   中国人民大学 教授
  古天龙   暨南大学 教授
  郭 耀   北京大学 教授
  何钦铭   浙江大学 教授
  黄 岚   吉林大学 教授
  蒋宗礼   北京工业大学 教授
  李轩涯   百度公司高校合作部 总监
  李 莹   北京航空航天大学 副教授
  罗军舟   东南大学 教授
  马昱春   清华大学 教授
  毛新军   国防科技大学 教授
  孙茂松   清华大学 教授
  王志英   国防科技大学 教授
  王 茜   重庆大学 教授
  吴黎兵   武汉大学 教授
  武永卫   清华大学 教授
  徐晓飞   哈尔滨工业大学 教授
  姚 琳   北京科技大学 教授
  张 莉   北京航空航天大学 教授
  郑 莉   清华大学 教授
  周兴社   西北工业大学 教授

秘书
  谢 琛   清华大学出版社 编审

计算机核心课程规划教材序

在数字经济与智能技术深度融合的新时代浪潮中,计算机教育已巍然矗立为国家核心竞争力的坚固基石。全国高等学校计算机教育研究会肩负历史使命,自 2019 年起,启动《计算机核心课程规范》的研制工作,旨在打造一套彰显时代特征、蕴含中国特色的计算机教育体系。本规划教材的问世,正是这一宏伟蓝图的实践篇章,矢志培养兼具全球视野与创新能力的拔尖人才和卓越工程师,为国家的智能时代发展注入不竭动力。

全国高等学校计算机教育研究会与清华大学出版社联手精心策划并组织"计算机核心课程规划教材"的编写,旨在为我国计算机教育提供一套体系完备、特色鲜明、适应多层次需求的高质量教材。这些教材将覆盖离散数学、程序设计、数据结构、计算机原理、数据库原理、编译原理、操作系统、软件工程、计算机网络、人工智能等计算机专业核心课程,它们是计算机学科的基础和核心,对于培养学生的专业素养和创新能力具有重要意义。在编写过程中,我们要求作者参照《计算机核心课程规范》系列的团体标准,以保证教材的质量,同时紧跟计算机技术的发展步伐与社会需求变化,不断引入前沿技术与新知识,使本套教材始终保持开放性、时代性与先进性。

我们鼓励编写符合社会与学校需求的新技术教材,以满足不同层次学校与学生的多样化需求。同一门课程可根据学校层次的不同编写不同难度的教材,同一层次的教材也可根据教学改革的特点编写出各具特色的版本。此外,我们还积极考虑数字教材的出版以及将部分课程教材编写成中英(或中外)双语版本,以逐步推向港澳台地区、东南亚及"一带一路"沿线国家,促进国际间的交流与合作,共同推动计算机教育的繁荣发展。

本教材的编委会由长期从事教育教学工作的教育部教学指导委员会委员、全国高校计算机教育研究会会员、CCF 教育专委会委员、部分头部企业的成员、部分资深教授和青年翘楚及年富力强的专家学者组成,具有广泛的代表性和一定的影响力。本教材特色鲜明,主要体现在**战略引领·体系创新**,以国家"六卓越一拔尖"计划为纲,构建"标准-教材-教学"战略闭环,打造基础层,夯实学科筋骨、专业层衔接工程认证、拓展层融通前沿技术的三级课程体系,实现教育链与创新链同频共振;**产教协同·实战赋能**,与百度、华为、腾讯等头部企业共建"产业命题库",通过双导师制将鸿蒙开发、云数据库优化等工程实战转化为教学模块,同步对接国际认证体系,形成"前沿技术监测-产业案例反哺-职业认证直通"的产教融合生态;**多维融通·智慧教学**,构建"思政引领+虚实结合"的立体化教学资源库,集成微课慕课、数字教材、活页教材与虚拟仿真平台,采用分层适配设计(基础版/进阶版),通过 OBE-CDIO 融合模式贯通"理论解构-技术贯通-代码实战"全流程,适配新工科多元化培养需求。

在数字经济与智能技术深度融合的璀璨时代,计算机教育犹如国家核心竞争力的璀璨明珠,熠熠生辉。本套规划教材的问世,犹如一股清泉,滋润着计算机教育的沃土,为培养兼具全球视野与创新能力的拔尖人才和卓越工程师提供了坚实的支撑。我们精心雕琢每一本教材，使其既符合时代特征，又蕴含中国特色，犹如一座座灯塔，照亮着学子们前行的道路。愿这套规划教材能够成为广大师生的宝贵财富，推动我国计算机教育事业蓬勃发展，为构建人类数字文明共同体贡献智慧与力量。

2025 年 5 月

前言 foreword

Web前端设计与开发主要涉及HTML、CSS、JavaScript与jQuery四个最基本、最核心的内容,其中,HTML与CSS的紧密耦合关系一直是教学中的难点,再加上一些内容比较烦琐,需要学生花费较多时间学习才能做到融会贯通并独立设计开发一个完整与实用的网站。教学课时制定为64学时是一个比较合理的安排,但在实际教学中,课程往往只能分配48学时甚至32学时,导致课程教学难以达到独立开发实用网站的预期目标,基本上无法涉及后续课程Vue、响应式布局等课程内容,影响Web大前端课程体系的有效实施。因此,重组课程的教学内容、改进教学方法是解决问题的关键。

本书打破Web前端设计与开发课程的传统编写方法,不从语法分类的线索去介绍HTML标签,而是从实用的视角,将网页分成文本网页、图册网页、图文网页和表单网页四个基本类型,精心设计案例,将标签巧妙地融合到这四个基本类型的网页中进行系统性的介绍,能极大地提升学生的学习兴趣与学习效果。

在第1章中,本书用彩色个人简历案例启发学生思考,促进他们深刻理解什么是HTML、什么是CSS;用诗词网页案例构建一个HTML+CSS的最小结构模型,巧妙地化解了HTML与CSS的耦合关系难以理解与掌握的难点。在后续的各章中,不断对HTML+CSS最小结构模型进行强化与扩展,当介绍层叠性样式表CSS时,已经是水到渠成,学生很容易掌握CSS的层叠性、继承性、冲突性等难点内容,掌握正确判断CSS的优先性的方法;在介绍JavaScript及jQuery时,自然形成HTML+CSS+JavaScript+jQuery的完整模型,便于学生熟练地将它应用于实用网站的设计与开发中。

本书应用案例剖析教学法的教学理念,在每章的第1节精选设计案例,实施案例驱动知识教学。案例剖析教学法不是简单地对代码进行注释与解释,而是揭示与案例关联的知识树枝之间的内在规律与应用场景,是"案例-应用、知识-应用"双线与"案例-知识"双向的知识构建与知识应用的教学理念。在下面的Web前端设计与开发知识体系结构图中,知识与案例各成体系。案例剖析教学法采用双线双向并进驱动,学生通过学习案例与思考问题,勾勒知识体系的结构,通过学习知识树，得到完整的知识体系，两者互为补充、相得益彰。学生在学习中培养发现知识与应用知识的能力，能够极大地提高学习的效率与效果以及评价等级。

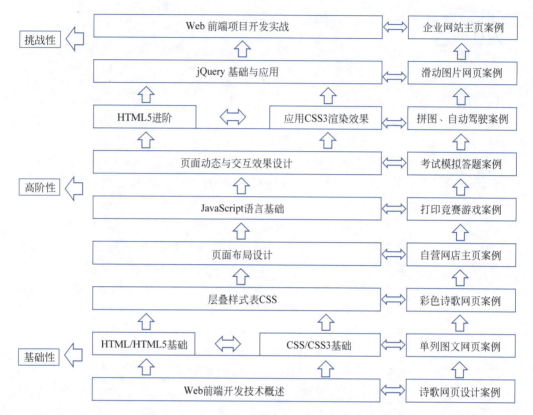

本书特色鲜明，注重选材，在内容与案例中渗透课程教育的元素，实现润物无声、潜移默化的教育效果。赞扬好校园、好企业、好产品、好服务、好价格，弘扬优秀的社会、企业和校园文化，弘扬中国优秀的传统文化，激发学生的爱国情怀。

本书概念严密，体例丰富。为保证正文内容的完整性和逻辑性，设计了延伸阅读、问题思考和小提示等环节。在介绍知识内容时辅以大量案例，并配有具体的网页代码，所有的代码都集成为一个网站，通过 index 主页就能便捷浏览到各实例和案例。本书的实例和案例都是作品级的教学网页，有利于培养学生良好的网页设计与编程风范。

本书由汉口学院李林组织编写，李宜炜编写第 2 章，杨蓓编写第 3 章，张艳辉编写第 7 章与第 10 章，李林编写其余章。王毅超、李创举、季春颖也参加了编写工作，负责网页程序与代码的调试、习题与解答、课件制作、实验等方面。课程的教学安排建议如下。

章 节 名 称	理论学时	实验学时	线上学时
第 1 章 Web 前端开发概述	2	2	
第 2 章 HTML5 语法基础	2		
第 3 章 简单图文网页设计	6	4	2
第 4 章 层叠样式表 CSS	4		2

续表

章节名称	理论学时	实验学时	线上学时
第5章 网页的布局设计	3	2	2
第6章 JavaScript 语言基础	2	2	2
第7章 BOM 与 DOM 编程	3	2	2
第8章 HTML5 进阶	4	2	2
第9章 应用 CSS3 渲染网页效果	2		4
第10章 jQuery 基础与应用	4	2	
总计 64 学时	**32**	**16**	**16**

  本书是全国高等院校计算机基础教育研究会 2023 年度"应用型高校'Web 前端开发'课程教学模式研究"项目（批准号 2023-AFCEC-024）的研究成果，体现了双线双向的教学理念。

  本书提供全部的实例、案例代码，课程大纲、教案、教学课件 PPT、习题解答、视频等资源，如有需要，可扫描文后二维码下载。

  限于作者水平和能力，书中难免有疏漏和不足之处，恳请各位同仁和广大读者批评指正。

作　者
2025 年 1 月

目录

第 1 章 Web 前端开发概述 ... 1

- 1.1 案例 1 制作彩色个人简历 ... 2
- 1.2 万维网 ... 6
  - 1.2.1 万维网的概念 ... 6
  - 1.2.2 万维网的组成 ... 7
  - 1.2.3 万维网的原理 ... 7
  - 1.2.4 相关名词 ... 8
- 1.3 网页与网站 ... 9
  - 1.3.1 网页 ... 9
  - 1.3.2 静态和动态网页 ... 10
  - 1.3.3 Web 网站 ... 10
- 1.4 HTML 与 CSS ... 11
  - 1.4.1 HTML ... 11
  - 1.4.2 CSS ... 13
- 1.5 Web 发展历程 ... 15
  - 1.5.1 HTML 发展历程 ... 15
  - 1.5.2 CSS 发展历程 ... 15
- 1.6 Web 标准 ... 16
  - 1.6.1 结构标准 ... 16
  - 1.6.2 表现标准 ... 16
  - 1.6.3 行为标准 ... 16
- 1.7 浏览器 ... 17
  - 1.7.1 主流浏览器 ... 17
  - 1.7.2 浏览器内核 ... 17
- 1.8 Web 前端技术 ... 19
  - 1.8.1 核心开发技术 ... 19
  - 1.8.2 常用的技术框架和库 ... 20
- 1.9 开发工具 ... 21

    1.9.1 Dreamweaver 简介 ······ 21
    1.9.2 Dreamweaver 工作区 ······ 21
    1.9.3 文档窗口 ······ 23
    1.9.4 工具栏 ······ 24
    1.9.5 状态栏 ······ 25
    1.9.6 属性检查器 ······ 25
    1.9.7 插入面板 ······ 26
    1.9.8 文件面板 ······ 27
    1.9.9 CSS Designer 面板 ······ 27
    1.9.10 重新排列面板 ······ 28
  1.10 案例 2 应用 Dreamweaver 面板制作诗词网页 ······ 30
  1.11 本章小结 ······ 42
  习题 ······ 42

第 2 章 HTML5 语法基础 ······ 44

  2.1 案例 3 应用 Dreamweaver 代码设计网页模板 ······ 44
  2.2 HTML5 标签与属性 ······ 50
    2.2.1 HTML5 标签 ······ 50
    2.2.2 标签属性 ······ 54
    2.2.3 属性设置实例 ······ 56
  2.3 HTML 字符实体 ······ 59
  2.4 HTML 颜色 ······ 61
    2.4.1 颜色的表示方法 ······ 61
    2.4.2 颜色的搭配 ······ 63
  2.5 HTML5 文档结构 ······ 63
    2.5.1 HTML5 网页文档的典型结构 ······ 63
    2.5.2 文档结构标签用法 ······ 65
  2.6 HTML5 文档编码规则 ······ 69
  2.7 本章小结 ······ 69
  习题 ······ 69

第 3 章 简单图文网页设计 ······ 71

  3.1 案例 4 古典小说网页设计 ······ 71
  3.2 文本网页设计应用的标签 ······ 74
    3.2.1 <span>标签 ······ 74
    3.2.2 <p>标签 ······ 76
    3.2.3 <h1>~<h6>标签 ······ 78
    3.2.4
标签 ······ 78

3.2.5 <hr>标签 ……………………………………………………… 79
3.2.6 <div>标签 ……………………………………………………… 80
3.2.7 <a>标签 ………………………………………………………… 81
3.2.8 <marquee>标签 ………………………………………………… 84
3.2.9 文本格式标签 …………………………………………………… 85
3.2.10 列表标签 ……………………………………………………… 87
3.3 案例5 图册网页设计 ……………………………………………………… 89
3.4 图册网页设计应用的标签 ………………………………………………… 91
3.4.1 <img>标签 ……………………………………………………… 91
3.4.2 <table>组标签 ………………………………………………… 95
3.4.3 <map>与<area>标签 …………………………………………… 99
3.5 案例6 连环画网页设计 …………………………………………………… 100
3.6 图文网页设计应用的标签 ………………………………………………… 104
3.6.1 <figure>与<figcaption>标签 ………………………………… 105
3.6.2 <header>、<nav>与<footer>标签 …………………………… 105
3.6.3 <main>、<section>、<article>与<aside>标签 …………… 105
3.7 案例7 线上学习注册网页设计 …………………………………………… 108
3.8 表单网页设计应用的标签 ………………………………………………… 111
3.8.1 <form>标签 …………………………………………………… 111
3.8.2 <input>标签 ………………………………………………… 113
3.8.3 <select>标签 ………………………………………………… 119
3.8.4 <textarea>标签 ……………………………………………… 120
3.9 本章小结 …………………………………………………………………… 121
习题 ……………………………………………………………………………… 121

第4章 层叠样式表 CSS ……………………………………………………… 123

4.1 案例8 彩色版古诗网页设计 ……………………………………………… 123
4.2 CSS 基本语法 ……………………………………………………………… 127
4.2.1 CSS 语法格式 ………………………………………………… 127
4.2.2 CSS 的类型 …………………………………………………… 128
4.2.3 CSS3 属性前缀 ………………………………………………… 131
4.3 CSS 选择器 ………………………………………………………………… 132
4.3.1 基本选择器 …………………………………………………… 132
4.3.2 共同属性选择器 ……………………………………………… 134
4.3.3 复合选择器 …………………………………………………… 134
4.3.4 属性选择器 …………………………………………………… 135
4.3.5 伪类与伪元素 ………………………………………………… 136
4.4 CSS 优先级 ………………………………………………………………… 139
4.4.1 继承性、层叠性与冲突性 …………………………………… 139

4.4.2　样式的优先级 ………………………………………………… 140
4.5　CSS 框模型 …………………………………………………………… 144
　　4.5.1　CSS 框模型定义 ……………………………………………… 144
　　4.5.2　元素框设置 …………………………………………………… 145
　　4.5.3　元素框应用 …………………………………………………… 148
4.6　CSS 样式常用属性 …………………………………………………… 152
　　4.6.1　文本属性 ……………………………………………………… 152
　　4.6.2　字体属性 ……………………………………………………… 153
　　4.6.3　背景属性 ……………………………………………………… 153
　　4.6.4　列表属性 ……………………………………………………… 154
　　4.6.5　表格属性 ……………………………………………………… 155
　　4.6.6　visibility 属性 ………………………………………………… 155
　　4.6.7　display 属性 …………………………………………………… 155
　　4.6.8　position 属性 ………………………………………………… 156
　　4.6.9　float 与 clear 属性 …………………………………………… 156
4.7　本章小结 ……………………………………………………………… 157
习题 ………………………………………………………………………… 157

第 5 章　网页的布局设计

5.1　案例 9　自营电器网店主页设计 …………………………………… 160
5.2　网页的布局方法 ……………………………………………………… 167
　　5.2.1　绝对宽度布局 ………………………………………………… 167
　　5.2.2　相对宽度布局 ………………………………………………… 169
　　5.2.3　响应式布局 …………………………………………………… 171
5.3　应用 div+CSS 设计页面板块 ………………………………………… 171
　　5.3.1　页首板块设计 ………………………………………………… 172
　　5.3.2　页脚板块设计 ………………………………………………… 172
　　5.3.3　页面主体板块设计 …………………………………………… 172
5.4　元素框的定位与浮动 ………………………………………………… 172
　　5.4.1　静态定位 ……………………………………………………… 173
　　5.4.2　固定定位 ……………………………………………………… 176
　　5.4.3　黏性定位 ……………………………………………………… 177
　　5.4.4　相对定位 ……………………………………………………… 178
　　5.4.5　绝对定位 ……………………………………………………… 181
　　5.4.6　浮动布局 ……………………………………………………… 184
5.5　弹性布局 ……………………………………………………………… 187
　　5.5.1　flex 容器 ……………………………………………………… 187
　　5.5.2　容器的属性 …………………………………………………… 188
　　5.5.3　项目的属性 …………………………………………………… 192

5.6	本章小结	198
习题		198

第 6 章　JavaScript 语言基础 · 200

- 6.1 案例 10　打字竞赛游戏编程 · 200
- 6.2 JavaScript 概述 · 203
  - 6.2.1 JavaScript 与 Java · 203
  - 6.2.2 JavaScript 的作用 · 204
- 6.3 在网页中插入 JavaScript 的方式 · 206
  - 6.3.1 内部嵌入 · 206
  - 6.3.2 外部链接 · 209
  - 6.3.3 行内嵌入 · 210
- 6.4 基本语法 · 211
  - 6.4.1 标识符 · 211
  - 6.4.2 关键字 · 212
  - 6.4.3 数据类型 · 212
  - 6.4.4 常量 · 213
  - 6.4.5 变量 · 214
  - 6.4.6 注释 · 216
  - 6.4.7 分号 · 216
  - 6.4.8 运算符 · 217
  - 6.4.9 表达式 · 219
- 6.5 程序结构 · 219
  - 6.5.1 顺序结构 · 219
  - 6.5.2 分支结构 · 220
  - 6.5.3 循环结构 · 223
- 6.6 函数 · 226
  - 6.6.1 函数定义 · 226
  - 6.6.2 函数返回值 · 228
  - 6.6.3 函数调用 · 229
- 6.7 对象 · 230
  - 6.7.1 JavaScript 对象类型 · 230
  - 6.7.2 自定义对象 · 231
  - 6.7.3 对象的使用 · 232
  - 6.7.4 对象属性引用 · 234
  - 6.7.5 对象的事件 · 234
  - 6.7.6 对象方法引用 · 234
- 6.8 内部对象 · 235
  - 6.8.1 本地对象 · 235

6.8.2 内置对象 ………………………………………………………… 246
 6.9 全局函数和属性 …………………………………………………… 247
 6.10 本章小结 …………………………………………………………… 248
 习题 ………………………………………………………………………… 248

第 7 章 BOM 与 DOM 编程 ………………………………………………… 251

 7.1 案例 11 模拟考试网页设计 ……………………………………… 251
 7.2 浏览器对象 BOM …………………………………………………… 254
  7.2.1 BOM 模型 ……………………………………………………… 254
  7.2.2 window 对象 …………………………………………………… 255
  7.2.3 screen 对象 …………………………………………………… 262
  7.2.4 navigator 对象 ………………………………………………… 264
  7.2.5 history 对象 …………………………………………………… 264
  7.2.6 location 对象 ………………………………………………… 265
 7.3 文档对象 DOM ……………………………………………………… 266
  7.3.1 DOM 模型 ……………………………………………………… 266
  7.3.2 HTML DOM ……………………………………………………… 266
  7.3.3 查找 HTML 元素 ……………………………………………… 271
  7.3.4 改变 HTML 元素的内容 ……………………………………… 273
  7.3.5 改变 HTML 元素的属性 ……………………………………… 273
  7.3.6 删除已有的 HTML 元素和属性 ……………………………… 274
  7.3.7 替换 HTML 元素 ……………………………………………… 275
  7.3.8 添加新的 HTML 元素和属性 ………………………………… 275
 7.4 事件机制 ……………………………………………………………… 276
  7.4.1 事件类型 ………………………………………………………… 277
  7.4.2 事件句柄 ………………………………………………………… 277
  7.4.3 事件绑定 ………………………………………………………… 278
 7.5 本章小结 ……………………………………………………………… 281
 习题 ………………………………………………………………………… 281

第 8 章 HTML5 进阶 ………………………………………………………… 284

 8.1 案例 12 简单的拼图游戏设计 …………………………………… 284
 8.2 HTML5 拖放 API …………………………………………………… 287
  8.2.1 理解拖放过程 …………………………………………………… 287
  8.2.2 设计拖放过程 …………………………………………………… 290
  8.2.3 DragEvent 事件 ………………………………………………… 291
  8.2.4 dataTransfer 对象 …………………………………………… 292
 8.3 地理定位 ……………………………………………………………… 294

	8.3.1	应用定位的过程	294
	8.3.2	Geolocation 对象	296
	8.3.3	在地图上显示地理位置	297
8.4	画布		300
	8.4.1	画布基础	300
	8.4.2	画布应用	304
8.5	本章小结		310
习题			310

第 9 章　应用 CSS3 渲染网页效果 … 312

9.1	案例 13　汽车自动驾驶动画设计	312
9.2	CSS3 边框	314
	9.2.1　边框颜色	315
	9.2.2　边框圆角	315
	9.2.3　边框图像	315
9.3	CSS3 背景	316
	9.3.1　background-origin	316
	9.3.2　background-size	316
	9.3.3　background-clip	316
	9.3.4　background-image	317
9.4	颜色渐变	317
	9.4.1　CSS3 线性渐变	317
	9.4.2　CSS3 径向渐变	319
9.5	滤镜属性	320
9.6	文本效果	323
	9.6.1　盒子阴影	323
	9.6.2　文本阴影	326
	9.6.3　文本溢出	326
	9.6.4　单词换行	327
	9.6.5　单词拆分换行	328
9.7	转换属性	328
	9.7.1　2D transform	329
	9.7.2　3D transform	330
9.8	过渡属性	330
9.9	CSS3 动画	332
	9.9.1　CSS3 动画原理	332
	9.9.2　多个关键帧动画	333
9.10	本章小结	336
习题		337

第 10 章　jQuery 基础与应用 ……… 339

10.1　案例 14　滑动图片组网页设计 ……… 339
10.2　jQuery 简介 ……… 344
10.3　在网页中引用 jQuery ……… 345
10.4　jQuery 语法 ……… 347
10.5　jQuery 选择器 ……… 350
10.5.1　基础选择器 ……… 350
10.5.2　层次选择器 ……… 352
10.5.3　属性选择器 ……… 353
10.5.4　表单选择器 ……… 354
10.5.5　过滤选择器 ……… 355
10.5.6　jQuery 选择器应用实例 ……… 359
10.6　jQuery 事件 ……… 362
10.6.1　文档事件 ……… 363
10.6.2　鼠标事件 ……… 365
10.6.3　键盘事件 ……… 366
10.6.4　表单事件 ……… 366
10.6.5　浏览器事件 ……… 367
10.6.6　事件绑定与解除 ……… 368
10.6.7　jQuery 事件对象 ……… 369
10.7　jQuery 文档操作 ……… 372
10.7.1　内容操作 ……… 372
10.7.2　属性操作 ……… 375
10.7.3　样式操作 ……… 377
10.7.4　节点操作 ……… 378
10.8　jQuery 动画 ……… 382
10.8.1　基本动画 ……… 382
10.8.2　自定义动画 ……… 383
10.9　jQuery 遍历 ……… 385
10.9.1　向上遍历（祖先元素）……… 385
10.9.2　向下遍历（子元素和后代元素）……… 385
10.9.3　同级遍历（同胞元素）……… 386
10.9.4　过滤遍历 ……… 386
10.10　本章小结 ……… 389
习题 ……… 389

参考文献 ……… 392

第1章 Web 前端开发概述

因特网(Internet),又称国际计算机互联网(International Computer Internet),是世界上规模最大的互联网。

因特网由通信线路、路由器、主机(客户机和服务器)和信息资源组成(见图 1-1)。因特网上的每一台主机都分配有 IP 地址。

因特网采用 TCP/IP 协议和分组交换技术,采用路由器作为网络互联设备,将不同拓扑类型、不同大小规模、位于不同地理位置的物理网络连接成一个整体,从而进行通信和信息交换,实现资源共享。

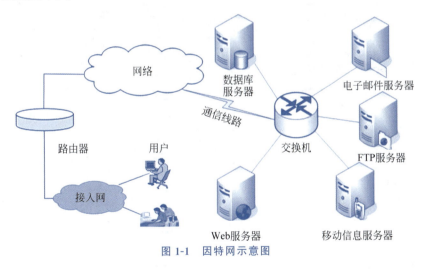

图 1-1 因特网示意图

因特网提供的基本服务主要有远程登录(telnet)、文件传输(FTP)、电子邮件(electronic-mail)、网络新闻组(usenet)、电子公告牌(bulletin board system,BBS)和万维网(world wide web,WWW)等服务。

WWW 服务是人们最喜爱、用得最多和最普遍的因特网服务。通过学习 Web 前端设计与开发,可为 WWW 服务提供服务资源(网页)。

1.1 案例 1 制作彩色个人简历

【案例描述】

小伍同学考上了中国科学大学的硕士研究生。复试时，导师要求他用记事本做一份彩色的个人简历交上来，用来在学校网站上进行公示。小伍不一会儿就做出了自己的个人简历，如图 1-2 所示。导师看到后满意地点了点头。

图 1-2 个人简历

那么小伍同学是怎样做的个人简历呢？

【案例解答】

小伍同学打开 Windows 记事本，在其中输入了如下代码（见表 1-1，完整的代码请下载课程资源浏览）。

表 1-1 制作彩色个人简历的核心代码

行	核 心 代 码
1	`<!doctype html>`
2	`<html>`
3	`<head>`
4	`<meta charset="utf-8">`
5	`<title> 我的简历 </title>`
6	`<style type="text/css">`
7	`    body { width: 795px;   margin: auto; }`

续表

行	核心代码
8	div { border: 1px solid #000000; padding: 5px 10px; text-align: center; float: left; }
9	h3 { padding: 10px; margin: 0px; background-image: linear-gradient(to right, #FFFF00, #FFFFAA); }
10	hr { border-width: 1px; border-color: #FF0000; padding: 1px; background-color: #FFFF00; }
11	section, article, hr { clear: both; }
12	dl { margin: 0px; }
13	dt, dd { border: 1px solid #000000; padding: 5px 10px; margin: 0px; float: left; }
14	.L50 { width: 50px; }
15	.L74 { width: 74px; }
16	.L100 { width: 100px; }
17	.L150 { width: 150px; }
18	.L215 { width: 215px; }
19	.L267 { width: 267px; }
20	.L505 { width: 505px; }
21	</style>
22	</head>
23	<body>
24	<h2>个人简历</h2>
25	<hr>
26	<header>
27	<section><h3>基本信息</h3></section>
28	<section> <div class="L50">姓名</div><div class="L100">伍智慧</div> <div class="L50">性别</div><div class="L50">男</div> <div class="L100">出生年月</div><div class="L150">2000年8月</div> <div class="L50">婚否</div><div class="L74">未</div> </section>
29	<section> <div class="L50">籍贯</div><div class="L100">湖北省</div> <div class="L50">现住址</div><div class="L267">湖北省武汉市</div> <div class="L100">政治面貌</div><div class="L100">中共党员</div> </section>
30	</header>
31	<article>
32	<h3>报考信息</h3>

续表

行	核 心 代 码
33	<div>报考院校</div><div>中国科学大学</div>　<div>报考专业</div><div>计算机科学与技术</div>　<div>研究方向</div><div>自动驾驶</div>　<div>考试总分</div><div class="L74">480</div>
34	</article>
35	<article>
36	<h3>教育经历</h3>
37	<dl>　<dt>本科院校</dt><dd>湖北省大学</dd>　<dt>本科专业</dt><dd>计算机科学与技术</dd>　<dt>毕业证书</dt><dd>2023年6月</dd>　<dt>学位证书</dt><dd>2023年6月</dd>　</dl>　　… <div>高中学校</div><div>武汉市高中</div>　<div>理科课程</div><div>语文数学物理化学</div>　<div>毕业证书</div><div>2019年6月</div>　<div>获奖证书</div><div>2018年9月</div>
38	</article>
39	<article>
40	<h3>本科专业课程成绩</h3>　　　　…
41	<div class="L215">课程名称</div>　<div class="L50">学分</div>　<div class="L100">理论学时</div>　<div class="L100">实践学时</div>　<div class="L100">平时成绩</div>　<div class="L100">考试成绩</div>　　…
42	</article>
43	<article>
44	<h3>学科竞赛成绩</h3>
45	<div class="L150">竞赛时间</div>　<div class="L505">竞赛名称</div>　<div class="L74">获奖等级</div>　　… <div class="L150" style="clear: both;">2021年5月9日</div>　<div class="L505">第十三届"挑战杯"大学生课外学术科技作品竞赛</div>　<div class="L74">一等奖</div>
46	</article>
47	<footer>制表时间：2023年3月31日</footer>
48	</body>
49	</html>

在输入上述代码后，小伍同学将文件名保存为"个人简历.html"，编码格式为"UTF-8"，如图1-3所示。保存类型选"所有文件（*.*）"或"文本文档（*.txt）"都可以，但必须在文件名中输入扩展名"html"。

最后，用浏览器打开文件"个人简历.html"，于是就看到了图1-2所示的界面。

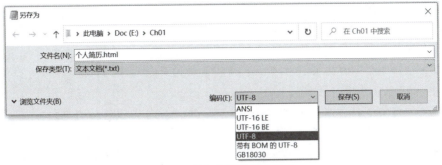

图 1-3　保存文档的编码格式

【问题思考】

(1) 网页右边部分表格未对齐,有哪些解决方法?

(2) 如果要在网页中贴一张个人照片,又该如何进行操作?

【案例剖析】

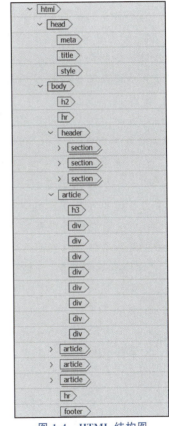

图 1-4　HTML 结构图

(1) 用 Windows 记事本程序就能做出与 Word 程序效果一致的彩色个人简历,这主要是应用 HTML 标记语言编写网页文件(HTML 和 CSS 代码等)来实现的。

(2) 在网页中,标签是按照层次结构嵌套组织起来的。第一个标签是<!doctype html>,用来声明文档类型;接着就是<html>…</html>标签,这是整个 HTML 文档的根标签,在其中嵌套了<head>…</head>和<body>…</body>两对标签,其他所有的标签都必须嵌套在这两对标签中。一个 HTML 文件的基本结构就是这样组成的。本案例的 HTML 文件结构如图 1-4 所示。

(3) 个人简历的文本信息也是层次结构的组织形式,文本信息要分别插入相应的标签中才能表现出文本信息的结构性。

(4) 在本案例的<body>…</body>标签中,插入了一对<h2>…</h2>标签,用来容纳个人简历的标题"个人简历";插入了一个单标签<hr>,用来分隔标题和正文;插入了一对<header>…</header>标签,用来容纳个人简历的"基本信息";插入了四对<article>…</article>标签,用来容纳个人简历的"报考信息""教育经历""本科专业课程成绩"和"学科竞赛成绩"。

(5) 在网页中,表格是由不同数量的行组成,而行又由不同数量的单元格组成。本案例中采用了三种方式来构造表格的单元格。

在第一对<article>…</article>标签中,为了形成表格格式,在其中插入了一对<h3>…</h3>标签,独占一行,用来容纳"报考信息";插入了八对<div>…</div>标签,共占一行,用来容纳"报考院校""报考专业""研究方向""考试总分"和对应的数据信息。具体参见表 1-1 中第 32 行至第 33 行的代码。

为了控制表格单元格的宽度和页面的渲染效果，还需要在＜head＞＜style＞…＜/style＞＜/head＞标签中插入 CSS 代码。

表格单元格的第一种方式采用＜h3＞…＜/h3＞标签表示表格行，容纳行标题"报考信息"（只有一个单元格），并为其设计有颜色渐变效果的背景和单元格边框线，这些代码写在了 CSS 中，如表 1-1 中第 9 行代码所示。

表格单元格的第二种方式采用＜div＞…＜/div＞标签表示表格的单元格，单元格的边框线等属性设置见第 8 行代码，单元格的宽度属性设置见第 14～20 行代码。为了使单元格排在一行中，设置了向左靠齐排列 float 属性，见第 8 行代码。在第一对＜article＞…＜/article＞标签中，仅最后一对＜div＞…＜/div＞标签设置了宽度 74px（见第 15 行和第 33 行代码），以保证单元格和页面的右边界对齐。这是因为＜div＞标签设置了 float 属性后，＜div＞标签的宽度不再是独占一行的宽度，而是与其文本信息实际占用的宽度一致。

表格单元格的第三种采方式用＜dl＞…＜/dl＞标签、＜dt＞…＜/dt＞标签和＜dd＞…＜/dd＞标签表示表格的单元格，其中＜dl＞…＜/dl＞标签用来定义表格行，＜dt＞…＜/dt＞标签用来容纳标题，＜dd＞…＜/dd＞标签用来容纳文本数据（见第 37 行代码）。单元格的宽度和边框线等属性设置见第 12～13 行代码。

此外，在＜header＞…＜/header＞标签中，嵌套了三对＜section＞…＜/section＞标签以增强对＜h3＞…＜/h3＞和＜div＞…＜/div＞标签的布局约束控制，具体见第 11 行、第 27～29 行代码。

为了消除 float 属性对后面行或代码块的影响，设置了 clear 属性，具体见第 11 行代码。

（6）整个 Web 页面在＜body＞标签的 CSS 属性中设置了固定宽度（width：795px;），这样在不同的屏幕分辨率下浏览时，页面的版面保持不变，见第 7 行代码。

（7）在完成代码编写后，文件保存为 UTF-8 的编码格式，文件扩展名为 html 或 htm。最后在浏览器中即可看到彩色效果的个人简历。

【案例学习目标】
1. 掌握网页 HTML 文件的基本结构；
2. 理解 HTML 标签的语义与作用；
3. 理解 CSS 的作用；
4. 掌握表格的设计原理与方法。

1.2　万　维　网

1.2.1　万维网的概念

万维网，即全球广域网，简称 Web，它是一种基于超文本标记语言（hyper text markup language，HTML）与超文本传输协议（hyper transfer protocol，HTTP）的、可动态交互的、全球性的、跨平台的分布式图形信息系统。

万维网是建立在因特网上的一种网络服务，是集文本、图形、图像、动画、音频和视频等多媒体信息于一体（网页）的全球信息资源网络，为浏览者在因特网上查找和浏览信息提供了图形化的、易于访问的直观界面，其中 Web 网页结构通过超级链接将因特网上的信息节点组织成一个互相关联的网状结构,如图 1-5 所示。

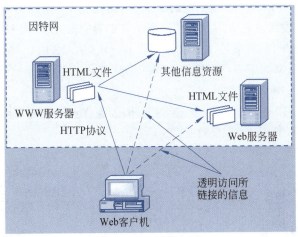

图 1-5　Web 网页结构

1.2.2　万维网的组成

万维网由 Web 服务器(提供信息资源)、Web 浏览器(客户端浏览)和 HTTP 通信协议组成。存储信息资源、提供服务的计算机称为 Web 服务器、WWW 服务器或 HTTP 服务器。提出请求、获取信息资源的计算机称为 Web 客户机。

1. Web 浏览器

Web 浏览器(browser)是 Web 客户端的主要组成部分,它是一种应用程序,通过 HTTP 协议从 Web 服务器上请求和接收 Web 资源。

常用的 Web 浏览器有 Microsoft IE、Google Chrome、Microsoft Edge、Mozilla Firefox、Safari、Opera 和 QQ 浏览器等。

2. Web 服务器

Web 服务器(server)是 WWW 的核心,是指驻留于因特网上某种类型计算机的程序,它可以通过 HTTP 协议来接收和响应 Web 客户端请求。

常用的 Web 服务器有 IIS、Apache、Tomcat、Nginx、IBM WebSphere 等。Apache 是使用最广泛的 Web 服务器之一。

Windows 平台上最常用的 Web 服务器是微软的 IIS(Internet information server)。IIS 是一种 Web 服务组件,其中包括 Web 服务器、FTP 服务器、NNTP 服务器和 SMTP 服务器,分别用于网页浏览、文件传输、新闻服务和邮件发送等。它提供 ISAPI(Internet server application programming interface)作为扩展 Web 服务器功能的编程接口;同时它还提供一个因特网数据库连接器,可以实现对数据库的查询和更新。

1.2.3　万维网的原理

万维网采用浏览器/服务器(browser/server,B/S)的模式进行工作,即客户端浏览器提出请求,服务器响应请求,把用户所需的资源传送到客户端的浏览器中,详细描述如下。

用户在 Web 浏览器中输入某个网址 URL(或单击网页中的某个链接,或提交网页上的表单)后,客户端会将 URL 中的域名解析成对应的 IP 地址,浏览器与 Web 服务器建立 TCP 连接(80 端口),并向 Web 服务器发出请求,以超文本传输协议 HTTP 的报文形式传输到 Web 服务器。

客户端发送的 HTTP 请求报文中包含了请求方法(如 GET、POST 等)和请求头(如用户代理、Cookie 等)。Web 服务器根据接收到的用户请求,查找相应的 HTML、XML 文件或 ASP、ASP.NET、JSP、PHP 等文件。

如果请求的是 HTML(或 XML)文档,Web 服务器就直接将该文档以 HTTP 响应报文的形式传输到客户端(见图 1-6),释放 TCP 连接。

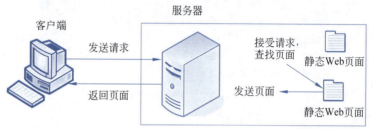

图 1-6　静态网页原理示意图

如果请求的是 ASP(ASP.NET、JSP、PHP)文档,则 Web 服务器的应用程序执行文件中的脚本程序;若脚本程序要用到数据服务器中的数据,首先建立 Web 服务器和数据库服务器之间的连接,然后向数据库服务器的 DBMS 发出操作请求(如查询、插入、删除或更新等),DBMS 再根据请求信息找到相应的数据表、执行相应的操作,并将该操作取得的结果传送到脚本程序;脚本程序在取得数据后将结果嵌入 HTML 文档中(动态生成 HTML 文档),最后由 Web 服务器将该文档通过 HTTP 传输到客户端(见图 1-7),释放 TCP 连接。

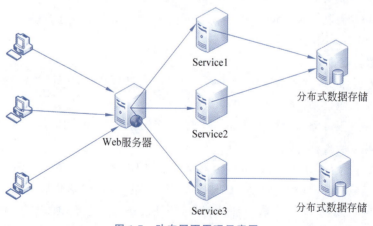

图 1-7　动态网页原理示意图

客户端的浏览器对接收到的 HTML 文档进行解析,最终向用户呈现渲染后的 Web 页面。

1.2.4　相关名词

1. HTTP 协议

超文本传输协议(hyper text transfer protocol,HTTP)是应用层协议,建立在传输控制协议(transmission control protocol,TCP)基础之上,是 Web 浏览器与 Web 服务器之间数据交互需要遵循的数据交换规范。

HTTP 协议是基于"请求-响应"模式运行的,即 HTTP 协议由两部分程序实现,一个客户机程序和一个服务器程序,它们分别运行在客户端和服务器端系统中,通过交换 HTTP 报文进行会话。当客户端(浏览器)向服务器发送请求时,它发送浏览器生成的 HTTP 请求消息(报文),服务器收到后将以 HTTP 响应消息(报文)的形式进行回应,HTTP 响应是对 HTTP 请求的响应。通过这种方式,HTTP 协议允许浏览器和服务器进行通信,并能够在互联网上传输文本、图像、视频和其他类型的数据。

HTTP 消息(报文)有两种主要类型——请求和响应,其中包含请求类型、标头和正文等信息。HTTP 定义了请求报文、响应报文的格式。

2. HTTPS 协议

HTTP 协议以明文方式发送内容,不提供任何方式的数据加密,因此使用 HTTP 传输隐私信息(例如密码、信用卡号和其他个人信息)是不安全的。

HTTPS 是 HTTP 的加密版本。HTTPS 在 HTTP 的基础上加入了安全套接层(secure sockets layer,SSL)协议或传输层安全协议(transport layer security,TLS)以加密客户端和 Web 服务器之间传输的数据。

网站实现 HTTPS 要达到两个要求。第一个是服务器是独立服务器,或者支持 SSL 证书虚拟主机;第二个是注册 SSL 证书,并且将证书安装到主机。一般情况下,用户只需单击桌面上的一个按钮或链接就可以与 SSL 的主机相连。

HTTP 使用端口 80,而 HTTPS 使用端口 443。通过 HTTP 访问网站时,URL 以"http://"开头,而通过 HTTPS 访问网站时,URL 以"https://"开头。

3. URL

在因特网的 Web 服务器中,每一个网页文件都有一个唯一的访问标识符,即统一资源定位符(uniform resource locator,URL),俗称网址。浏览器中输入查询目标的地址就是 URL。互联网上的每一个文件都有一个唯一的 URL 地址,用 URL 可以唯一确定用户要访问的文件在因特网上的位置。

URL 由协议、主机、端口以及文件名 4 部分构成。例如,当用户访问百度网站时,实际上访问的是"http://www.baidu.com:80/index.html",其中,"http"表示传输数据所使用的协议,"www.baidu.com"表示所要请求的服务器主机名,"80"表示请求的端口号(HTTP 的默认值为 80,可省略),"index.html"表示请求的资源名称(网页或主页)。

1.3 网页与网站

1.3.1 网页

网页(Web Page,Web 页面)是用 HTML 标记语言、脚本语言(scripting language)等编写的,包含超链接(hyperlink)和文字、图形、图像、音频、视频、动画等多媒体元素的文本文件及其相关的资源文件,部署在因特网的 Web 服务器中,用户能够通过 Web 浏览器进行浏览和交互的界面。

应用超文本标记语言里的 HTML 标签对网页中的多媒体元素进行描述或定义,得到一个 HTML 格式的纯文本文件,该文件就是 HTML 文件(扩展名为 html 或 htm),或称为 HTML 文档。

此外,将 HTML 标签属性集中写在一起的 CSS(cascading style sheets,层叠样式表)文件(扩展名为 css)和用脚本语言(例如 JavaScript、ASP.NET 等)编写的文件都是文本文件。

这些文本文件(HTML 文件、CSS 文件、脚本文件)和相应的资源文件一起构成了网页文件。

每个网页都有一个唯一的 URL 作为地址,用户可以通过点击链接、在浏览器地址栏输入 URL 或直接搜索来访问该网页。浏览器对网页文件的内容进行解析并生成一个图形界面(Web 页面)。

此外,ASP、.NET、JSP 和 PHP 等脚本程序代码和 HTML 文件相结合,就构成了动态的 Web 网页。

1.3.2 静态和动态网页

网页可以划分为静态网页和动态网页两种类型。

静态网页是指无论何种用户在何时何地访问,网页都会显示固定内容,除非网页更新。静态网页一般用 HTML 语言来编写,文件扩展名为 html 或 htm 等。

动态网页是指网页显示的内容随着用户的不同、操作输入数据的不同和时间的不同而变化。例如,学生成绩查询网页(网站)、股市行情网页(网站)等都是动态网页。

在动态网页中,客户端和服务器端之间有数据交互,数据一般保存在服务器端的数据库中。动态网页一般可用 ASP(文件扩展名为 asp)、ASP.NET(文件扩展名为 aspx)、JSP(文件扩展名为 jsp)和 PHP(文件扩展名为 php)等语言来编写。

需要注意的是,通常通过鼠标左键双击本地文件夹中的静态网页文件,就可以打开该网页,看到的网页效果和发布到 Web 服务器上的网页效果是一样的,这是因为 Web 服务器是直接将该文档以 HTTP 的形式传输到客户端的。

但对于动态网页而言,用该方法是不能正确打开网页的,因为有脚本程序要在服务器端运行,故不能采用双击法打开动态网页文件进行正确浏览。动态网页必须发布到 Web 服务器上或在网页集成开发环境(如 Dreamweaver)中,才能被正确打开和浏览。

1.3.3 Web 网站

Web 网站(Web site)是由一系列逻辑相关的 Web 网页通过超链接组成的信息集合体。在网页中可以使用超链接与其他网页或站点(网站)之间进行链接,从而构成某个具有鲜明主题和丰富内容的网站。

在浏览器中输入网站的 URL 地址,打开的第一个网页称为首页或主页(home page),在主页上有导航栏目及其指向其他网页(站点)的链接,用户通过浏览这些链接指向的网页,可以构建出该网站的逻辑结构。

一个设计好的 Web 网站需要通过 FTP 等方式上传到 Web 服务器上进行发布,用户方可进行正确浏览。

1.4　HTML 与 CSS

1.4.1　HTML

1. 什么是 HTML

超文本标记语言(hyper text markup language,HTML),是用一套标记标签(markup tag)来描述网页的标记语言,可将所需要表达的各种不同类型的信息(文字、图片、影像、声音、影视、动画等)按某种规则写成 HTML 文件,Web 浏览器解析 HTML 文件代码并将其中的信息按照某种效果显示出来。

虽然 HTML 文件也称为 HTML 代码,但是这些代码与用编程语言编写的程序代码完全不同,因此 HTML 不是一种编程语言,而是被用作 Web 信息的表示语言。

【实例 1-1】　应用记事本制作一个与 Word 文档效果相同的简单文档。

打开 Windows 中的记事本,对一个纯文本文件添加一些不同的标记标签,变成一个含有标签的文本文件(见图 1-8)后,就能够用浏览器渲染出和 Word 文档完全一样的效果(扩展名要改为 html),如图 1-9 所示。

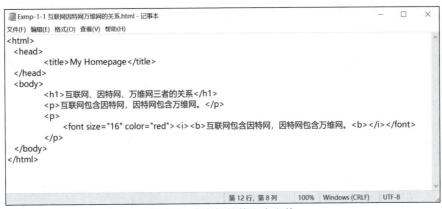

图 1-8　含有标签的文本文件

图 1-9　含有标签的文本文件浏览效果

2. HTML 标签

HTML 标记标签通常被称为 HTML 标签(HTML tag),由一对被尖括号包围的关键词构成,例如<html>、<head>、<body>和<div>等。

在 HTML 中，标签的名称是事先规定好的，一般用小写字母来表示。

HTML 标签通常是成对出现（使用）的，例如＜html＞…＜/html＞、＜head＞…＜/head＞、＜p＞…＜/p＞和＜div＞…＜/div＞等。标签对中的第一个标签叫作首标签（开始标签），第二个标签叫作尾标签（结束标签）。首标签和尾标签也被称为开放标签和闭合标签。

网页的文本信息就是放在一对标签之间的，即网页的文本信息被嵌套在标签之中，标签定义了文本的渲染效果。从图 1-8 与图 1-9 中可以看出，标签不同，其作用和渲染效果也不同。

在 HTML 文档中，不同的 HTML 标签是按照层次结构组合在一起的。不同的 HTML 标签可以是并列关系，也可以是嵌套关系。例如：

```
<p> <font> <i> 互联网包含万维网 </i> </font> </p>
```

表示在＜p＞…＜/p＞标签中嵌套＜font＞…＜/font＞标签，在＜font＞…＜/font＞标签中嵌套＜i＞…＜/i＞标签。或者说＜i＞…＜/i＞标签被嵌套在＜font＞…＜/font＞标签中，＜font＞…＜/font＞标签被嵌套在＜p＞…＜/p＞标签中；或者说＜i＞…＜/i＞标签外套着＜font＞…＜/font＞标签，＜font＞…＜/font＞标签外套着＜p＞…＜/p＞标签。

要正确使用标签嵌套，不能有交叉使用的现象，例如：

```
<p> <i> <font> 互联网包含万维网 </i> </font> </p>
```

就是错误的用法。

少数标签只有一个标签，称为单标签，例如＜img/＞、＜br/＞和＜hr/＞等。单标签具有完整的语义。

3. 标签属性

标签默认的渲染效果是有限的，如果要增强标签的渲染力，应该使用标签的属性。

在首标签中，那些以

```
属性名称 = "属性值"
```

形式出现的内容，称为标签的属性。

例如，在图 1-8 的第 9 行代码＜font size＝"16" color＝"red"＞中，font 是标签名，size 和 color 是属性名称，16 和 red 是属性值。属性值需要用双引号或单引号界定，多个属性之间要用空格分隔开来。

"属性名称/属性值"一起组成属性的键值对。给标签添加属性，能够使标签包含的文本信息表现出更多的渲染效果。

在网页中完整应用标签的语法格式为

```
<标签 属性名1="属性值1"  属性名2="属性值2"  …> 文本信息 </标签>
```

4. 元素

在本书中，为了表述准确和方便，把匹配的标签对（含属性）以及它们所容纳的文本信息称为 HTML 元素或元素，即

> HTML 元素 = 首标签 + 文本信息 + 尾标签

或者具体表示为

> `<element> content </element>`

其中,<element> content </element>称为<element>元素,<element></element>称为<element>标签,element 为标签名,文本信息 content 为文本元素。特别地,<img>为图像元素,文本元素与图像元素一起合称为图文元素。例如:

> `<p>互联网包含因特网,因特网包含万维网。</p>`

称为<p>元素,或者笼统地称为 HTML 元素(简称元素)。

1.4.2 CSS

早期 HTML 只包含少量的属性,用来设置网页和字体的效果。随着互联网的发展,为满足日益丰富的网页设计需求,HTML 不断添加新的标签和标签的属性。这就带来一个问题:当在标签中设置过多属性时,会表现出很多缺点。

例如,HTML 文档结构变得很复杂、网页代码变得混乱不堪、代码可读性变差,相同的属性设置会重复书写多次、代码编写工作量很大,代码冗余增加了带宽负担,代码维护也变得困难等。实例 1-2 中展示了写有很多属性的代码。

解决问题的方法就是将这些属性设置集中书写在一起、形成一个所谓的样式表,以供引用。事实上,自 1990 年 HTML 被发明开始,样式表就以各种形式出现了。

【实例 1-2】 设计一个图文并茂的简单网页。

以唐诗《春晓》为网页主题,选择合适的背景图片,将图片保存在 Pic-spring 文件夹中,图片的文件名为 A000001-01.jpg。打开 Windows 记事本中,在记事本中输入代码,如图 1-10 所示。

图 1-10 spring morning-01.html 和 spring morning-02.html 的代码对比

图 1-10 左边窗口的代码是按照样式表的格式来书写的，作为对比，图 1-10 右边窗口的代码是按照标签属性的格式来书写的，两者渲染效果相同。

在输入代码后，将 2 个文件分别保存在 Pic-spring 文件夹的同级目录中，文件名为 spring morning-01.html、spring morning-02.html，保存类型为"所有文件（＊.＊）"，编码为"UTF-8"。

设置屏幕分辨率为 1920×1080 像素（高清），鼠标左键双击打开文件 spring morning-01.html，在浏览器中即可看到如图 1-11 所示的效果。

图 1-11　网页浏览效果

CSS 样式表是指 cascading style sheets（层叠样式表），用来为网页文档中的 HTML 元素添加样式，例如字体大小、字体颜色、对齐方式、背景颜色、元素的边框、间距、大小、位置和可见性等，起到控制网页的布局和渲染效果的作用。

当网页采用 CSS 技术后，HTML 代码描述的是网页元素的内容，CSS 代码描述的是网页元素的表现效果、显示效果或渲染效果，实现了网页内容和网页表现的彻底分离，CSS 可以称作是 Web 设计领域的一个突破。

CSS 可以为每个 HTML 元素定义样式，并把它应用到任意多的页面上，多个网页可以同时指向同一 CCS 文件，使开发者有能力同时控制多个网页的样式和布局，实现统一修改和更新。如果需要做一个全局的改变，只需简单地改变样式，Web 中所有的元素都会被自动地更新。

应用 CSS 减少了重复代码的产生，减少了网页编写的工作量，使网页结构更加清晰，网页的修改和维护都很方便，同时网页文件小、下载速度更快。

HTML 文档的扩展名为"html"或"htm"，CSS 文档的扩展名为"css"。

【问题思考】

在许多参考资料中，HTML 文档一般被称为网页文件，那么 HTML 文档就等于网页吗？

1.5　Web 发展历程

1.5.1　HTML 发展历程

Web 诞生于 20 世纪 90 年代,由 Tim Berners-Lee(蒂姆·伯纳斯-李)发明。

1991 年,HTML 诞生。1993 年 6 月,互联网工程工作小组(IETF)将 HTML 1.0 作为工作草案发布。1995 年 11 月,W3C 发布 HTML 2.0。1997 年 1 月 14 日,W3C 发布 HTML 3.2。

1997 年 12 月 18 日,万维网联盟(world wide web consortium,W3C)发布 HTML 4.0 (1998 年 4 月 24 日修订),允许在 HTML 文档中将所有元素的属性移出,写入一个独立的样式表中(把文档的表现从其结构中分离出来,实现独立控制表现层)。1999 年 12 月 24 日,W3C 发布 HTML 4.01(微小改进)。4.0 和 4.01 这两个版本的影响力很大,在很长一段时间内,Web 网页都采用这个标准。

2000 年 1 月 26 日,W3C 推荐以 XHTML 1.0 代替 HTML。XHTML 是以 XML 1.0 标准重构的 HTML 4.01,虽然 XHTML 与 HTML 4.01 几乎是相同的,但是它的语法更加严格,只要网页中出现一处错误,则浏览器停止解析,而 HTML 不会出现这种情况。

2010 年 8 月 9 日,W3C 编辑草稿 HTML5 发布,经过不断完善,2014 年 10 月 28 日,W3C 正式发布 HTML5。经过接近 8 年的艰苦努力,该标准规范终于制定完成。HTML5 出现后,HTML 又重新占据了主导地位。

1.5.2　CSS 发展历程

1994 年年初,哈坤·利提出设计 CSS 的最初建议,伯特·波斯(Bert Bos)当时正在设计一款 Argo 浏览器,他们一拍即合,决定共同开发 CSS。1994 年年底,哈坤在芝加哥的一次会议上第一次提出了 CSS 的建议。1995 年,在 WWW 网络会议上 CSS 又一次被提出,伯特·波斯演示了 Argo 浏览器支持 CSS 的例子,哈坤也展示了支持 CSS 的 Arena 浏览器。1995 年,W3C 成立,CSS 的创作成员全部加入了 W3C 的工作小组并且负责研发 CSS 标准,CSS 的开发终于走上了正轨。

1996 年 12 月,W3C 推出 CSS 规范的第一个版本(cascading style sheets level 1),CSS1 提供有关字体、颜色、位置和文本属性的基本信息,该版本已经得到了当时解析 HTML 和 XML 的浏览器的广泛支持。

1998 年 5 月,CSS2 版本发布,样式得到了更多的充实。CSS2.0 是一套全新的样式表结构,采用内容和表现效果分离的方式。HTML 元素可以通过 CSS2.0 的样式控制显示效果,可完全不使用以往 HTML 中的 table 和 td 来定位表单的外观和样式,只需使用 p 和 li 等 HTML 标签来分割元素,并通过 CSS2.0 样式来定义表单界面的外观。

2001 年 5 月,W3C 开始进行 CSS3 标准的制定,CSS3 在 CSS2 的基础上增加了一些新的属性,它提供了更多炫酷的效果,降低了对 JavaScript 脚本的依赖,减少了 UI 设计师的工作量。例如圆角、阴影、透明度、背景颜色渐变、背景图片大小控制、定义多个背景图片、Web

字体、2D/3D 变形(旋转、扭曲、缩放)、动画等，都是 CSS3 新增的功能。

CSS3 目前还在更新中，但是大部分功能已经可以使用了，Chrome(谷歌浏览器)、Safari (macOS 的浏览器)、Firefox(火狐浏览器)、Android 浏览器、UC 等主流浏览器对 CSS3 的支持已经相当不错了，只要用户不使用特别生僻的功能，一般都不会出现问题。

QQ 浏览器、360 浏览器、百度浏览器等国产浏览器都使用了 Chromium 引擎，它是 Chrome 的引擎，所以这些浏览器对 CSS3 的支持不逊色于 Chrome。

令人遗憾的是，IE 浏览器直到 IE10 才比较好地支持 CSS3。IE 的市场占有率不可忽视，如果用户仍然在使用 IE9 及其以下版本的浏览器，请慎用 CSS3。

1.6 Web 标准

Web 标准也称作网页标准，是 W3C 和其他标准化组织制定的一套规范集合，它不是某一个标准，而是一系列标准的集合。这些标准中大部分(CSS、HTML、XML 等 200 多项 Web 技术标准)由 W3C 负责制定，也有一些标准是由其他标准组织制定的，例如 ECMA 的 ECMAScript 标准等。

网页主要由结构(structure)、表现(presentation)和行为(behavior)三部分组成，对应的标准也划分为结构标准、表现标准和行为标准三方面。

1.6.1 结构标准

网页结构标准用于对网页元素进行组织、整理和分类，编写网页结构的语言有 HTML、XML 和 XHTML，但属于标准结构语言的是 XML 和 XHTML。

XML 是一种可扩展标记语言，能定义其他语言，和 HTML 一样，XML 同样来源于 SGML。XML 的最初设计目标是弥补 HTML 的不足，以强大的扩展性满足网络信息发布的需求。现在 XML 主要作为一种数据格式，用于网络数据交换和书写配置文件。

XHTML 是可扩展超文本标识语言。XHTML 是基于 XML 的标识语言，是在 HTML4.0 的基础上，用 XML 的规则对其进行扩展建立起来的。发布 XHTML 的最初目的就是实现 HTML 向 XML 的过渡。但 HTML5 出现后，HTML 又重新占据了主导地位。

1.6.2 表现标准

网页表现标准用于设置网页元素的版式、颜色、大小等外观样式，主要靠 CSS 来实现，即以 CSS 为基础进行网页布局、控制网页的表现。

CSS 布局与 XHTML 结构语言相结合，可以实现表现与结构的分离，使网站的访问及维护更加容易。

1.6.3 行为标准

网页行为标准是指网页的交互行为应遵循的一系列规则和规范，确保网页在各种浏览器和操作系统上能够正确地响应用户的操作，提供流畅、一致的交互体验。行为标准主要包括 ECMAScript、BOM 和 DOM 三部分。

1. ECMAScript

ECMAScript 是由 ECMA（European ECMAScript computer manufacturers association）国际联合浏览器厂商通过 ECMA-262 标准化（1997 年 7 月）推出的脚本程序设计语言，它往往被称为 JavaScript 或 JScript，规定了 JavaScript 的语法规则和核心内容，是所有浏览器厂商共同遵守的一套 JavaScript 语法标准。ECMAScript 是 JavaScript 的一个标准，JavaScript 和 JScript 是 ECMA-262 标准的实现和扩展。

ECMAScript 262 和 JavaScript 5.0 版本的关系：ECMAScript 262 是一个标准，而 JavaScript 5.0 是根据这个标准实现的一个具体版本。

ECMAScript 6.0（简称 ES6）也被称为 ECMAScript 2015（ES2015），于 2015 年 6 月正式发布。它增加了很多新的语法和功能，极大地拓展了 JavaScript 的开发潜力。

自 ES6 以来，每年都会发布新的 ECMAScript 标准，这标志着 JavaScript 的发展步伐在加快。例如，ES2021（也称为 ECMAScript 2021 或 ES12）是最新的 ECMAScript 标准，它包含了一些新的语法和功能，使得 JavaScript 更加强大和便捷。

请注意，虽然 ECMAScript 标准每年都会更新，但并非所有浏览器或环境都会立即支持最新的特性。因此，在开发过程中，需要考虑目标环境的兼容性，并可能需要使用 Babel 等工具将最新的 ECMAScript 代码转换为旧版本的 JavaScript，以确保代码能够在更广泛的环境中运行。

2. BOM（浏览器对象模型）

通过 BOM 可以操作浏览器窗口，实现诸如对话框弹出、导航跳转等交互效果。

3. DOM（文档对象模型）

DOM 允许程序和脚本动态地访问和更新文档的内容、结构和样式。网页设计者通过 DOM 可以对页面中的各种元素进行操作，例如设置元素的大小、颜色、位置等，从而实现用户与网页内容的交互。

请注意，Web 标准并非一成不变，随着技术的发展和用户需求的变化，Web 行为标准也会不断更新和完善。因此持续学习和掌握最新的 Web 行为标准是非常重要的。

1.7 浏 览 器

1.7.1 主流浏览器

Web 浏览器是一个客户端的程序，其主要功能是使用户获取因特网上的各种资源，是用户通向 Web 的桥梁和获取 Web 信息的窗口，用户通过浏览器可以在浩瀚的因特网海洋中漫游，搜索和浏览自己感兴趣的信息。目前常用的主流浏览器有 IE、Firefox、Chrome、Safari、Edge 等。

1.7.2 浏览器内核

浏览器内核是指浏览器所采用的渲染引擎，渲染引擎决定了浏览器如何显示网页的内容以及页面的格式信息。不同的浏览器内核对网页编写语法的解释不同，因此同一网页在不同内核的浏览器中的渲染(显示)效果也可能不同,这也是网页需要在不同内核的浏览器中测试显示效果的原因。

1. Gecko

Gecko 是由 Netscape 开发的浏览器内核,后来被 Firefox 继承并继续发展。目前主流的 Gecko 内核是 Mozilla Firefox,是 Firefox 浏览器的主要渲染引擎。Gecko 是开源的浏览器内核,吸引了大量的开发者和社区支持,从而推动了其不断发展和完善。Gecko 内核对网页的兼容性和稳定性都表现出色。

由于 Firefox 的出现,IE 的霸主地位逐渐被削弱,而 Chrome 的出现则进一步推动了浏览器市场的多元化和竞争。非 Trident 内核(如 Gecko 和 Webkit)的普及逐渐改变了整个互联网的格局,推动了网页编码的标准化,使得开发者可以更加依赖于统一的标准来构建网页,从而提高网页的兼容性和用户体验。

2. Trident

Trident 是微软开发的浏览器内核,最初用于 Internet Explorer。它有着良好的兼容性,能够支持各种网站和网页标准。很多其他浏览器也使用该内核。

Trident 内核(如 IE6)曾一度占据很大的市场份额,因此大量的网页是专门为 IE6 等 Trident 内核编写的。但这些网页的代码并不完全符合 W3C 标准,完全符合 W3C 标准的网页在 Trident 内核下出现了一些偏差,于是 IE9 使用的 Trident 内核,较之前的版本增加了很多对 W3C 的标准支持。

基于 Trident 内核的浏览器有 IE6、IE7、IE8(Trident 4.0)、IE9(Trident 5.0)和 IE10(Trident 6.0)。随着浏览器技术的不断发展,IE 浏览器已经被微软的新浏览器 Edge 所取代,Edge 浏览器采用了新的内核 EdgeHTML,而不是 Trident。

3. WebKit

WebKit 是由苹果公司(Apple)开发的内核,是目前最常用的浏览器内核。相比 KHTML,WebKit 在高效稳定、兼容性好以及源码结构清晰、易于维护等方面有着显著的优势。

目前,WebKit 内核以其卓越的性能和对 W3C 标准的完善支持,成为了最具潜力的新型内核之一,并且已经取得了相当好的成绩。它支持现代 Web 技术的各种特性,包括 HTML5、CSS3 以及 JavaScript 等,使得基于 WebKit 的浏览器能够提供丰富的用户体验和高效的网页渲染。

常见的基于 WebKit 内核的浏览器主要有 Apple 的 Safari(包括 Windows、Mac、iPhone 和 iPad 等平台)、Google 公司的 Chrome(全球最受欢迎的浏览器之一,后来 Google 开发了 Blink 渲染引擎,它是基于 WebKit 的一个分支)、塞班手机浏览器、Android 手机默认的浏览器。

WebKit 的开源性、高效和灵活性使其受到许多开发者的青睐。

4. Blink

Google Chrome 浏览器的内核是 Blink。Blink 是一个由 Google 和 Opera Software 基于 WebKit 引擎研发的排版引擎,它是 WebKit 内核的一个分支,用于取代原先的 WebKit 内核。Blink 内核在 Chrome 28 及以后的版本、Opera 15 及以后的版本以及 Rockmelt 等浏览器中得到应用。由于 Blink 内核是从 WebKit 内核发展而来的,因此它在很多方面继承了

WebKit 的优点,同时也在性能、安全性和稳定性等方面进行了优化。

5. EdgeHTML

EdgeHTML 是由微软公司发布的网页浏览器 Microsoft Edge 所使用的网页排版引擎(内核)。它基于原 IE 浏览器的 Trident 内核进行开发,删除了过时的旧技术支持代码,并增加了对现代浏览器技术的支持,从而成为一个全新的内核。

EdgeHTML 引擎具有更快的加载速度和更好的网页兼容性,支持最新的 Web 标准和技术,例如 HTML5、CSS3 和 JavaScript ES6 等。这使得 Microsoft Edge 能够提供更为流畅、精确的网页渲染效果。

Microsoft Edge 浏览器在后续版本中进行了重大更新。2018 年,Edge 开始基于 Chromium 重新开发,2020 年已经转变为一个基于 Chromium 的浏览器,与 Google Chrome 使用相同的 Blink 内核和 V8 引擎。因此,虽然 EdgeHTML 曾经是 Edge 浏览器的内核,但在当前的 Edge 浏览器中,它已经被 Blink 所取代。

6. Presto

Presto 是目前网页浏览速度最快的浏览器内核,对 W3C 的支持也很好,对页面文字的解析性能比 WebKit 高,对页面有较高的阅读性,但是对网页的兼容性方面不够完善。

Opera 浏览器是 Presto 内核的主要使用者,它在早期版本中采用了 Presto 内核,为用户提供了快速且高效的网页浏览体验。随着技术的发展和市场的变化,Opera 浏览器后续也进行了内核的更新和替换,因此并非所有版本的 Opera 都使用 Presto 内核。

1.8 Web 前端技术

1.8.1 核心开发技术

HTML5、CSS3、JavaScript、jQuery、DOM 以及 BOM 编程构成了 Web 前端开发的核心技术。

在 HTML、CSS 与 JavaScript 中,HTML 负责构建网页的基本结构,CSS 负责设计网页的表现效果,JavaScript 负责开发网页的交互效果。

W3C 文档对象模型(document object model,DOM)定义了针对 HTML 的一套标准的对象以及访问和处理 HTML 对象的标准方法,是一个中立于语言和平台的接口,它允许程序和脚本动态地访问和更新文档的内容、结构以及样式。

JavaScript 能编写可控制所有 HTML 元素的代码,应用到 DHTML 中,JSS(JavaScript 样式表)允许控制不同的 HTML 元素如何显示,Layers 允许控制元素的定位和可见性等。

jQuery 是继 Prototype 之后又一个优秀的轻量级 JavaScript 框架(JavaScript 代码库)。jQuery 可以"Write Less,Do More",即写更少的代码,做更多的事情。它封装 JavaScript 常用的功能代码,提供一种简便的 JavaScript 设计模式,优化 HTML 文档操作、事件处理、动画设计和 Ajax 交互以实现快速 Web 开发,它被设计用来改变编写 JavaScript 脚本的方式。

jQuery 的文档非常丰富但并不复杂,同时有几千种丰富多彩的插件,加之简单易学,jQuery 很快成为当今最为流行的 JavaScript 库,成为开发网站等复杂度较低的 Web 应用程序的首选 JavaScript 库,并得到了著名的大公司的支持,包括微软、Google。

jQuery 兼容各种主流浏览器,例如 IE 6.0＋、FF 1.5＋、Safari 2.0＋、Opera 9.0＋等,也兼容 FF 2+、Safari 3.0＋、Chrome 等浏览器。

1.8.2 常用的技术框架和库

JavaScript 在 2017 年被 IBM 评为最值得学习的编程语言之一,它的流行度快速上升并一直持续,这也促使了一个活跃的生态系统的生成以及与之相关的技术和框架的发展。选择合适的 Web 框架和 JavaScript 库可以加快 Web 开发速度,缩短开发时间。

Bootstrap 是一款很受欢迎的前端框架,以至于有很多前端框架都在其基础上开发,例如,WeX5 就是在 Bootstrap 源码基础上优化而来的。Bootstrap 是基于 HTML、CSS、JavaScript 的主流框架之一,它简洁灵活,使得 Web 开发更加快捷。它提供优雅的 HTML 和 CSS 规范,在 jQuery 的基础上进行更加个性化和人性化的完善,兼容大部分 jQuery 插件,并包含了丰富的 Web 组件,包括下拉菜单、按钮式下拉菜单、导航条、按钮组、分页、缩略图、进度条和媒体对象等。Bootstrap 自带 13 个 jQuery 插件,包括模式对话框、标签页、滚动条和弹出框等。这些组件和插件可以快速搭建一个漂亮和功能完备的网站,用户还可以根据自己的需求修改 CSS 变量,扩展自己所需的功能。

AngularJS 是一款优秀的、全功能的前端 JavaScript 框架,一个由 Google 维护的开源前端 Web 应用程序框架,也是一个模型-视图-控制器(model view controller,MVC)模式的框架。Angular JS 由 Misko Hevery 于 2009 年开发出来,已经被用于 Google 的多款产品中。与其他框架相比,它可以快速生成代码,并且能非常轻松地测试程序独立的模块。最大的优势是在修改代码后,它会立即刷新前端 UI,能马上体现出来。它是用于 SPAs(单页面应用)开发中最常用的 JavaScript 框架。

Backbone 是一种帮助开发重量级的 JavaScript 应用的框架,它也是一个 MVC 模型,主要提供了 models(模型)、views(视图)、controllers(控制器)三种结构,其中,模型用于绑定键值数据和自定义事件,视图可以声明事件处理函数,控制器附有可枚举函数的丰富 API,并通过 RESRful JSON 接口连接到应用程序。Backbone 依赖于 underscore.js,其中包含很多工具方法、集合操作和 JavaScript 模板等。它旨在开发单页面 Web 应用,并保证不同部分的 Web 应用同步。它采用命令式的编程风格,与使用声明式编程风格的 Angular 不同。Backbone 也与后端代码同步更新,当模型改变后 HTML 页面也随之改变。Backbone 被用来构建 Groupon、Airbnb、Digg、Foursquare、Hulu、Soundcloud、Trello 等许多知名应用。

Meteor.js 发布于 2012 年,涵盖了开发周期的所有阶段,包括后端开发、前端开发、数据库管理。它是一个由 Node.js 编写的开源框架。Meteor.js 是一个简单和容易理解的框架,所有的包和框架都可以被轻松使用。代码层的所有改变能够立即更新到 UI,服务器和客户端都只需要用 JavaScript 开发。

React.js 是一个用于构建用户界面的 JavaScript 库(由 Facebook 开发的非 MVC 模式的框架),主要用于构建一个可复用的 UI 组件,Facebook 和 Instagram 的用户界面就是用 React.js 开发的。这个框架的缺点之一就是它只处理应用程序的视图层,很多人认为 React.js 就是 MVC 中的 views(视图)。它采用声明式设计、JSX 的语法扩展、强大的组件、单向响应的数据流,具有高效、灵活的性能,且代码逻辑简单。

Vue.js(或 Vue JS、Vue)是用于构建交互式的 Web 界面的库(用于用户界面开发的渐进式 JavaScript 框架),与 Angular 和 React 相比,它被证明速度更快,并且吸收了这两者的优点。Vue 的创始人是尤雨溪,他曾在 Google 工作并使用过 Angular,他直接抽取出 Angular 的特性,不再引入其他复杂的理念而打造的一款新的框架——Vue。所有的 Vue 模板都基于 HTML,可以在 GitHub 上找到很多资源。它也提供双向绑定(MVVM 数据绑定)和服务端渲染。在 Vue 中可以使用模板语法或 JSX 直接编写渲染函数。

1.9 开发工具

Web 前端开发用到的软件工具有 Dreamweaver、HBuilder、Visual Studio Code、Sublime Text、WebStorm、Eclipse、Editplus、Aptana、Notepad++、BrowserSync 以及 Vim 等。

本书选用 Dreamweaver 作为编写代码的工具,下面主要介绍 Dreamweaver 编程工具。

1.9.1 Dreamweaver 简介

Dreamweaver(以下简称 DW)最初由 Macromedia 公司于 1997 年 12 月完成研发并发布,2005 年 Adobe 公司收购 Macromedia 公司后继续研发该产品,推出了 Adobe DW CS3、CS4、CS5、CS5.5 和 CS6 几个版本,2013 年 6 月后新推出 Adobe DW CC、DW CC2014、DW CC2015、DW CC2017、DW CC2018、DW CC2019、DW CC2020、DW CC2021 等版本。

目前可使用的最新版有 2021 年 10 月版(版本 21.2)、2022 年 6 月版(版本 21.3)。

1.9.2 Dreamweaver 工作区

本书以 Dreamweaver 工作区版本 21.2 为例进行介绍。使用 Dreamweaver 工作区,可以查看文档和对象属性。如图 1-12 所示,A 为应用程序栏,B 为文档工具栏,C 为文档窗口,

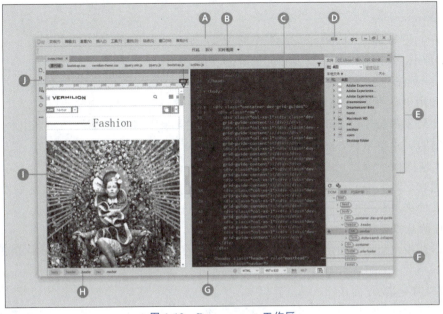

图 1-12 Dreamweaver 工作区

D为工作区切换器，E为（浮动）面板，F为代码视图，G为状态栏，H为标签选择器，I为实时视图，J为工具栏。工作区还将许多常用操作放置于工具栏中，这样可以快速更改文档。

工作区元素概述如下。

> 应用程序栏

位于应用程序窗口顶部，包含一个工作区切换器、几个菜单以及其他应用程序控件。

> 文档工具栏

包含的按钮可用于选择"文档"窗口的不同视图（"设计"视图、"实时"视图和"代码"视图）。

> 标准工具栏

若要显示"标准"工具栏，请选择"窗口"＞"工具栏"＞"标准"。

工具栏包含从"文件"和"编辑"菜单执行的常见操作的按钮："新建""打开""保存""全部保存""打印代码""剪切""复制""粘贴""撤销"和"重做"。

> 工具栏

位于应用程序窗口的左侧，并且包含特定于视图的按钮（即视图不同，显示的按钮不同）。

> 文档窗口

显示当前创建和编辑的文档。

> 属性检查器

用于查看和更改所选对象或文本的各种属性。

> 标签选择器

位于"文档"窗口底部的状态栏中。显示环绕当前选定内容的标签的层次结构。单击该层次结构中的任何标签，可以选择该标签及其全部内容。

> 面板（浮动面板）

常用的有"插入"面板、"CSS Designer"面板和"文件"面板。若要展开某个面板，请左键双击其选项卡。

> Extract 面板

允许上传和查看 Creative Cloud 中的 PSD 文件。使用此面板，可以将 PSD 文件中的 CSS、文本、图像、字体、颜色、渐变和度量值提取到文档中。

> 插入面板

包含用于将图像、表格和媒体元素等各种类型的对象插入文档中的按钮。

每个对象都是一段 HTML 代码，允许在插入它时设置不同的属性。如果用户愿意，可以使用"插入"菜单来插入对象，而不必使用"插入"面板。

> 文件面板

无论它们是 Dreamweaver 站点的一部分还是位于远程服务器，都可以将它们用于管理文件和文件夹。使用"文件"面板，还可以访问本地磁盘上的所有文件。

> 代码片段面板

可以让用户跨不同的网页、不同的站点和不同的 Dreamweaver 安装保存和重复使用代码片段。

> CSS Designer 面板

该面板为 CSS 属性检查器，能够"可视化"创建 CSS 样式和文件，并设置属性和媒体查询。

1.9.3 文档窗口

"文档"窗口显示当前文档。可以使用"文档"工具栏上的视图选项或"视图"菜单中的"视图"选项来切换视图。

➢ "实时"视图

可以真实地呈现文档在浏览器中的实际样子,并且可以像在浏览器中一样与文档进行交互。还可以在"实时"视图中直接编辑 HTML 元素并在同一视图中即时预览更改。

➢ "设计"视图

这是一个用于可视化页面布局、可视化编辑和快速应用程序开发的设计环境。在此视图中,Dreamweaver 显示文档的完全可编辑的可视化表示形式,类似于在浏览器中查看页面时看到的内容。

➢ "代码"视图

这是一个用于编写和编辑 HTML、JavaScript 和其他任何类型代码的手动编码环境。

代码-代码是"代码"视图的一种拆分版本,可以通过滚动方式同时对文档的不同部分进行操作,如图 1-13 所示。

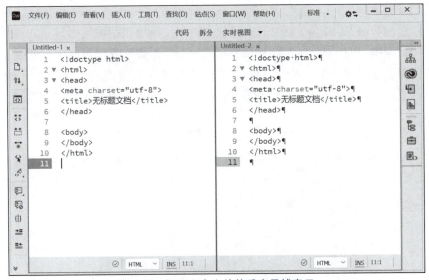

图 1-13 打开两个文件的垂直平铺窗口

代码-实时可以在一个窗口中看到同一文档的"代码"视图和"实时"视图。

代码-设计可以在一个窗口中看到同一文档的"代码"视图和"设计"视图。

➢ 实时代码

显示浏览器用于执行该页面的实际代码,在"实时"视图中与该页面进行交互时,它可以动态变化。

➢ 以层叠方式、平铺方式放置文档窗口或重新排列文档窗口

如果一次打开了多个文档,可以采用层叠方式或平铺方式放置这些文档。

如果要以层叠方式放置文档窗口,请选择"窗口">"排列">"层叠"。如果要以平铺方式放置文档窗口,请选择"窗口">"排列">"水平平铺"或"垂直平铺"。

打开多个文件时,"文档"窗口将以选项卡方式显示。如果要重新排列选项卡中"文档"窗口的顺序,请将窗口的选项卡拖至组中的新位置。

➢ 浏览时放大和缩小页面

Dreamweaver 允许在"文档"窗口中提高缩放比率(放大),以便查看图形的像素精确度、更加轻松地选择小项目、使用小文本设计页面和设计大页面等。

若要放大或缩小页面,请选择"视图">"设计视图选项">"缩放比率",然后选择任意可用缩放比率选项。也可以不使用"缩放"工具,而是通过按"Ctrl + ="组合键进行放大,通过按"Ctrl + -"组合键进行缩小。

当"文档"窗口处于最大化状态(默认值)时,"文档"窗口顶部会显示选项卡,其中显示所有打开的文档的文件名。如果未保存已做的更改,则 Dreamweaver 会在文件名后显示一个星号。

Dreamweaver 还会在文档的选项卡下(如果在单独窗口中查看文档,则在文档标题栏下)显示"相关文件"工具栏。相关文档指与当前文件关联的文档,例如 CSS 文件或 JavaScript 文件。若要在"文档"窗口中打开这些相关文件,请在"相关文件"工具栏中单击其文件名。

1.9.4 工具栏

工具栏垂直显示在"文档"窗口的左侧,在所有视图("代码""实时"和"设计"视图)中可见。工具栏上的按钮是特定于视图的,并且仅在适用于所使用的视图时显示。例如,如果正在使用"实时"视图,则特定于"代码"视图的选项(例如"格式化源代码")将不可见。

用户可以根据需要自定义此工具栏,方法是添加菜单选项或从工具栏删除不需要的菜单选项。若要恢复默认工具栏按钮,请单击"自定义工具栏"对话框中的"恢复默认值",如图 1-14 所示。

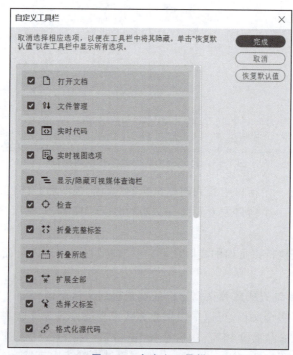

图 1-14 自定义工具栏

1.9.5 状态栏

"文档"窗口底部的"状态"栏提供与正创建的文档有关的其他信息。A 为标签选择器，B 为"输出"面板，C 为代码颜色，D 为插入和覆盖切换，E 为行和列编号，F 为预览按钮，如图 1-15 所示。

图 1-15　状态栏

➢ 标签选择器

显示环绕当前选定内容的标签的层次结构。单击该层次结构中的任何标签可以选择该标签及其全部内容。单击 <body> 可以选择文档的所有正文。

若要在标签选择器中设置某个标签的 class 或 ID 属性，可以右键单击该标签，然后从上下文菜单中选择一个类或 ID。

➢ 输出面板

单击此图标可以在文档中显示编码错误的"输出"面板。

➢ 代码颜色

仅在"代码"视图中可用，从弹出菜单中选择任意编码语言，以根据编程语言更改要显示的代码颜色。

➢ 插入和覆盖切换

仅在"代码"视图中可用，可以在"插入"模式和"覆盖"模式之间切换。

➢ 行和列编号

仅在"代码"视图中可用，显示光标所在位置的行号和列号。

➢ 预览按钮

若想在浏览器中浏览网页的实际效果，可以单击该按钮，在弹出的菜单中选择合适的浏览器进行浏览。

1.9.6 属性检查器

使用"属性检查器"（"窗口">"属性"）可以检查和编辑当前选定页面元素（例如文本、插入对象）的最常用属性。"属性检查器"的内容根据选定的元素的不同而有所不同。例如，如果选择页面上的图像，则"属性检查器"将显示该图像的属性（包括图像的文件路径、图像的宽度和高度、图像周围的边框等），如图 1-16 所示。

使用标签检查器可以查看和编辑与给定的标签属性（property）关联的每个属性（attribute）。

默认情况下，"属性检查器"位于工作区的底部边缘，但是可以将其取消停靠并使其成为工作区中的浮动面板。

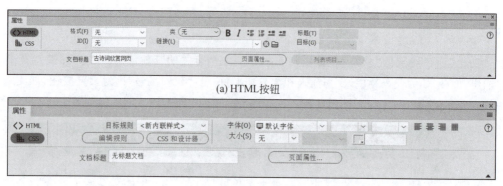

(a) HTML按钮

(b) CSS按钮

图 1-16　属性检查器

1.9.7　插入面板

"插入"面板包含用于创建和插入对象(例如表格、图像和链接)的按钮,这些按钮是按几个类别进行组织的。单击菜单("窗口">"插入"),可以在顶端的下拉列表中选择所需类别来进行切换,如图 1-17 所示。"插入"面板按钮的几个类别具体如下。

HTML:创建和插入最常用的 HTML 元素,例如,div 标签和对象(如图像和表格)。

表单:包含用于创建表单和用于插入表单元素(如搜索、年、月和密码)的按钮。

模板:用于将文档保存为模块并将特定区域标记为可编辑、可选、可重复的区域。

Bootstrap 组件:提供导航、容器、下拉菜单以及可在响应式项目中使用的其他功能。

jQuery Mobile:包含使用 jQuery Mobile 构建站点的按钮。

jQuery UI:用于插入 jQuery UI 元素,例如折叠式、滑块和按钮。

收藏夹:用于将"插入"面板中最常用的按钮分组和组织到某一公共位置。

注意:如果处理的是某些类型的文件(如 XML、JavaScript、Java 和 CSS),则"插入"面板和"设计"视图选项将变暗,无法将项目插入这些代码文件中。

使用"插入"面板插入对象的操作方法如下。

从"插入"面板的"类别"弹出菜单中选择适当的类别;单击一个对象按钮或将该按钮的图标拖到"文档"窗口中(进入"设计""实时"或"代码"视图),如果面板折叠为图标时,则单击图标上的箭头,然后从菜单中选择一个选项。

图 1-17　"插入"面板

根据对象的不同,可能会出现一个相应的对象插入对话框,提示浏览一个文件或者为对象指定参数;或者 Dreamweaver 可能会在文档中插入代码;也可能会打开标签编辑器或者面板以便插入指定信息。

对于有些对象,如果在"设计"视图中插入对象将不会出现对话框,但是在"代码"视图中插入对象时则会出现一个标签编辑器。对于少数对象,在"设计"视图中插入对象会导致Dreamweaver 在插入对象前切换到"代码"视图。

对于某些带弹出菜单的类别,从弹出菜单中选择一个选项时,该选项将成为默认操作。例如,如果从"字符"的弹出菜单中选择"换行符",则下次单击"字符"时,Dreamweaver 会插入一个换行符。每当从弹出菜单中选择一个新选项时,该按钮的默认操作都会改变。

1.9.8 文件面板

使用"文件"面板可查看和管理 Dreamweaver 站点中的文件和文件夹,检查它们是否与 Dreamweaver 站点相关联,也可以执行标准文件维护操作(如打开和移动文件),如图 1-18 所示。

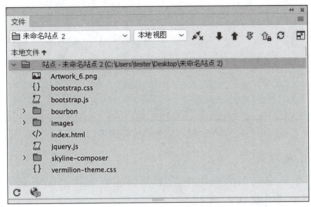

图 1-18 "文件"面板

"文件"面板还可以管理文件并在本地和远程服务器之间传输文件。

1.9.9 CSS Designer 面板

CSS Designer 面板(Windows > CSS Designer)属于 CSS 属性检查器,能"可视化"地创建 CSS 样式和规则并设置属性和媒体查询,如图 1-19 所示。

可以使用"Ctrl + Z"组合键撤销或使用"Ctrl + Y"组合键还原在 CSS Designer 中执行的所有操作。更改会自动反映在"实时"视图中,相关 CSS 文件也会刷新。

CSS Designer 面板由以下窗格和选项组成。

全部:列出与当前文档关联的所有 CSS、媒体查询和选择器。可以筛选所需的 CSS 规则并修改属性,还可以使用此模式开始创建选择器或媒体查询。

此模式对选定内容不敏感,这意味着当选择页面上的元素时,关联的选择器、媒体查询或 CSS 不会在 CSS Designer 中突出显示。

当前:列出当前文档的"设计"或"实时"视图中所有选定元素的已计算样式。在"代码"视图中将此模式用于 CSS 文件时,将显示处于"焦点"状态的选择器的所有属性。此模式是上下文相关的。使用此模式来编辑与文档中所选元素关联的选择器的属性。

源:列出与文档相关的所有 CSS 样式表。使用此窗格可以创建 CSS 并将其附加到文

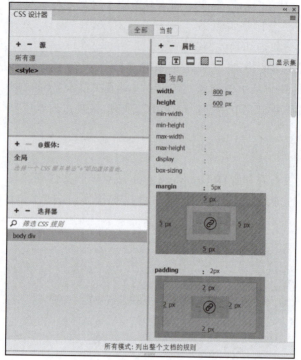

图 1-19　CSS 设计器面板

档,也可以定义文档中的样式。

@媒体:在"源"窗格中列出所选源中的全部媒体查询。如果不选择特定 CSS,则此窗格将显示与文档关联的所有媒体查询。

选择器:在"源"窗格中列出所选源中的全部选择器。如果同时还选择了一个媒体查询,则此窗格会为该媒体查询缩小选择器列表范围。如果没有选择 CSS 或媒体查询,则此窗格将显示文档中的所有选择器。

在"@媒体"窗格中选择"全局"后,将显示对所选源的媒体查询中不包括的所有选择器。

属性:显示可为指定的选择器设置的属性。

1.9.10　重新排列面板

面板有停靠位置和浮动位置、展开状态和折叠状态。面板的折叠状态显示为图标。用户可以根据需要自定义 Dreamweaver 的所有面板的位置和外观。

▶ 默认面板

打开 Dreamweaver 2021 后,默认的启动界面如图 1-20 所示,浮动面板停靠在 Dreamweaver 工作区的右边,处于展开状态。

每个面板单独存在时有标题栏、选项卡两部分与窗格,当两个面板合为一个面板组时,选项卡排成一行,位置可以通过拖动来交换,标题栏共用。默认状态下浮动面板分为上下两组,在上面一组中,有"文件""CC 库""插入""CSS 设计器"四个选项卡;在下面一组中,有"DOM""资源""代码片段"三个选项卡,没有标题栏。

在浮动面板上,通过点击选项卡可以进行相互切换,更换当前选项卡。

图 1-20　Dreamweaver 2021 启动界面

➤ 拖动面板

往左拖动浮动面板左边的边框线,可以扩大浮动面板的宽度,以便更好地显示信息内容。往左拖动浮动面板顶端的标题栏,可以使浮动面板脱离原始的停靠位置,浮动在屏幕(或 Dreamweaver 工作区)中的任意位置。面板处于浮动状态时,可以拖动其底部边框线,改变面板的高度。

拖动处于浮动状态的面板顶端的标题栏到 Dreamweaver 工作区的右边,直到显示蓝色矩形条后松开鼠标左键,浮动面板恢复到原始停靠位置。

➤ 状态切换

单击浮动面板顶端标题栏中的"＞＞"按钮,浮动面板切换为折叠状态,可以为 Dreamweaver 工作区的左边腾出更多的空间。单击浮动面板顶端标题栏中的"＜＜"按钮,浮动面板切回到展开状态,如图 1-21 所示。

处于折叠状态的浮动面板,也可以拖动到屏幕(或 Dreamweaver 工作区)中的任意位置。

单击处于折叠状态的浮动面板上的图标,会在其左边或右边弹出该图标的展开面板或其所在的组面板,面板或组面板的高度和宽度可以任意调整。单击面板或组面板标题栏中的"＞＞"按钮,面板或组面板将会隐藏或消失。

➤ 独立面板

拖动处于展开状态面板上的选项卡到屏幕(或 Dreamweaver 工作区)中,该选项卡变成一个独立的面板(展开状态),再拖动该选项卡面板上的标题栏,回到原来的面板组中,直到显示蓝色边框后松开鼠标左键,选项卡就还原了。

拖动处于折叠状态面板上的图标到屏幕(或 Dreamweaver 工作区)中,该图标变成一个独立的面板(折叠状态),再拖动该图标面板上的标题栏,回到原来的面板组中,直到显示蓝色边框后松开鼠标左键,图标就还原了。

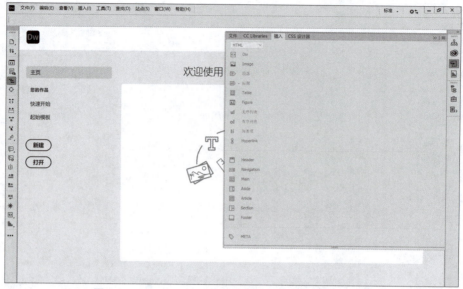

图1-21　Dreamweaver 2021 面板的折叠状态及弹出面板

➢ 变更面板组

拖动浮动面板上的选项卡或图标,可以将该选项卡或图标加入到另外一组面板或新建一组面板(显示蓝色边框或矩形条后松开鼠标左键即可)。

➢ 删除、添加面板

拖动浮动面板上的选项卡或图标到屏幕(或 Dreamweaver 工作区)中,单击标题栏上的"×"按钮,即可删除该选项卡或图标。单击选择"窗口"菜单中的选项,例如"属性""行为",就会在屏幕(或 Dreamweaver 工作区)中显示出该选项的图标(折叠面板)。

➢ 重置面板

单击 Dreamweaver 菜单栏右边的"标准"下拉菜单,选择"重置标准",恢复 Dreamweaver 面板的默认设置。

1.10　案例2　应用 Dreamweaver 面板制作诗词网页

【案例描述】

任选一首古诗词,设计一个古诗词欣赏网页,要求有背景图像且图文匹配,做到图文并茂、诗情画意、意境表达效果佳。

要求应用 Dreamweaver 的面板进行操作。

【软件环境】

Windows 10,Dreamweaver 21.2,Photoshop,Fireworks,IE,Edge,Chrome。

【案例解答】

1. 准备素材

选择唐诗"登鹳雀楼"作为网页主题。根据诗意应用 Photoshop 或 Fireworks 等软件制作背景图像,或者搜索公开发布的图片,引用图文意境匹配、效果佳的图片作为素材。将素材保存到单独的文件夹 Picture 中。

2. 新建站点

（1）打开 Dreamweaver 2021，单击菜单栏上的"站点"，在向下展开的菜单上单击"新建站点"，弹出"站点设置对象"对话框，如图 1-22 所示。

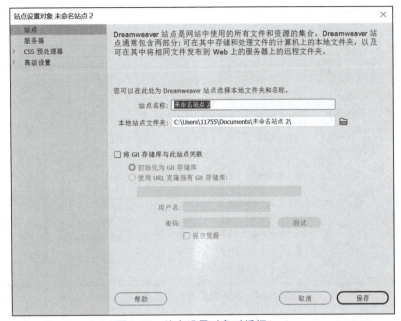

图 1-22　站点设置对象对话框（一）

（2）将"站点名称"命名为"Web 前端开发"，然后单击"本地站点文件夹"右边的"浏览文件夹"按钮，新弹出"选择根文件夹"的对话框，选择磁盘 E 上预先建好的文件夹"MyBookWebSite"，如图 1-23 所示。

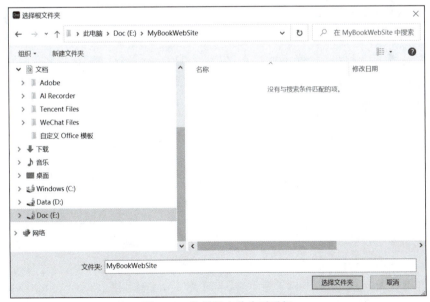

图 1-23　选择根文件夹对话框

（3）单击"选择文件夹"按钮，"选择根文件夹"对话框自动关闭，回到"站点设置对象"对话框，如图 1-24 所示。

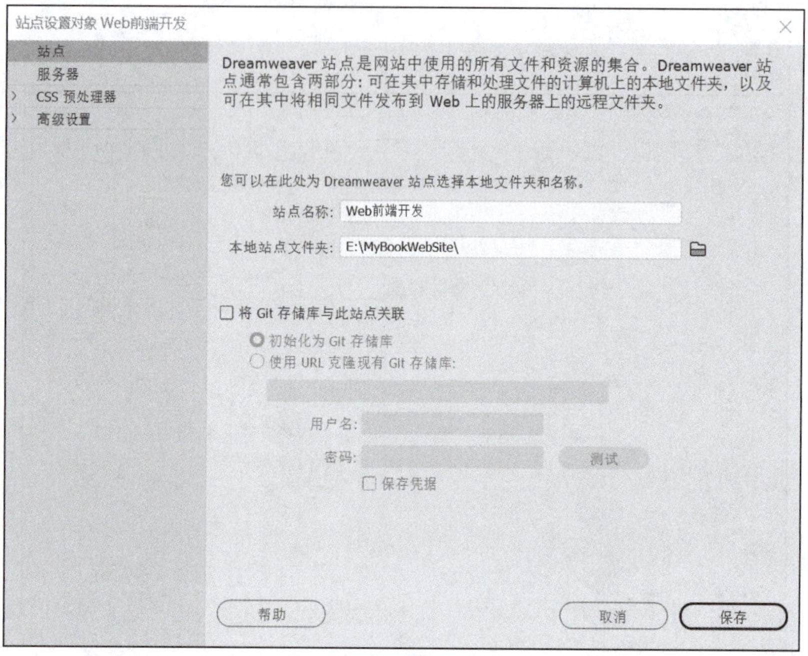

图 1-24　站点设置对象对话框（二）

（4）单击"保存"按钮，完成站点的创建工作。"站点名称"表示所设计网站的主题为"Web 前端开发"（即本教程全部设计网页），而"本地站点文件夹"（E:\MyBookWebSite）则是用来存储网站上的所有设计文件。

注意：在第(2)步中，如果没有预先准备好文件夹，也可以临时新建文件夹。在图 1-23 中，先在左边窗口选择好网站位置（例如磁盘 E），再单击对话框中左上角的"新建文件夹"按钮，在右边窗口会出现一个"新建文件夹"，如图 1-25 所示。将"新建文件夹"重命名为"MyBookWebSite"，单击右下角的"选择文件夹"按钮，就会回到"站点设置对象"对话框。

在站点创建完成后，以后再设计网页时，打开 Dreamweaver 就可以直接进入该站点。用户可以对站点进行管理，例如，可以将设计完成的网站移动到另外的文件夹中进行存储，便于之后设计新的网站。

3．新建网页

在启动界面上单击"新建"按钮，或者单击菜单栏上的"文件">"新建…"，弹出如图 1-26 所示的"新建文档"对话框。

在对话框最右侧的一列中找到"文档类型"，单击右边的下拉框，选择"HTML5"。在"标题"右边的文本框中输入"登鹳雀楼"，该标题会出现在网页顶端的标题栏中，起到标识网页主题的重要作用。然后单击"创建"按钮，创建一个新的空白网页文件"Untitled-1"。

4．保存网页

单击菜单栏上的"文件">"保存"，弹出"另存为"对话框，在"文件名"右边的文本框中输入网页的名称。在这里，第一个网页是主页，故输入"index.html"。单击"保存"按钮，完成操作，如图 1-27 所示。

图 1-25　在站点中新建、重命名、选择文件夹

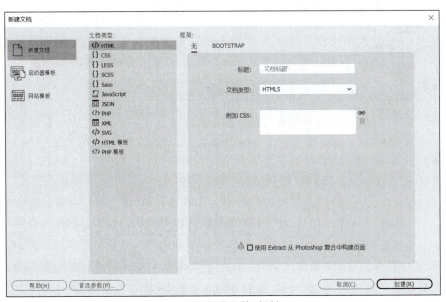

图 1-26　新建文档对话框

此时在站点中就能看到主页文件 index.html,如图 1-28 所示,图中显示的是 index.html 的"拆分"视图,即将一个视图窗口拆分为"代码窗口"和"设计窗口"两部分,分别显示"代码"视图和"设计"视图里面的内容。

5. 制作网页

使用"拆分"视图时,不用切换视图就能够同时看到"代码"视图和"设计"视图的内容变化,设计过程一清二楚,对初学者来说,能够加深对 HTML 和 CSS 代码作用的理解。本案例在下面制作网页时选择"拆分"视图。在输入文本之前,先对 Dreamweaver 界面进行两项个性化设置。

图 1-27 "另存为"（文件）对话框

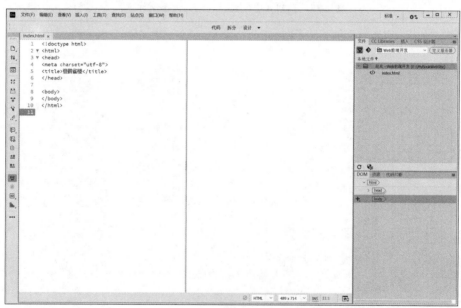

图 1-28 网页的代码视图和设计视图

单击菜单栏上的"窗口"＞"工具栏"＞"标准"，打开标准工具栏，移动到合适位置，单击上面的按钮可以执行保存、全部保存、复制、剪切、粘贴、还原、重做等常用操作，提高设计效率。

单击浮动面板顶部标题栏中的"＞＞"按钮，将面板切换为折叠状态，往右边拖动左边的边框线，直到不能拖动为止，松开鼠标左键，折叠面板为纯图标状态，可为左边 Dreamweaver 工作区腾出更多空间。

（1）输入文本内容。在"设计"视图中输入《登鹳雀楼》的诗词文本，每输入完一行后按回车键，同时要注意观察"代码"视图中代码内容的变化情况。输入完最后一行文本后请不要按回车键。输入完全部文本后的效果如图 1-29 所示。

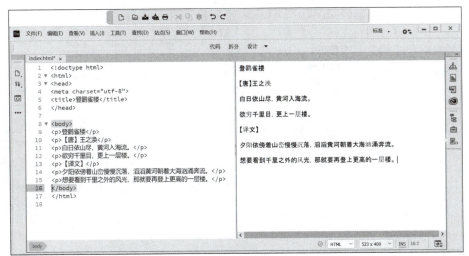

图 1-29　在网页中输入文本内容

(2) 设置文本格式。在设计窗口中,单击"登鹳雀楼"这一行或者单击代码窗口中的第 9 行,然后在属性面板上单击"HTML"按钮,找到"格式"下拉框,选中"标题 1",为诗词设计一个标题效果。要注意观察设计窗口中的文本与代码窗口中的代码变化情况。按照同样的操作方法,将"【唐】王之涣"这一行设置为"标题 2",将"【译文】"这一行设置为"标题 3",如图 1-30 所示。

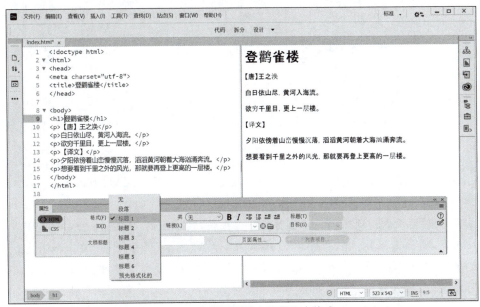

图 1-30　在属性面板上设置文本格式

单击标准工具栏上的"保存"按钮,再单击图 1-30 中右下角的"预览"按钮,网页的浏览效果如图 1-31 所示。也可以使用 Dreamweaver 的"实时"视图随时查看网页的设计效果。

(3) 设置文本对齐方式。单击图 1-30 中属性面板上的"CSS"按钮,再单击"CSS 和设计器"按钮,打开 CSS 面板。或者单击折叠面板上的"CSS 设计器"图标,同样也可以打开 CSS

面板。

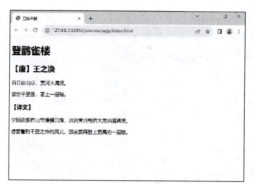

图 1-31　网页浏览效果

单击 CSS 面板的选项"源"前面的"＋"按钮,选择"在页面中定义",在 index.html 文件中添加 CSS 源,如图 1-32 所示。

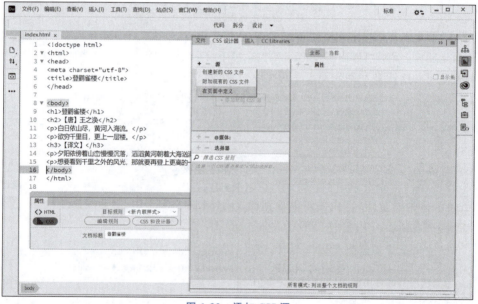

图 1-32　添加 CSS 源

单击 CSS 面板的选项"选择器"前面的"＋"按钮,在下面的文本框中输入"body"标签名后按回车键,添加选择器。在右边的属性窗口中,单击"文本"图标按钮:在"text-align"属性项右边单击"居中"图标按钮;在"font-size"属性项右边单击下拉文本框,单击选择文本大小单位"px",直接输入数字"24"后按回车键。这样就为网页设置了文本居中对齐和字体大小,如图 1-33 所示。单击 CSS 面板顶部标题栏中的"＞＞"按钮,或者单击面板以外的区域,就能将面板隐藏起来,便于用户执行编写代码、输入文本等操作。

在"代码"视图中,选中第 19～21 行代码,单击折叠面板上的"插入"图标,打开"插入"面板,单击"Div"图标,在第 19～21 行代码的外面套上一对"div"标签,在弹出对话框的 Class 项目右边的文本框中,输入"TxtLeft"类名,单击"确定"按钮,如图 1-34 所示。

在面板上切换到"CSS 设计器"选项卡,在"选择器"选项的下面,找到并单击".TxtLeft"

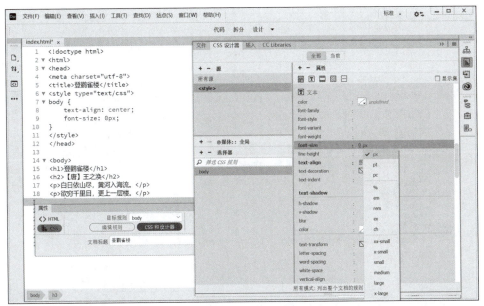

图 1-33 为选择器 body 设置 CSS 属性值

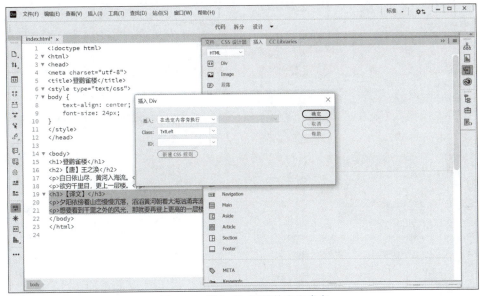

图 1-34 插入 div 标签并定义类名

选择器,在右边的属性窗口中,单击"文本"图标按钮,在"text-align"属性项右边单击"左边"图标按钮,如图 1-35 所示。译文部分的内容靠左对齐。

(4) 设计网页背景。单击折叠面板上的"CSS 设计器"图标,打开 CSS 面板,单击"body"选择器,在右边窗口中单击"背景"图标,找到"url"项,单击右边的"浏览"按钮,弹出"选择图像源文件"对话框,找到预先放在 Picture 文件夹中的图片,单击选中,单击"确定"按钮,如图 1-36 所示。

在单击"确定"按钮后,会弹出如图 1-37 所示的对话框,表示图片资源位于本站点外,必须将其复制到本站点中。单击"是"按钮,弹出如图 1-38 所示的对话框,将文件复制到 Pic-Tower 文件夹中,单击"保存"按钮。

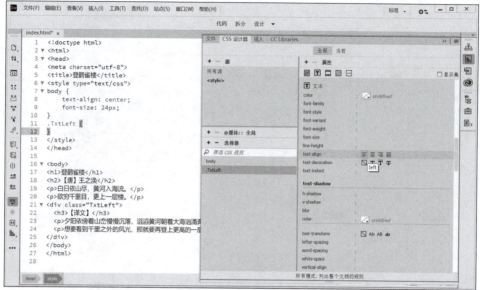

图 1-35　设置靠左对齐方式

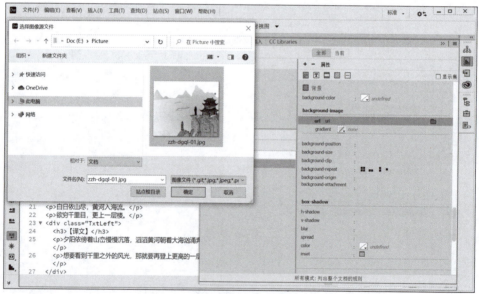

图 1-36　页面属性对话框

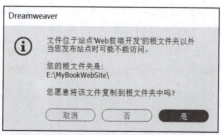

图 1-37　复制文件到站点内对话框

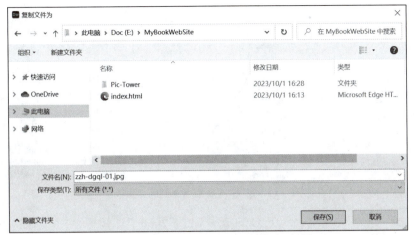

图1-38　将站点外文件保存到站点内对话框

接下来在CCS面板上为"body"选择器设置图片的其他属性。单击"background-repeat"项右边的"no-repeat"图标,单击"background-size"项右边的下拉框,选择"cover"值,如图1-39所示。

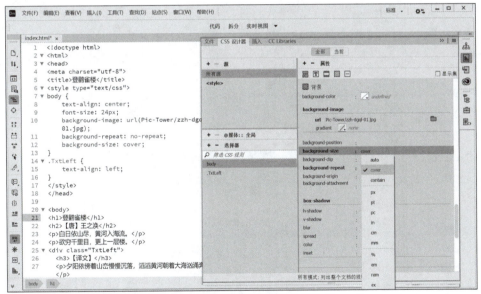

图1-39　设置背景图像的其他属性值

6．浏览网页效果

至此网页制作初步完成,保存文件,选择"实时"视图或单击"状态栏"右下的"浏览"按钮,浏览网页的设计效果,如图1-40所示。可以看出,浏览器窗口的大小会影响网页的布局效果。

7．调试修改网页

图1-40中左边的图片是在1920×1080像素屏幕分辨率下的浏览效果。在浏览器中通过缩放网页,也可以达到与改变屏幕分辨率一样的效果。

为了保证在浏览器不同大小窗口和不同分辨率的屏幕中的网页浏览效果保持一致,应

图 1-40 浏览器不同大小窗口的浏览效果

该给网页设置一个固定宽度。打开 CCS 面板,选择"body"选择器,在右边窗口中单击"布局"图标,为 width 属性设置 800px 值,为 margin 属性设置"auto"值,如图 1-41 所示。保存文件,浏览效果基本达到要求。

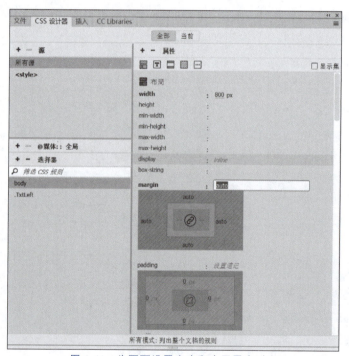

图 1-41 为页面设置宽度和水平居中对齐

8. 整理代码格式

代码的格式应做到错落有致、层次分明,读者应该养成遵守编程规则的良好习惯。整理好格式后的代码如图 1-42 所示。请注意,缩进代码时一定不要混用 Tab 键和空格键,否则在 Dreamweaver 中看似对齐的代码,在用记事本或其他编辑器打开时,可能是未对齐的代码,在图 1-42 中的第四行代码就是这样的。"···"是按空格键的空白,"≫"是按 Tab 键的空白,两者的 ASCII 码值是不一样的。"¶"表示回车换行符。可以在 Dreamweaver 中的菜单"查看">"代码视图选项">"隐藏字符"中进行设置,不显示出这些符号。

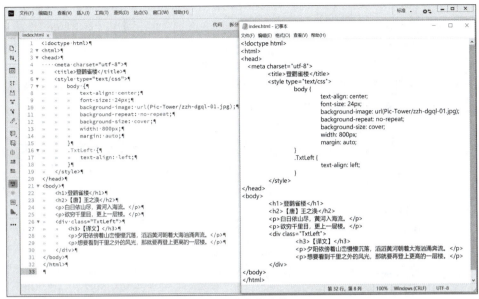

图 1-42　代码格式整理

9. 发布网页

保存网页文件，完成网页制作，并将网页发布到 Web 服务器上，供用户浏览。

【问题思考】

1. 在本例的图 1-29 中，将诗词的第 1 行文本设置为居中对齐，为什么第 2～7 行会自动居中？如果要将诗词文本设置为居中对齐效果，还有哪些设计方法？

2. 背景图像属性"background-size：cover"的真正含义是什么？

3. 测试网页时，改变浏览器的窗口大小与网页的大小，对网页渲染的效果一样吗？

【案例剖析】

1. 设计网页时要先确定好网站的主题（名称），充分准备好素材，并围绕主题的要求对素材进行加工。其次还要做好站点名称、存储位置、目录结构、文件命名等规划，为网站后期维护与修改带来便利。

2. 在 Dreamweaver 中使用"拆分"视图界面，能够看到"代码"视图与"设计"视图或"实时"视图内容的同步变化，能够加深读者对 HTML 和 CSS 代码作用的理解，在网页的调试中也非常有用。

3. 本案例的网页设计完全是在 Dreamweaver 面板上进行操作实现的，没有编写任何代码。使用该方法设计网页，在窗口中输入文本元素后，标签和样式由 Dreamweaver 编辑器自动插入代码中。使用面板操作法设计网页简单快捷而又不容易出错。

4. 本案例展示了一个完整的 HTML+CSS 结构的网页模型。

5. 从代码的角度看，网页设计是在＜body＞…＜/body＞中插入或嵌套不同的标签，然后再在这些标签中插入或嵌套图文元素，通过标签之间的层次结构，映射出图文元素之间的结构。标签是容纳图文元素的容器，嵌套的标签是父容器与子容器的关系或祖孙关系。特别地，＜body＞…＜/body＞称为母容器。

6. 如果不对标签进行任何属性设置，浏览器则会按默认规则（标签的属性取默认值）来渲染网页效果。

7. 本案例将<p>标签替换为<h1>、<h2>、<h3>标签,通过不同的网页效果,揭示出不同标签的真实语义与作用。

8. 本案例通过 CSS 为 body 标签设置文本"水平居中对齐"属性,使其所有子容器内的文本元素都水平居中对齐,揭示了 CSS 作用的统一性规律;又通过增加<div>…</div>标签与.TxtLeft 类名、设置文本"靠左对齐"属性,使 div 容器内的所有文本元素都靠左对齐,揭示了 CSS 作用的特殊性或优先性规律。

9. 在一般情况下,浏览器最大化窗口的宽度值(像素)与屏幕当前设置的分辨率(宽度)相同,网页按照浏览器实际打开的窗口尺寸(宽度与高度,像素)来渲染网页效果。

10. 本案例完整地展示了网页设计的 9 个步骤。

【案例学习目标】

1. 熟练掌握应用 Dreamweaver 进行网页设计的面板操作法,熟练掌握文件面板、插入面板、CSS 设计器面板、属性检查器面板的使用方法;

2. 深刻理解默认规则(不设置标签的属性值时,则该属性取默认值)的作用;

3. 深刻理解<body>标签的含义;

4. 理解嵌套标签的关系;

5. 理解标签容器的含义;

6. 增强对 HTML 标签的语义与作用、CSS 作用的理解;

7. 深刻理解屏幕分辨率大小对网页浏览效果的作用;

8. 深刻理解浏览器窗口大小对网页浏览效果的作用。

1.11 本章小结

Web 前端开发涵盖了诸多基本概念和关键技术,主要包括因特网、万维网、网页、HTTP、URL、HTML、CSS、Web 标准、Web 浏览器内核、Web 前端开发的核心技术、主流技术框架和开发工具等内容。

HTML、CSS 和 JavaScript 是 Web 前端开发的核心技术,HTML 定义了网页的基本结构和内容,CSS 则负责为这些结构赋予丰富多彩的样式和布局,JavaScript 的加入为网页增添了动态效果和交互功能,使得网页不再是静态的展示,而是可以响应用户的操作,实现动态内容的更新和交互效果的呈现。

本章借助 Dreamweaver 2021 设计了一个古诗词网页的案例,这个案例不仅展示了 HTML 标签与 CSS 样式的相互关系与相互作用,还构建出一个 Web 网页的最小结构模型。通过这个案例,读者可以深入理解 HTML、CSS 和 JavaScript 在 Web 前端开发中的核心地位和作用,更加深入地理解这些技术的原理和应用方法。

习 题

一、单项选择题

1. WWW 是指(   )。

A. 因特网　　　　B. 万维网　　　　C. 视频网　　　　D. 文件网
2. Web 标准的制定者是(　　)。
   A. 微软　　　　　　　　　　B. 万维网联盟(W3C)
   C. 网景公司(Netscape)　　　D. Apple 公司
3. 在 Dreamweaver 中,页面的视图模式有设计视图、代码视图和(　　)视图。
   A. 局部　　　　B. 全局　　　　C. 拆分　　　　D. 显示
4. 在 Dreamweaver 中,使用浏览器预览网页的快捷键是(　　)。
   A. F9　　　　　B. F12　　　　C. F10　　　　D. Ctrl+F12
5. 在 Dreamweaver 的文件(File)菜单中,Save All 命令表示(　　)。
   A. 保存动画的分帧文档　　　B. 保存动画的所有分帧
   C. 保存当前窗口中的所有文档　D. 保存当前编辑的文档
6. 在 HTML5 之前被广泛使用的重要 HTML 版本是(　　)。
   A. HTML 4.01　B. HTML 4　　C. HTML 4.1　　D. HTML 4.9
7. 在 HTML 代码中,空格的专用符号是(　　)。
   A. &spnb;　　　B. 　　　C. &npsb;　　　D. < >
8. 在 HTML 代码中,"<"用(　　)来表示。
   A. <　　　　B. ‹　　C. &npsb;　　　D. <<>
9. 在 HTML 代码中,">"用(　　)来表示。
   A. >　　　　B. ›　　C. 　　　D. <>>
10. Google Chrome 浏览器的内核是(　　)。
    A. Gecko　　　B. WebKit　　　C. Trident　　　D. Blink

二、判断题
1. HTML 标签通常不区别大小写。　　　　　　　　　　　　　　(　　)
2. 网站就是一个链接在一起的页面集合。　　　　　　　　　　(　　)
3. 图像可以用于充当网页的内容,但不能作为网页的背景。　　(　　)
4. Web 标准由结构标准、表现标准与行为标准组成。　　　　　(　　)
5. 浏览器可以通过缩放网页来模拟不同的屏幕分辨率。　　　　(　　)

三、问答题
1. 简述静态网页与动态网页的区别。
2. 什么是因特网和万维网?它们的区别在哪里?
3. Web 前端技术的三大核心基础是什么?
4. 属性与样式有什么区别?

第 2 章

HTML5 语法基础

HTML5 作为当前网页开发的标准语言,其标签是构建网页内容的基础,熟悉每个标签的语义和作用是进行 Web 前端开发的前提。HTML 标签的属性为标签提供了额外的信息或设置,熟练设置和调整这些属性是确保网页正确显示、渲染与功能完整的关键。

熟练掌握 HTML5 语法,养成良好的编程习惯不仅有助于提高代码质量,还能减少错误和提高开发效率。

2.1 案例 3　应用 Dreamweaver 代码设计网页模板

【案例描述】

一个正式的网页都有页首(页眉)、页尾(页脚)和中间主体几部分。页首有标志(logo)和横幅(banner)及导航栏,页脚有版权信息、注册信息和联系方式等。试制作一个包含页首和页脚的网页,用作其他设计网页的模板。

要求应用 Dreamweaver 在"代码"视图中进行编码操作。

【软件环境】

Windows 10,Dreamweaver 21.2,Photoshop,Fireworks,IE,Edge,Chrome。

【案例解答】

1. 网页设计总体策划

本案例确定网页设计的主题为"机器狗",展现与机器狗有关的内容。

网页页首设计使用＜header＞…＜/header＞标签,logo 和 banner 放在其中,banner 采用文字来表达网页主题。页首模块不设置宽度,采用默认值或百分比 100%。导航栏使用＜nav＞…＜/nav＞标签。

网页中间主体使用＜section＞…＜/section＞标签,在其中嵌套一对＜div＞…＜/div＞标签,将＜img＞元素放到＜div＞…＜/div＞标签中。＜section＞容器宽度设置为 80%,＜div＞容器宽度设置为其父容器＜section＞宽度的 50%。为了能够看清楚这些父子容器的大小,为这些容器标签设置边框线或背景颜色。

网页页脚使用＜footer＞…＜/footer＞标签,包含版权信息、注册信息等。页脚模块不设置宽度,采用默认值或百分比 100%。

网页页面的布局是一个"工"字结构。

2. 准备素材

设计好网页的 logo 图标。本网站主要是《Web 前端开发案例剖析教程》教学方面的网页,故设计的 logo 图标体现出了这一理念:"WWW in My Computer"。

网页以"机器狗"作为主题,文字素材和图像素材等要以此为依据进行搜集、组织和设计。

文字素材要进行一定的加工,做到文字精练,表达准确。图像素材要注意色彩设计与搭配和谐。

logo 图标保存在站点的 logo 文件夹中,机器狗图片保存在站点的 Pics 文件夹中。

3. 新建站点

参见案例 2 的具体操作方法,新建站点,"站点名称"命名为"模板";"本地站点文件夹"设置为 E:\MyBookWebSite\Templates,用来存储网站设计的文件。

4. 新建网页

在 Dreamweaver 2021 启动界面中单击"新建"按钮,或者单击菜单栏上的"文件">"新建…",弹出"新建文档"对话框,选择文档类型为 HTML5,单击"确定"按钮即可。具体操作过程参见案例 2 的操作方法。

5. 保存网页

单击菜单栏上的"文件">"保存",弹出"另存为"对话框,在"文件名"右边的文本框中输入网页的名称。本案例输入"Case-03-网页模板.html"。单击"保存"按钮,完成操作。

6. HTML 代码设计

使用"代码"视图进行设计。

(1) 输入网页标题。在<title>… </title>标签中输入"网页模板"。

(2) 在<body>…</body>标签中先输入<header>…</header>标签。注意,当输入到"<he"时,在智能语法提示框中就出现了"header"标签名,此时不用继续输入剩余部分,直接单击选择"header"标签名,Dreamweaver 就会自动补全标签名;然后再继续输入">"或"></"(根据菜单"编辑>首选项>代码提示"里的设置而定),尾标签"</header>"就自动补全了,如图 2-1 所示。

图 2-1　在"代码"视图中输入代码时出现智能语法提示框

在<body>…</body>标签中再输入<nav>…</nav>、<section>…</section>、<footer>…</footer>三对标签,操作过程同上。在<body>…</body>标签中输入上述四对标签,用来对网页进行结构布局。

(3) 在<header>…</header>标签中输入<img>标签和…标签。注意,在输入到"<img src="时,智能语法提示框会提示"浏览"图片位置,如图 2-2 所示。找到需要的图片后单击选中,然后再继续输入"width=96 height=64 alt="""">"。

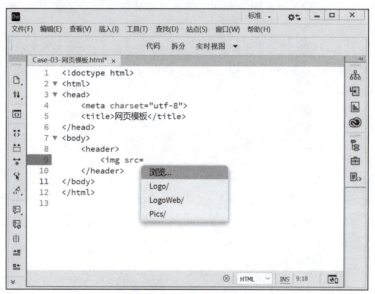

图 2-2 智能语法提示框提示浏览插入的图像

按回车键换一行,输入…标签,在其中输入"机器狗"文本。

(4) 在<nav>…</nav>标签中输入"导航栏 │ 注 册 │ 登 录"文本元素。

(5) 在<section>…</section>标签中输入一对<div>…</div>标签后,在该标签中再输入<img>标签,选择图片为"机器狗",其属性及属性值的输入方法同上面的第(3)步。接着输入"机器狗图片"。

(6) 在<footer>…</footer>标签中输入"Design by me.
",按回车键换行,再输入"Copyright ⓒ 2023."。

7. CSS 代码设计

在 HTML 代码输入完成后,还需要进行 CSS 代码设计,网页浏览效果才能达到要求。

(1) 为<header>、<footer>、<section>、<div>容器设置背景颜色或边框。

在<head>…</head>标签中输入一对 <style>…</style>标签后,再输入:

```
header {        background-color: #FC0;        }
```

按照同样的操作方法对<footer>、<section>、<div>容器进行设置:

```
footer {        background-color: #FC6;        }
section {       background-color: #FAA;        }
div {           border: 1px solid #00F;        }
```

（2）为 nav、section、div 容器设置宽度。

```
nav, section {        width: 80%;           }
div {                 width: 50%;           }
```

（3）为 nav、section、div 容器设置居中布局。

```
nav, section, div {   margin: auto;         }
```

（4）为文本设置对齐方式。

```
nav {        text-align:right;              }
footer {     text-align: center;            }
```

（5）为页首 banner 中的"机器狗"文本设置属性。

```
header {     font-size: 36px;               }
<img src="…"  align="center"  alt=" "/>
<span style="margin-left: 30%;">机器狗</span>
```

8. 测试网页

保存文件，在不同屏幕分辨率下进行浏览测试。如果发现问题，就修改相关代码，直到没有问题为止。最后要整理好代码格式。

9. 发布网页

网页通过测试后即可发布，其浏览效果如图 2-3 所示，窗口大小约为 900×700 像素，图片溢出 div 框。

图 2-3　网页的浏览效果

本案例的网页核心代码如表 2-1 所示(完整的代码请下载课程资源浏览)。

表 2-1 案例 3 应用 Dreamweaver 制作网页模板的代码(Case-03-网页模板.html)

行	核 心 代 码
1	`<!doctype html>`
2	`<html>`
3	`<head>`
4	`    <meta charset="utf-8">`
5	`    <title>网页模板</title>`
6	`    <style type="text/css">`
7	`        header { background-color: #FC0;  font-size: 36px; }`
8	`        nav { text-align:right; }`
9	`        footer { background-color: #FC6;  text-align: center; }`
10	`        section { background-color: #FAA; }`
11	`        div { border: 1px solid #00F;  width: 50%; }`
12	`        nav, section { width: 80%; }`
13	`        nav, section, div { margin: auto; }`
14	`    </style>`
15	`</head>`
16	`<body>`
17	`    <header>`
18	`        <img src="Logo/WorldWideWeb1.png" width="96" height="64" alt="" align="center"/>`
19	`        <span style="margin-left: 30%;">机器狗</span>`
20	`    </header>`
21	`    <nav>导航栏|注册|登录</nav>`
22	`    <section>`
23	`        <div>`
24	`            <img src="Pics/acf17827e5785e8ffe660bbc9ebfbc81.png" alt=""/>`
25	`            <span>机器狗图片</span>`
26	`        </div>`
27	`    </section>`
28	`    <footer>`
29	`        <span>Design by me.</span> `
30	`        <span>Copyright © 2023.</span>`

续表

行	核心代码
31	`</footer>`
32	`</body>`
33	`</html>`

【问题思考】

1. 网页页首 banner 中的"机器狗"文本怎样才能真正做到居中？
2. 网页中的"机器狗"图像怎样才能做到在网页中居中？

【案例剖析】

1. 在网页设计中，进行网页总体策划，理清设计思路、设计规则和主要过程，写成网页设计策划书或网页设计规范书，这对团队设计十分重要。

2. 本案例应用 Dreamweaver 代码视图进行操作，编写代码。在输入代码时，会有智能语法提示框弹出，实现自动填写功能，提高代码输入的正确性和效率。

3. 在默认情况下，body 容器的宽度值一般为屏幕当前分辨率的宽度值或浏览器窗口的宽度值，可以用绝对值（例如 1920px）或相对值（100%）来表示。body 容器的宽度可以设置为超过屏幕当前分辨率的宽度值。

4. 在默认情况下，子容器的宽度与高度不会超过父容器的宽度与高度。本案例中 header 容器、footer 容器为默认宽度，它们与 body 容器的宽度一致；section 容器的宽度值设置为 80%，表示其为 body 容器宽度的 80%；div 容器的宽度值设置为 50%，表示其为父容器 section 容器宽度的 50%。某容器设置百分比相对宽度值，是相对其父容器的宽度而言的。

5. 在默认情况下，子容器与父容器左端对齐、顶端对齐。如果子容器要在父容器中要水平居中对齐，需要设置属性"margin: 0 auto;"；如果子容器中的图文元素需要水平居中对齐，则需设置属性"text-align: center;"。

6. 在本案例中，header 容器内有一个图像元素和一个文本元素，默认垂直方向底端对齐。如果文本元素要与图像元素垂直居中对齐，需要在＜img＞标签中设置属性"align="center""。

7. 在本案例中，当浏览器窗口偏小时，div 容器内的图像宽度超过了 div 容器本身的宽度，图像可以溢出容器（默认），文本须换行显示。

请注意，从表 2-1 中可以看出，"Case-03-网页模板.html"虽然只显示一张图片和一行文字，但页首和页脚的代码加在一起还是比较多的。因此，本教程为了突出网页设计的核心代码，对"Case-03-网页模板.html"进行改进，将其页首和页脚部分做成图片放到网页中，大大地减少了代码量，并将网页命名为"Web 网页设计模板.html"，保存在"模板"站点中，提供给后面代码量比较多的案例与实例使用，其完整的代码请读者下载课程资源浏览。

【案例学习目标】

1. 熟练掌握应用 Dreamweaver 进行网页设计的代码编写法；
2. 进一步加深对默认规则的理解；
3. 增强理解标签容器的含义；
4. 深刻理解嵌套标签、父子容器宽度与高度、对齐方式的默认规则；

5. 深刻理解容器宽度相对值的含义；
6. 掌握子容器在父容器中水平居中对齐的设置方法；
7. 掌握子容器内图文元素水平居中对齐的设置方法。

2.2 HTML5 标签与属性

2.2.1 HTML5 标签

HTML5 在 HTML 4.01 基础上删除或重新定义了一些元素、添加了许多新元素及功能，HTML5 拥有新的语义、图形以及多媒体元素，使用 CSS3，无须额外插件。HTML5 提供的新元素和新的 API 简化了 Web 应用程序的搭建。HTML5 是最新的 HTML 标准。

HTML5 是跨平台的，可以在不同类型的硬件（PC、平板、手机、电视机等）之上运行。

因此，为了更好地进行 Web 前端设计与开发，读者必须熟悉和掌握 HTML5 的常用标签和属性。

1. 按标签功能分类

表 2-2 按照标签功能分类法列出了 HTML5 的常用标签（注意，表中右上角标注 H5 的标签是 HTML5 新增加的标签）。

表 2-2 HTML5 标签

标签	描述
基础	
<!DOCTYPE>	定义文档类型
<html>	定义一个 HTML 文档
<title>	为文档定义一个标题
<body>	定义文档的主体
<h1> to <h6>	定义 HTML 标题
<p>	定义一个段落
 	定义简单的折行
<hr>	定义水平线
<!--...-->	定义一个注释
格式	
<abbr>	定义一个缩写
<address>	定义文档作者或拥有者的联系信息
<b>	定义粗体文本
<bdi>[H5]	**允许文本脱离其父元素文本方向设置**
<bdo>	定义文本的方向

续表

标　　签	描　　述
<blockquote>	定义块引用
<center>	定义文本的字体、尺寸和颜色
<cite>	定义引用(citation)
<code>	定义计算机代码文本
<del>	定义被删除文本
<dfn>	定义定义项目
<em>	定义强调文本
<font>	HTML5不再支持，HTML 4.01已废弃，定义文本的字体、尺寸和颜色
<i>	定义斜体文本
<ins>	定义被插入文本
<kbd>	定义键盘文本
<mark>[H5]	定义带有记号的文本
<meter>[H5]	仅用于已知最大和最小值的度量
<pre>	定义预格式文本
<progress>[H5]	定义运行中的任务进度(进程)
<q>	定义短的引用
<rp>[H5]	定义不支持ruby元素的浏览器所显示的内容
<rt>[H5]	定义中文注音或字符的解释或发音
<ruby>[H5]	定义ruby注释(中文注音或字符)
<s>	定义加删除线的文本
<samp>	定义计算机代码样本
<small>	定义小号文本
<strong>	定义语气更为强烈的强调文本
格式	
<sub>	定义下标文本
<sup>	定义上标文本
<time>[H5]	定义一个日期/时间
<u>	定义下画线文本
<var>	定义文本的变量部分
<wbr>[H5]	规定在文本中的何处适合添加换行符
表单	
<form>	定义HTML表单,用于用户输入

续表

标签	描述
<input>	定义一个输入控件
<textarea>	定义多行的文本输入控件
<button>	定义按钮
<select>	定义选择列表(下拉列表)
<optgroup>	定义选择列表中相关选项的组合
<option>	定义选择列表中的选项
<label>	定义 input 元素的标注
<fieldset>	定义围绕表单中元素的边框
<legend>	定义 fieldset 元素的标题
<datalist>[H5]	规定了 input 元素可能的选项列表
<keygen>[H5]	规定用于表单的密钥对生成器字段
<output>[H5]	定义一个计算的结果
框架	
<frame>	HTML5 不再支持,定义框架集窗口或框架
<noframes>	HTML5 不再支持,定义针对不支持框架的用户的替代内容
<frameset>	HTML5 不再支持,定义框架集
<iframe>	定义内联框架
图像	
<img>	定义图像
<map>	定义图像映射
<area>	定义图像地图内部的区域
<canvas>[H5]	通过脚本(通常是 JavaScript)来绘制图形(例如图表和其他图像)
<figcaption>[H5]	定义 caption for a <figure> element
<figure>[H5]	figure 标签用于对元素进行组合
Audio/Video	
<audio>[H5]	定义声音,例如音乐或其他音频流
<source>[H5]	定义 <video>、<audio> 的媒体资源
<track>[H5]	定义 <video>、<audio> 外部文本轨道
<video>[H5]	定义一个音频或者视频
链接	
<a>	定义一个链接

续表

标　　签	描　　述
<link>	定义文档与外部资源的关系
<main>	定义文档的主体部分
<nav>[H5]	**定义导航链接**
列表	
<ul>	定义一个无序列表
<ol>	定义一个有序列表
<li>	定义一个列表项
<dl>	定义一个"定义列表"
<dt>	定义"定义列表"中的项目
<dd>	定义"定义列表"中项目的描述
<menu>	定义菜单列表
<command>[H5]	定义用户可能调用的命令（例如单选按钮、复选框或按钮）
表格	
<table>	定义一个表格
<caption>	定义表格标题
<th>	定义表格中的表头单元格
<tr>	定义表格中的行
<td>	定义表格中的单元
<thead>	定义表格中的表头内容
<tbody>	定义表格中的主体内容
<tfoot>	定义表格中的表注内容（脚注）
<col>	定义表格中一个或多个列的属性值
<colgroup>	定义表格中供格式化的列组
样式/节	
<style>	定义文档的样式信息
<div>	定义文档中的节
<span>	定义文档中的节
<header>[H5]	**定义一个文档头部部分**
<footer>[H5]	**定义一个文档底部部分**
<section>[H5]	**定义了文档的某个区域**
<article>[H5]	**定义一个文章内容**

续表

标　签	描　述
<aside>^{H5}	定义其所处内容之外的内容
<details>^{H5}	定义用户可见的或者隐藏的补充细节
<dialog>^{H5}	定义一个对话框或者窗口
<summary>^{H5}	定义一个可见的标题,当用户点击标题时会显示出详细信息
元信息	
<head>	定义关于文档的信息
<meta>	定义关于 HTML 文档的元信息
<base>	定义页面中所有链接的默认地址或目标
程序	
<script>	定义客户端脚本
<noscript>	定义针对不支持客户端脚本的用户的替代内容
<embed>^{H5}	定义一个容器,用来嵌入外部应用或者互动程序(插件)
<object>	定义嵌入的对象
<param>	定义对象的参数

2. 按标签性质分类

根据标签在页面的占位情况,大多数 HTML 元素可以划分为块级元素和内联元素(行内元素)两类。

块级元素(block level element)在浏览器显示时,通常会以新行来开始(和结束)。例如,<p>、<h1>、<hr>、<div>、<header>和<footer>等是块级元素,而<p>…</p>还会在其前后产生一行空白。

内联元素(inline element)通常在行内显示,但不会以新行开始。例如,<span>、<b>、<a>和<input>、<td>等是内联元素。请注意,<span>…</span>内的文本元素碰到浏览器右边界时折行接续显示,但不是以新行开始。

3. 标签容器

在一对标签内嵌套的不是图像元素、文本元素,就是另外的标签,因此这样的标签亦称为容器。一般而言,<span>等内联元素适合做文本元素的容器;块级元素则可以作内联元素的容器,也可以作其他块级元素的容器。

2.2.2　标签属性

标签有很多属性,可分为标准属性、可选属性和事件属性三类。用户使用标签前应该弄清楚标签有哪些属性。在网页中,如果对标签没有进行属性设置,浏览器就会按照默认的属性及属性值进行解析、渲染效果,这就是默认规则。

【释例 2-1】　示例代码如下。

```
<p>离离原上草,一岁一枯荣。</p>
<p align="center">野火烧不尽,春风吹又生。</p>
```

在上述代码中,第一句没有设置属性,按默认属性(值)渲染,显示效果为左对齐;第二句设置 align 属性及属性值,显示效果为居中对齐。

1. 全局属性

全局属性是每个标签基本都有的属性。表 2-3 列出了 HTML5 标签的部分全局属性(注意,表中右上角标注 H5 的标签是 HTML5 新增加的属性)。

表 2-3 全局属性

属 性	描 述
class	规定标签元素的类名(classname)
contextmenu [H5]	指定一个元素的上下文菜单。当用户右击该元素,出现上下文菜单
draggable [H5]	指定某个元素是否可以拖动
hidden [H5]	hidden 属性规定对元素进行隐藏
id	规定标签元素的 id(id 值必须唯一,不能与其他标签元素的 id 重复)
style	规定标签元素的行内样式(inline style)
tabindex	设置元素的 Tab 键控制次序
title	描述了标签元素的额外信息(作为工具条使用)

【释例 2-2】 在网页中有很多相同的标签和不同的标签,为了更好地设置它们的属性,需要准确指定、选择某一个标签或某一类标签,可以事先对这些标签设置 id 属性和 class 属性。例如:

```
<div class = "passage">
    <p id = "pA">
        <span class = "s01">春眠不觉晓</span><br><span class = "s02">处处闻啼鸟</span>
    </p>
    <p id = "pB">
        <span class = "s02">夜来风雨声</span><br><span class = "s03">花落知多少</span>
    </p>
<div>
```

【问题思考】

在什么情况下标签应用 id 属性比较合适?在什么情况下标签应用 class 属性比较合适?一个标签能够应用两个 class 属性吗?

【☼延伸阅读☼】

<id>(全局属性)在<HTML>元素中是唯一的。例如,<p id="P01">表示在整个文档中本标签的名字叫"P01"了,便不允许其他标签的名字再叫"P01"了,必须是唯一的。在 HTML5 中,<id>属性可用于任何<HTML>元素。命名规则是:必须以字母 A~Z 或

a～z 开头，其后的字符可以是字母(A～Z,a～z)、数字(0～9)、连字符(-)、下画线(_)、英文冒号(：)以及点号(.)，推荐用小写<id>名。<id>名(值)不得包含空白字符(包括空格与制表符等)。从兼容性考虑，<id>名应该以字母开头。

2. 常用属性

每个标签都有自己的属性，标签不同，属性会有所差别。例如，与其他标签相比，<img>无 color、font-size 等属性。表 2-4 列出了 HTML5 标签的部分常用属性。

表 2-4 标签的常用属性

属 性	描 述
background-color	描述了标签元素的背景颜色
background-image	描述了标签元素的背景图片
border	描述了标签元素的边框
width	描述了标签元素的宽度
height	描述了标签元素的高度
text-align	描述了标签元素内文本的对齐方式
color	描述了标签元素内文本的颜色
font-size	描述了标签元素内文本的字体大小(字号)

【小提示】 属性值应该始终被包括在引号内。双引号是最常用的，也可以使用单引号。如果属性值本身就含有双引号，那么必须使用单引号，例如 name = 'John "ShotGun" Nelson'。

如果读者想了解标签的更多属性，可以参考有关的技术手册和网站。

2.2.3 属性设置实例

1. 背景与边框设置

在网页设计中，有时需要对一些 HTML 标签设置背景图片、背景颜色和边框，增强网页的渲染效果。对初学者而言，借助标签的背景图片、背景颜色和边框，能够更快加深对 HTML 标签功能的理解。

【实例 2-1】 设计一个网页，为<body>标签设置背景图像和边框，为<p>标签和<span>标签设置背景颜色，为<table>标签设置边框，为<td>标签设置背景颜色，最后为部分元素设置对齐方式。

采用代码编写法设计网页。准备好背景图片素材，打开 Dreamweaver 2021，新建一个 HTML5 文档，保存为"Exmp-2-1 背景边框与对齐设置.html"，在代码视图中输入下面的核心代码(见表 2-5)，完成网页的设计(完整的代码请下载课程资源浏览)。

表 2-5 实例 2-1 的核心代码(Exmp-2-1 背景边框与对齐设置.html)

行	核 心 代 码
1	<html>

续表

行	核 心 代 码
2	`<head>`
3	`    <style type="text/css">`
4	`        body { border: 5px dashed purple;   margin-left: 150px;`
5	`            background-color: cadetblue;`
6	`            background-image: url("Pics-bgCenter/B000001y.jpg");`
7	`            background-repeat:no-repeat;   background-size:cover;`
8	`            width: 1650px;   height: 850px;   font-size: 36px; }`
9	`        p { background-color: burlywood; }`
10	`        span { background-color: orange; }`
11	`        table { border: 2px solid red; }`
12	`    </style>`
13	`</head>`
14	`<body>`
15	`    <header>`
16	`        <img src="Logo/WorldWideWeb1.png" width="96" height="64" alt="" align="center"/>`
17	`        <span style="margin-left: 30%;">背景颜色、背景图像、边框与对齐设置</span>`
18	`    </header>`
19	`    <p>&lt;p&gt;...&lt;|p&gt;标签的背景颜色(实木色)和默认宽度</p>`
20	`    <span>&lt;span&gt;...&lt;|span&gt;标签的背景颜色(橙色)和默认宽度</span> `
21	`    <table>`
22	`        <tr><!-- 表格的第 1 行-->`
23	`            <td>不设置背景色</td>`
24	`            <td bgcolor="white">背景颜色白色</td>`
25	`            <td bgcolor="yellow">背景颜色黄色</td>`
26	`        </tr>`
27	`        <tr><!-- 表格的第 2 行-->`
28	`            <td bgcolor="yellow" width="300px">文本默认左对齐</td>`
29	`            <td align="center" bgcolor="orange" width="300px">文本居中对齐</td>`
30	`            <td align="right" bgcolor="white" width="300px">文本右对齐</td>`
31	`        </tr>`
32	`    </table>`

续表

行	核心代码
33	`<footer><span>Design by me.</span> <span>Copyright © 2023.</span></footer>`
34	`</body>`
35	`</html>`

网页的浏览效果如图 2-4 所示。

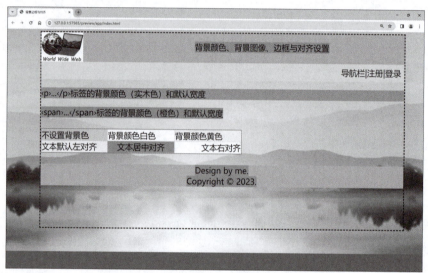

图 2-4　背景、边框与对齐设置的浏览效果

【实例剖析】

1. 在本实例中为＜body＞容器设置属性"width：1650px；height：850px；"，＜body＞容器的宽度和高度是固定值；设置属性"border：5px dashed purple；"，表示容器边框的线宽、线型（虚线）和颜色。

2. 为＜body＞容器设置属性"background-color：cadetblue；background-image：url("Pics-bgCenter/ B000001y.jpg")；"，背景图像覆盖在背景颜色上；为＜body＞容器设置属性"background-size：cover；"，背景图像充满整个浏览器窗口。

3. 一般而言，常把＜body＞作为网页的顶层容器，＜body＞的宽度大小就是网页的宽度大小；而高度一般不设置，不受限制。在本实例中，不论浏览器怎样进行网页缩放显示（相当于改变屏幕的分辨率），背景颜色与背景图像（background-size：cover；）始终铺满整个浏览器窗口（包括低分辨率下出现滚动条的情景）。

4. ＜p＞容器是＜body＞容器的子容器，在默认情况下，两者宽度相同。＜p＞容器的高度与其中的图文元素高度（和）相同。

5. ＜span＞容器是＜body＞容器的子容器，在默认情况下，其宽度与其中的图文元素宽度总和相等；高度与其中的图文元素高度（或行高）相等。＜span＞容器表现出其边界紧贴其内部元素的黏性与弹性，可以形象地称其为内部元素的蒙皮。

6. ＜table＞容器是＜body＞容器的子容器，在默认情况下，＜table＞的宽度是弹性的。

在本实例中，<table>容器第 2 行的三个单元格设置了宽度，故<table>容器的宽度是固定值。每个<td>单元格的背景颜色等可以单独设置。

【实例学习目标】
1. 熟练掌握标签容器的宽度、高度以及背景颜色、背景图像的显示规则；
2. 熟练掌握嵌套容器的宽度、高度的默认规则。

2. 对齐设置

在网页设计中，文本元素常常需要设置对齐方式，布局用的标签容器也需要设置对齐方式。

【释例 2-3】 在 CSS 样式表中设置<div>…</div>标签内文本的对齐方式，代码如下。

```
div { text-align: left;}        /*文本左对齐,默认值,可以省略不设置*/
div { text-align: center;}      /*文本水平居中对齐*/
div { text-align: right;}       /*文本右对齐*/
```

【释例 2-4】 在<body>…</body>容器内嵌入一对<div>…</div>子容器，子容器宽度为父容器宽的 80%，在 CSS 样式表中设置子容器为水平居中对齐方式，代码如下。

```
div { width: 80%;
      margin: auto;}     /*一个参数,表示上、右、下、左边距值都是 auto*/
```

或

```
div { width: 80%;
      margin: 0 auto;}   /*两个参数,表示上、下边距值是 0px,右、左边距值是 auto*/
```

3. 字体大小、字体类型、字体颜色设置

在网页设计中，文本元素的字体大小、字体类型、字体颜色是在其容器标签中进行设置的。

【释例 2-5】 在 CSS 样式表中设置<div>…</div>标签内文本的字体大小、字体类型、字体颜色属性，代码如下。

```
div { font-size: 36px;  font-family: "Times New Roman";  color: red; }
```

2.3 HTML 字符实体

在 HTML 和 XHTML 中预留了一些字符，用户不能使用包含这些字符的文本，因为浏览器可能会误认为是 HTML 标签。例如，在 HTML 中不能使用小于号(<)和大于号(>)，浏览器会误认为它们是标签。如果用户希望正确地显示这些预留字符，必须在 HTML 源代码中使用字符实体(character entities)，如表 2-6 所示。注意，实体名称对大小写敏感！

表 2-6 字符实体(部分)

字符	实体编号	实体名称	描 述
			非间断空格(non-breaking space)
£	&#163;	&pound;	英镑符号(pound)
¥	&#165;	&yen;	人民币/日元符号(yen)
¦	&#166;	&brvbar;	间断的竖杠(broken vertical bar)
§	&#167;	&sect;	小节号(section)
©	&#169;	&copy;	版权所有(copyright)
®	&#174;	&reg;	注册商标(registered trademark)
¯	&#175;	&macr;	长音符号(spacing macron)
°	&#176;	&deg;	度符号(degree)
±	&#177;	&plusmn;	加减号/正负号(plus-or-minus)
²	&#178;	&sup2;	上标 2(superscript 2)
³	&#179;	&sup3;	上标 3(superscript 3)
¶	&#182;	&para;	段落符号(paragraph)
·	&#183;	&middot;	中间点(middle dot)
¹	&#185;	&sup1;	上标 1(superscript 1)
¼	&#188;	&frac14;	1/4 分数(fraction 1/4)
"	&#34;	&quot;	引号
&	&#38;	&amp;	和号
'	&#39;	&apos;	撇号
<	&#60;	&lt;	小于号
>	&#62;	&gt;	大于号
×	&#215;	&times;	乘号(multiplication)
÷	&#247;	&divide;	除号(division)
'	&#8216;	&lsquo;	左单引号(left single quotation mark)
'	&#8217;	&rsquo;	右单引号(right single quotation mark)
"	&#8220;	&ldquo;	左双引号(left double quotation mark)
"	&#8221;	&rdquo;	右双引号(right double quotation mark)
′	&#8242;	&prime;	分钟(minutes)
″	&#8243;	&Prime;	秒(seconds)
‹	&#8249;	&lsaquo;	左单角引号(single left angle quotation)
›	&#8250;	&rsaquo;	右单角引号(single right angle quotation)

续表

字符	实体编号	实体名称	描述
↵	&#8629;	&crarr;	回程箭头（carriage return arrow）
€	&#8364;	&euro;	欧元
™	&#8482;	&trade;	商标
∏	&#8719;	&prod;	乘积（prod）
∑	&#8721;	&sum;	求和（sum）
α	&#945;	&alpha;	alpha
β	&#946;	&beta;	beta
γ	&#947;	&gamma;	gamma
😀	&#128512;		

2.4 HTML 颜色

2.4.1 颜色的表示方法

颜色由红色（red）、绿色（green）、蓝色（blue）三种基色混合而成，简称 RGB。每种颜色的最小值是 0（十六进制为♯00），最大值是 255（十六进制为♯FF）。

1. 颜色名称表示法

颜色可以用颜色名来表示。目前所有浏览器都支持 141 个颜色名称，这些名称是在 HTML 和 CSS 颜色规范定义的（其中 17 个颜色是标准颜色，包括 aqua、black、blue、fuchsia、gray、green、lime、maroon、navy、olive、purple、red、silver、teal、white、yellow 等），表 2-7 给出了部分颜色的名称。

2. 颜色的十六进制表示法

如果需要使用其他的颜色，则需要使用十六进制的颜色值来表示，它是以"♯"开头的六位十六进制数。上述颜色名也是可以用十六进制的颜色值来表示的，例如，"♯FF0000"表示 red（红色）颜色。

3. 颜色的 rgb() 表示法

在 CSS 样式表中，标签背景和文本的颜色还可以使用与十六进制颜色值等效的 rgb() 形式。

【释例 2-6】 写出红色、黄色、白色的 rgb() 属性值，代码如下。

```
红色：    #FF0000    rgb(255,0,0)
黄色：    #FFFF00    rgb(255,255,0)
白色：    #FFFFFF    rgb(255,255,255)
```

【小提示】 rgb() 的参数是十进制数，且只能作为 CSS 样式属性值，而不能作为标签属性值。

表 2-7 部分颜色名与十六进制颜色值

颜色名	十六进制颜色值	颜色	颜色名	十六进制颜色值	颜色	颜色名	十六进制颜色值	颜色
AliceBlue	#F0F8FF		HoneyDew	#F0FFF0		Pink	#FFC0CB	
AntiqueWhite	#FAEBD7		Khaki	#F0E68C		Plum	#DDA0DD	
Aqua	#00FFFF		Lavender	#E6E6FA		PowderBlue	#B0E0E6	
Azure	#F0FFFF		LavenderBlush	#FFF0F5		Purple	#800080	
Beige	#F5F5DC		LemonChiffon	#FFFACD		Red	#FF0000	
Bisque	#FFE4C4		LightYellow	#FFFFE0		SeaGreen	#2E8B57	
Black	#000000		Lime	#00FF00		SeaShell	#FFF5EE	
BlanchedAlmond	#FFEBCD		Linen	#FAF0E6		Silver	#C0C0C0	
Blue	#0000FF		Maroon	#800000		SkyBlue	#87CEEB	
Cornsilk	#FFF8DC		MintCream	#F5FFFA		SteelBlue	#4682B4	
FloralWhite	#FFFAF0		MistyRose	#FFE4E1		Tan	#D2B48C	
ForestGreen	#228B22		Moccasin	#FFE4B5		Teal	#008080	
Fuchsia	#FF00FF		NavajoWhite	#FFDEAD		Thistle	#D8BFD8	
Gainsboro	#DCDCDC		Navy	#000080		Wheat	#F5DEB3	
GhostWhite	#F8F8FF		OldLace	#FDF5E6		White	#FFFFFF	
Gold	#FFD700		Olive	#808000		WhiteSmoke	#F5F5F5	
Gray	#808080		PapayaWhip	#FFEFD5		Yellow	#FFFF00	
Green	#008000		PeachPuff	#FFDAB9		YellowGreen	#9ACD32	

4. 颜色的 rgba()表示法

rgba 颜色值是具有 alpha 通道的 RGB 颜色值的扩展,它指定了颜色的不透明度。rgba 颜色值表示语法格式为

```
rgba(red, green, blue, alpha)
```

alpha 参数是介于 0.0(完全透明,看不见)和 1.0(完全不透明,看得见)之间的数字。

【释例 2-7】 用 rgba()属性值写出黄色、红色的透明和不透明表示,代码如下。

黄色:	rgba(255, 255, 0, 0)	完全透明,相当于白色
黄色:	rgba(255, 255, 0, 1)	完全不透明,相当于纯黄色
红色:	rgba(255, 0, 0, 0)	完全透明,相当于白色
红色:	rgba(255, 0, 0, 1)	完全不透明,相当于纯红色
红色:	rgba(255, 0, 0, 0.5)	半不透明,相当于纯红色中混入白色

2.4.2 颜色的搭配

在网页设计中,选择合适的配色方案是非常重要的。一个好的配色方案可以让网页更吸引人,也能提高用户体验。下面是颜色搭配的几个基本原则。

对比法则:将互补色、对比色等颜色搭配在一起。

同色系法则:同一色调下不同深浅、明度和饱和度颜色的搭配。

类似色法则:相近的色调颜色搭配。

单色法则:同一种颜色的不同明度、饱和度的搭配。

2.5 HTML5 文档结构

2.5.1 HTML5 网页文档的典型结构

用 Dreamweaver 2021 创建一个基于 HTML5 文档类型的空白网页,得到的 HTML 文件就是最简单、最基本的 HTML5 文档,这个文档是设计网页的基础。

为了对 HTML5 网页的文档结构进行详细解读,对 1.10 节案例 2 的代码进行整理和修改,得到一个 HTML5 网页文档的典型结构。

【实例 2-2】 对 1.10 节案例 2 代码进行整理和修改,展示一个 HTML5 网页文档的典型结构。

对 1.10 节的案例 2 代码进行整理和修改,将文件保存为"Exmp-2-2 HTML5 网页文档典型结构.html",得到的代码如表 2-8 所示。

表 2-8 实例 2-2 的核心代码(Exmp-2-2 HTML5 网页文档典型结构.html)

行	核 心 代 码
1	`<!doctype html>`
2	`<html>`

续表

行	核心代码
3	`<head>`
4	`    <meta charset="utf-8">`
5	`    <title>登鹳雀楼</title>`
6	`    <link rel="stylesheet" type="text/css" href="外部样式文件.css" />`
7	`    <style type="text/css">`
8	`    <!--`
9	`    body {`
10	`        background-image: url(Pic-Tower/zzh-dgql-01.jpg);`
11	`        background-size: cover;`
12	`        text-align: center;`
13	`    }`
14	`    -->`
15	`    </style>`
16	`    <script>…</script>`
17	`</head>`
18	`<body>`
19	`    <h1>古诗</h1>`
20	`    <hr>`
21	`    <h2>登鹳雀楼</h2>`
22	`    <h3>[唐] 王之涣</h3>`
23	`    <p>白日依山尽,黄河入海流。</p>`
24	`    <p>欲穷千里目,更上一层楼。</p>`
25	`    <script>`
26	`        document.write("<hr>");`
27	`        document.write(new Date());`
28	`    </script>`
29	`</body>`
30	`</html>`

从表 2-8 中可以看出,HTML5 网页文档的结构是由一些 HTML 标签按照嵌套的层次关系组成的。一个典型的文档结构包含以下几部分。

(1) ＜! doctype＞:代码的第 1 行。

(2) ＜html＞元素:以＜html＞标签开始,以＜/html＞标签结束,所有内容都要放在这两个标签之间。

(3) ＜head＞元素:以＜head＞标签开始,以＜/head＞标签结束,封装其他位于文档头部的标签,例如<meta>、<title>、<link>、<style>及<script>等。

(4) <body>元素:以<body>标签开始,以</body>标签结束,网页正文,即用户在浏览器主窗口中看到的信息,包括图片、表格、段落、图片、视频等内容,必须位于<body>…</body>标签之间。

2.5.2 文档结构标签用法

1. <!doctype>

<!doctype>标签需放在所有的标签之前,用于说明文档使用的 HTML 或 XHTML 的特定版本,并规定浏览器后续内容的解析方式。

删除<!doctype>就相当于把如何解析 HTML 页面规则的权利完全交给了浏览器。这时 IE、Firefox、Chrome 浏览器对页面的渲染效果会存在一定的差别。

在 XHTML 中,<!doctype>的用法比较复杂,即

```
<!DOCTYPE html PUBLIC "-//W3C//DTD XHTML 1.0 Transitional//EN" "http://www.w3.org/TR/ xhtml1/DTD/xhtml1-transitional.dtd">。
```

在 HTML5 中,<!doctype html>用法则比较简单,即

```
<!doctype html>
```

2. <html>

<html>是根标签,位于<!doctype>标签之后,用于告知浏览器它是一个 HTML 文档。<html>标签标志着 HTML 文档的开始,</html>标签标志着 HTML 文档的结束,在它们之间的是文档的头部和主体内容。

在 XHTML 中,<html>中的代码:

```
<html xmlns="http://www.w3.org/1999/xhtml">
```

用于声明 XHTML 统一的默认命名空间。在 HTML5 中,仅用< html>即可。

3. <head>

<head>是头部标签,紧跟在<html>标签之后,用于定义 HTML 文档的头部信息,即描述文档或页面标题、元信息(例如作者等)、CSS 样式、JavaScript 脚本以及和其他文档的关系等,向浏览器提供整个页面的基本信息。

一个 HTML 文档只能含有一对<head>标签,绝大多数文档头部包含的数据都不会真正作为内容显示在页面中,标题元素(<title>…</title>标签的内容)除外,它会显示在浏览器窗口的左上角。

4. <meta>

<meta />标签是元标签,用于定义页面的元信息,可重复出现在<head>头部标签中,在 HTML 中是一个单标签。

<meta />标签本身不包含任何文本元素的内容,通过使用"名称/值"的形式定义页面的相关参数,例如,为搜索引擎提供网页的关键字、作者姓名、内容描述以及定义网页的刷新

时间等。

(1) ＜meta name="名称" content="值"/＞的用法。

① 设置网页关键字。

```
<meta name="keywords" content="汉口学院,计算机科学与技术学院"/>
```

其中,name 属性的值为 keywords,定义搜索内容为"网页关键字";content 属性的值由网页关键字的具体内容确定,例如"汉口学院,计算机科学与技术学院",多个关键字内容之间可以用逗号分隔。

② 设置网页描述。

```
<meta name="description" content="民办高校,具有鲜明特色的本科院校"/>
```

其中,name 属性的值为 description,定义搜索内容为"网页描述";content 属性的值由网页描述的具体内容确定。需要注意的是,网页描述的文字不可过多。

③ 设置网页作者。

```
<meta name="author" content="Web 前端设计与开发小组"/>
```

其中,name 属性的值为 author,定义搜索内容为"网页作者";content 属性的值由具体的作者信息确定。

(2) ＜meta http-equiv="名称" content="值"/＞的用法。

在＜meta＞标签中使用 http-equiv/content 属性/属性值,可以设置服务器发送给浏览器的 HTTP 头部信息,为浏览器显示该页面提供的相关参数。其中,http-equiv 属性提供参数类型,content 属性提供对应的参数值。

① 设置文件类型。

默认发送代码:

```
<meta http-equiv="Content-Type" content="text/html"/>
```

通知浏览器发送的文件类型是 HTML。

② 设置字符集。

在 XHTML 中,用下述代码设置字符集:

```
<meta http-equiv="Content-Type" content="text/html; charset=utf-8" />
```

http-equiv 属性的值为 Content-Type,content 属性的值为 text/html 和 charset= utf-8,中间用分号隔开,说明当前文档类型为 HTML,使用的字符集为 UTF-8。

在 HTML5 中,字符集的设置较简单,即

```
<meta charset="utf-8">
```

其中,charset 属性的值为 utf-8,说明当前文档类使用的字符集为 UTF-8。UTF-8

(Unicode)是目前最常用的字符集编码,浏览器在渲染页面时,根据 meta 标签设定的汉字编码 UTF-8 来显示汉字,不会出现乱码。

【小提示】 如需正确地显示 HTML 页面,浏览器必须知道使用何种字符集。万维网早期使用的字符集是 ASCII,ASCII 支持 0~9 的数字,大写和小写英文字母表,以及一些特殊字符。由于很多国家使用的字符并不属于 ASCII,从 HTML 2.0 到 HTML 4.01,浏览器的默认字符集是 ISO-8859-1。目前 HTML5 默认的字符编码是 UTF-8。如果网页使用不同于 ISO-8859-1 和 UTF-8 的字符集,就应该在＜meta＞标签进行指定。例如,在网页设计时,如果设置标签 meta 的 charset 属性值为 GB2312 或 GBK,浏览页面时汉字会出现乱码,这是因为目前浏览器默认的字符集为 UTF-8,此时将用户浏览器的编码设置为 GB2312 或 GBK,汉字字符会显示正确。故页面声明的中文编码方案要与文档编辑软件所使用的中文编码方案保持一致。

【☼延伸阅读☼】
ASCII 是第一个字符编码标准,使用 1 字节(7 位表示字符,1 位表示传输奇偶控制)只能表示 128 个不同的字符。ASCII 定义了 128 种可以在互联网上使用的字符:数字(0~9)、英文字母(A~Z)和一些特殊字符,例如,!、$、+、-、(,)、@、＜、＞。

ANSI(Windows-1252)是原始的 Windows 字符集,是 Windows 95 及其之前的 Windows 系统中默认的字符集。ANSI 是 ASCII 的扩展,其中加入了国际字符。它使用 1 字节(8 位)来表示 256 个不同字符。自从 ANSI 成为 Windows 中默认的字符集后,所有的浏览器都支持 ANSI。

ISO-8859-1 是 ASCII 的扩展,加入了国际字符。与 ANSI 一样,它使用 1 字节(8 位)来表示 256 个不同字符。当浏览器在网页中检测到 ISO-8859-1 时,通常默认为 ANSI,因为 ANSI 与 ISO-8859-1 相同,不同之处在于 ANSI 具有 32 个额外的字符。

Unicode 可以由不同的字符集实现。最常用的编码是 UTF-8 和 UTF-16。

UTF8 中的字符可以是 1~4 字节长,它可以表示 Unicode 标准中的任意字符,并向后兼容 ASCII。UTF-8 是网页和电子邮件的首选编码。HTML5 规范鼓励 Web 开发人员使用 UTF-8 字符集,该字符集涵盖了世界上几乎所有的字符和符号。

③ 设置页面自动刷新与跳转。

```
<meta http-equiv="refresh" content="10; url=http://www.hkxy.edu.cn/ "/>
```

其中,http-equiv 的属性值为 refresh,content 的属性值为数值和 url 地址,中间用分号隔开,用于指定在特定的时间(10s)后跳转至目标页面(汉口学院官网),该时间单位默认为秒。

5.＜title＞

＜title＞标签用于定义 HTML 页面的标题名,即给网页取一个简短的名字,便于识别网页。一个 HTML 文档只能包含一对＜title＞…＜/title＞标签,而且必须位于＜head＞标签之内。＜title＞…＜/title＞之间的内容将显示在浏览器窗口的标题栏中。

6.＜link＞

一个页面往往需要多个外部文件的配合,在＜head＞中使用＜link＞标签可引用外部文件,一个页面允许使用多个＜link＞标签引用多个外部文件。例如:

```
<link rel="stylesheet" type="text/css" href="外部样式文件.css" />
```

其中,属性 rel 用于指定当前文档与引用的外部文档的关系,取值 stylesheet 时表示外部样式表;属性 type 用于声明引用外部文档的类型,取值为 text/css 表示 CSS 样式文件。

7. <style>

<style>标签用于为 HTML 文档定义样式信息,位于<head>头部标签中,故称为内嵌样式表。其语法格式如下:

```
<style 属性 = "属性值">  样式内容  </style>
```

在 HTML 中使用 style 标签时,常常定义其属性为 type,相应的属性值为 text/css,表示使用内嵌式的 CSS 样式。

8. <script>

<script>标签用于定义客户端脚本,例如 JavaScript。<script>元素可以包含脚本语句,其语法格式如下:

```
<script type="text/javascript">  JavaScript 语句  </script>
```

其中,type 属性规定脚本的 MIME 类型。<script>元素也可以通过 src 属性指向外部脚本文件,其语法格式如下:

```
<script type="text/javascript" src="jquery-3.3.1.js"></script>
```

JavaScript 的常见应用是图像操作、表单验证以及动态内容更新。

9. <body>

<body>是主体标签,用于定义 HTML 文档所要显示的内容,浏览器中显示的所有文本、图像、音频和视频等信息都必须位于<body>…</body>标签内,<body>…</body>标签中的信息才是最终展示给用户看的。

一个 HTML 文档只能包含一对<body>…</body>标签,且<body>…</body>标签必须嵌套在<html>…</html>标签内,位于<head></head>头部标签之后,它与<head></head>标签是并列关系。

10. <!-- -->

在 HTML 中还有一种特殊的标签——注释标签。如果用户需要在 HTML 文档中添加一些便于阅读和理解但又不需要显示在页面中的注释文字,就需要使用注释标签。其语法格式如下:

```
<!-- 注释内容 -->
```

注释内容不会显示在浏览器窗口中,但是作为 HTML 文档内容的一部分,它也会被下载到用户的计算机上,用户查看源代码时就可以看到。

2.6 HTML5 文档编码规则

在编辑超文本标记语言文件和使用有关标记符时有一些约定或默认的要求。

(1) 超文本标记语言源程序的文件扩展名默认使用 html 或 htm(磁盘操作系统 DOS 限制),以便于操作系统或程序辨认。

(2) 超文本标记语言源程序为文本文件,其列宽可不受限制,即多个标记可写成一行,甚至整个文件可写成一行;若写成多行,浏览器一般忽略文件中的回车符(标记指定除外)。

(3) 对文件中的空格通常不按源程序中的效果显示,可使用字符实体" "表示非换行空格(注意此字母必须小写,才可表示空格)。

(4) 表示文件路径时使用符号"/"分隔,文件名及路径描述可以用双引号括起来,也可不用引号。

(5) 标记符中的标记元素用尖括号括起来,带斜杠的元素表示该标记说明结束;大多数标记符必须成对使用,以表示作用的起始和结束。

(6) 标记元素忽略大小写,即其作用相同。

(7) 标记符号,包括尖括号、标记元素、属性项等必须使用半角的西文字符,而不能使用全角字符。

(8) 许多标记元素具有属性说明,可用参数对元素做进一步的限定,多个参数或属性项说明次序不限,其间用空格分隔即可。一个标记元素的内容可以写成多行。

(9) HTML 代码注释由"<!--"号开始,由符号"-->"结束结束,例如<!--注释内容-->。

(10) 注释内容可插入文本中任何位置。若在任何标记的最前方插入惊叹号,它将被标识为注释,不予显示。

(11) CSS 代码注释以"/*"开始,以"*/"结束。

(12) JavaScript 代码注释以"/*"开始,以"*/"结束,单行注释用"//"。

2.7 本章小结

HTML5 标签从功能上看可以划分为头部标签、主体标签等,从性质上看可以分为块级元素和内联元素。掌握这些分类有助于更好地理解和使用 HTML5 标签。

HTML5 标签具有许多重要的属性,例如边框、背景颜色、背景图像、居中对齐等。这些属性可以通过 CSS 样式进行设置,使得网页元素呈现出丰富的视觉效果和布局样式。

习 题

一、多项选择题

1. 设置页面背景颜色属性的代码是( )。
   A. <body bgcolor="red">
   B. <body color="#F00">
   C. <body bgcolor="#FF0000">
   D. <body background="#F00">

2．设置页面背景图像属性的代码是（　　）。
    A．<body bgpicture=" C01.jpg ">
    B．<body background="Imgs/Top.jpeg">
    C．<body picture=" Top.jpeg ">
    D．<body style="background-image：url('Imgs /Top.jpeg')">
3．设置页面字体颜色属性的代码是（　　）。
    A．<body text="＃FF0000">　　　　B．<body fontcolor="red">
    C．<body bgcolor="red">　　　　　D．<body style="color：red;">
4．应用<font>…</font>设置字体属性的代码是（　　）。
    A．<font color="red">　　　　　　B．<font size="+6">
    C．<font face="宋体">　　　　　　D．<font text="＃FF0000">
5．为<div>…</div>中的文本设置居中对齐属性的代码是（　　）。
    A．<div align="center">　　　　　B．<div valign="center">
    C．<div text="center">　　　　　　D．<div style="text-align：center">
6．为<div>…</div>中的文本设置颜色样式的代码是（　　）。
    A．div{color：red;}　　　　　　　B．div{color：＃FF0000;}
    C．div{color：＃F00;}　　　　　　　D．div{color：rgba(255，0，0，1)}
7．为<div>…</div>中的文本设置大小样式的代码是（　　）。
    A．div{font-size：2em;}　　　　　　B．div{font-size：16pt;}
    C．div{font-size：2pc;}　　　　　　　D．div{font-size：2rem;}
8．为<div>…</div>设置边框样式的代码是（　　）。
    A．div{border-style：solid;}　　　　　B．div{border-color：red;}
    C．div{border-width：1px;}　　　　　D．div{border：solid red 1px;}
9．为<div>…</div>设置在父容器中居中对齐样式的代码是（　　）。
    A．div{margin：auto;}　　　　　　　B．div{margin：0 auto;}
    C．div{margin：auto 0；}　　　　　　D．div{margin：0 auto 0;}
10．为<div>…</div>设置宽度的代码是（　　）。
    A．div="800px"　　　　　　　　　B．div="1800px"
    C．width="1000px"　　　　　　　　D．height="1000px"

二、判断题

1．在 HTML 代码中正确的注释是<!-- HTML 内的注释内容 -->。　　　　　（　）
2．在 CSS 代码中正确的注释是/* CSS 内的注释内容 */。　　　　　　　（　）
3．在 JavaScript 代码中正确的注释是/* JavaScript 内的注释内容 */。　　　（　）
4．在 JavaScript 代码中正确的注释是//JavaScript 内的注释内容。　　　　（　）
5．标签一般可以分为块级标签与内联标签,但少数标签不分类。　　　　　（　）

三、问答题

1．简述块级标签的特性。
2．简述内联标签的特性。
3．试写一个能够体现 HTML5 网页文档的典型结构的示例。

第3章 简单图文网页设计

简单图文网页设计引导初学者逐步掌握文本网页、图册网页、图文网页、表单网页四种基本类型的网页设计技巧,从单列图文网页的设计开始,逐步深入到多列图文网页和平面布局图文网页的设计。在此过程中以实际案例为主线,系统地介绍常见的 HTML 标签的基本语法规则与使用方法,帮助读者快速掌握 Web 网页设计的精髓。通过学习,读者能够掌握 Web 网页的基本设计原则、技巧,构建美观与实用的网页作品。

3.1 案例4 古典小说网页设计

【案例描述】

基于《西游记》第一回的内容,设计一个小说正文网页,要求页面工整、美观。

【软件环境】

Windows 10,Dreamweaver 2021,Photoshop,Fireworks,IE,Edge,Chrome。

【案例解答】

1. 网页设计总体策划

以案例3的模板为基础,进行《西游记》第一回网页的设计。考虑到在后面的实验中会将《西游记》各章分配到班级团队进行《西游记》网站开发,故需要先进行网页设计的总体策划,在技术上做一些统一规定。以下是《西游记》网站设计规范书的具体内容。

(1) 网页页首设计使用<header>…</header>标签,将页首图片放在其中,图片宽度与高度设置为100%。页首模块不设置宽度,采用默认值。导航栏使用<nav>…</nav>标签。

(2) 网页中间主体使用<section>…</section>标签,在其中插入"<h2>中国古典小说《西游记》</h2>""<h3>第 X 回</h3>""<h4>第 X 回的标题</h4>";插入<hr>作为分割线;插入"<aside>第 X 回的开篇诗词</aside>",如果没有则不插入该标签。

(3) 在<section>…</section>中接着嵌套<article>…</article>,在<article>…</article>中插入小说第 X 回的具体内容:小说正文的段落使用<div class="txt">…</div>标签,小说正文中的古词使用<span class="aside">…</span>标签,小说正文中的古诗使用<div class = "aside">…</div>标签。

(4) 网页页脚设计使用<footer>…</footer>标签,将页脚图片放在其中,图片宽度与高度设置为100%。

(5) 网页文件名统一保存为"《西游记》第 X 回.html",便于团队在设计目录时进行正确链接。小说正文中的配图文件保存在站点的 Pics 文件夹中,配图文件主名命名为"img00X",如有多张配图则命名为"img00X-n",例如 img099-1、img099-2 等。外部样式表文件名统一规定为"xyj.css",放在 CSS 文件夹中,在＜style＞…＜/style＞后面使用＜link＞标签进行链接;在设计使用内部样式表,外部样式表先空着不用。

2. 打开"模板"站点和文件

打开 Dreamweaver 2021,打开"模板"站点,打开"Web 网页设计模板.html"文件,本案例文件名另存为"Case-04-古典小说网页设计.html"。

3. 输入小说文本内容

选择拆分视图,在设计窗口中逐一输入《西游记》第一回的全部文字内容,并给文本套上合适的标签。图 3-1 是显示器屏幕分辨率为 1920×1080 像素的 Dreamweaver 界面。请注意,在默认情况下文字触碰到 Dreamweaver 编辑窗口(大小可自由设定)的右边界后会自动换行显示。

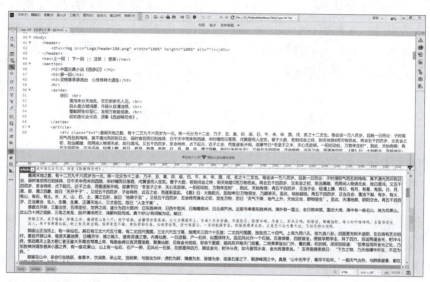

(a) 水平拆分

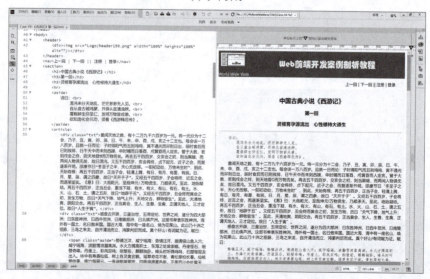

(b) 垂直拆分

图 3-1　应用 Dreamweaver 2021 设计网页的界面

从图3-1中可见,为了使结构清晰、层次分明,代码也是需要进行排版的,但网页的渲染效果丝毫不受其影响,因为网页是靠标签来显示版面布局效果的。

4. 设置文本样式

对小说的标题进行文本居中样式设置,使用属性"text-align：center；";文本段落开头需要缩进2个字符,使用属性"text-indent：2em；"。完成后保存文件。

5. 浏览网页效果

当屏幕分辨率为1920×1080像素时的浏览效果如图3-2所示。注意,屏幕分辨率不同,显示的界面效果是不同的。

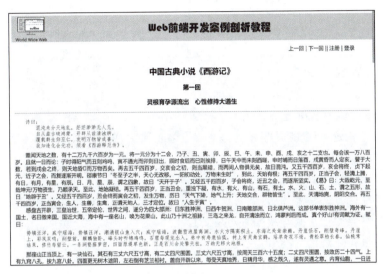

(a) 页首部分

(b) 页脚部分

图3-2 网页浏览效果截图

6. 完整的代码请下载课程资源浏览。

【问题思考】

1. 在本案例中,如果设置的网页宽度超过了屏幕的最大水平分辨率,会有什么后果?

2. 在本案例中，外部样式表空着不用，在什么场景下使用？

【案例剖析】

1. 在本案例的网页设计过程中，主要采用的是代码编写法。在某些情况下，代码编写法要比面板操作法更简单，例如，在一段文本文字的外面套上<span>…</span>标签。

2. 本案例是纯文本网页设计，<body>标签及其内部嵌套的<header>、<section>、<h2>、<h3>、<h4>、<hr>、<aside>、<article>、<div>、<footer>标签均未设置宽度值，按默认规则进行显示。即在通常情况下，<body>标签内的子标签容器宽度（例如<div>）不超过<body>的宽度，<body>的宽度不超过浏览器窗口的宽度，浏览器窗口的宽度不超过屏幕当前分辨率的水平宽度。

3. 在本案例中，无论是放大缩小网页还是改变浏览器窗口的大小，均不出现水平滚动条。文本容器的大小随着屏幕当前分辨率、浏览器窗口的大小而变化，容器中的文本元素默认从左到右逐个排列，当其宽度和超过容纳它的父容器宽度（即文本充满容器的当前行）时，文本就自动换行到新一行（使用
的情况除外），反之亦然，这就是伸缩性规则。因此本案例的文本网页可以视为弹性布局网页。

4. 根据上述规则，为了让使用不同分辨率设备的用户得到相同的浏览效果和体验，在设计网页时要设定好网页的宽度（固定值）。

【案例学习目标】

1. 深刻理解网页文档宽度、浏览器窗口宽度与屏幕当前分辨率宽度的相互关系；
2. 深刻理解伸缩性规则与弹性布局网页；
3. 进一步增强理解默认规则；
4. 掌握文本网页的常用标签；
5. 掌握文本元素对齐方式等属性的设置方法。

3.2 文本网页设计应用的标签

文本网页设计主要涉及文本段落和文本格式这两方面的标签，下面主要介绍这些标签的具体用法。

3.2.1 <span>标签

<span>标签是双标签，是内联元素（inline element），在默认情况下，<span>标签没有任何格式，也没有特定的含义，它用来给一串文本添加标签，为文本设置 CSS 提供基础。

<span>标签通常用作图文元素的容器，可以在<span>标签中插入文本元素、图像元素。

在默认情况下，给一串文本外套一对<span>…</span>标签，跟没有套该标签的效果是一样的。但是，一旦给<span>标签设置属性后就不一样了，用户可以渲染出任何想要的效果。

【实例 3-1】 对一段文本应用<span>…</span>标签，设置文本段落宽度为 800px，试写出具体代码。

在 Dreamweaver 2021 中新建网站、新建网页,文件名保存为"Exmp-3-1 span 标签边框和背景的设置.html"。输入表 3-1 所示的代码后保存,在浏览器中看到的效果如图 3-3 所示。

表 3-1　实例 3-1 的核心代码(Exmp-3-1 span 标签边框和背景的设置.html)

行	核　心　代　码
1	`<html>`
2	`<head>`
3	`    <style type="text/css">`
4	`        span { background-color: #FF0;　border: 1px solid #F00;　width: 800px;` `            font-size: 24px; }`
5	`        #sp02, #sp04 { background-image: url(Pic-bg/backgroundimg.GIF); }`
6	`    </style>`
7	`</head>`
8	`<body>`
9	`    <span id="sp01">敢为人先</span> `
10	`    <span id="sp02">敢为人先,实事求是</span> `
11	`    <span id="sp03">敢为人先,实事求是,志存高远</span> `
12	`    <span id="sp04">敢为人先,实事求是,志存高远,追求卓越</span> `
13	`    <span id="sp05">敢为人先,实事求是,志存高远,追求卓越。敢为人先,…,追求卓越。` `        </span> `
14	`</body>`
15	`</html>`

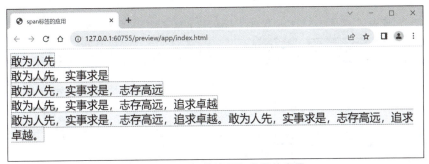

图 3-3　span 标签边框和背景的设置

【问题思考】　若要文本在网页中水平居中对齐,应如何编写属性及属性值?

【实例剖析】

1. 在默认情况下,为<span>标签设置宽度、为文本在<span>标签中设置居中对齐属性,是没有效果的。从图 3-3 中可以看出,<span>标签内的文本元素折行时,右边没有边框线,第二行的左边也没有边框线。这反映出<span>标签的本质属性——<span>标签是紧紧包裹着其中文本元素的,是文本元素的蒙皮。

2. 在本案例中,多个<span>标签连用,如果在<span>…</span>标签后没有使用
标签,它们将在行内从左到右逐一显示,直到触碰到浏览器右边才会自动折行显示。

3. 可以为<span>标签设置行高属性,"line-height:1.5"表示行间距为正常值的1.5倍,"line-height:32px"表示行间距为32px。

4. 可以为<span>标签设置背景颜色与图像,当同时设置背景颜色与图像时,颜色会被图像覆盖掉,而且文字总在背景的前面。

<span>标签可以单独使用,也可以嵌套在<p>标签中使用。此外,在<span>…</span>标签之中可以嵌套使用文本格式标签。

3.2.2 <p> 标签

<p>标签是双标签,是块级元素(block level element),用来定义文本的一个段落。可以在<p>标签中插入文本元素、图像元素。

在默认情况下,段落的高度由图像元素、文本元素的高度(例如字体大小、图像高度)来决定,段落的宽度会与父容器的宽度保持一致。浏览器在渲染时,会在<p>标签前后显示一行空白,形成段落之间的空白间隔行。

在默认情况下,如果用户的浏览器窗口宽度不一样或屏幕显示分辨率不一样,看到的文本网页效果就不一样。因此,应用<p>标签要设置一些必要的属性和属性值。例如,如果想限定段落的宽度,应设置 width 属性;如果想文本水平居中在段落中间,应设置 text-align 属性。

【实例 3-2】 对一段文本应用<p>…</p>标签,设置文本段落宽度为 800px,试写出具体代码。

在 Dreamweaver 2021 中新建网站、新建网页,文件名保存为"Exmp-3-2 p 标签边框和背景的设置.html"。输入表 3-2 所示的代码后保存,在浏览器中看到的效果如图 3-4 所示。

表 3-2 实例 3-2 的核心代码(Exmp-3-2 p 标签边框和背景的设置.html)

行	核 心 代 码
1	<html>
2	<head>
3	<style type="text/css">
4	p { background-color: #FF0; border: 1px solid #F00; width: 800px; font-size: 24px; }
5	#p02, #p04 { background-image: url(Pic-bg/backgroundimg.GIF); }
6	</style>
7	</head>
8	<body>
9	<p id="p01">敢为人先</p>

续表

行	核心代码
10	`<p id="p02">`敢为人先,实事求是`</p>`
11	`<p id="p03">`敢为人先,实事求是,志存高远`</p>`
12	`<p id="p04">`敢为人先,实事求是,志存高远,追求卓越`</p>`
13	`<p id="p05">`敢为人先,实事求是,志存高远,追求卓越。敢为人先,…,追求卓越。`</p>`
14	`</body>`
15	`</html>`

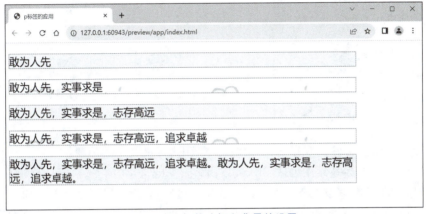

图 3-4　p 标签边框和背景的设置

【实例剖析】

1. 在默认情况下,为<p>标签设置宽度后,其中的文本文字逐个排列,直到触碰到<p>标签的右边界时才会自动折行。可为文本在<p>标签中设置水平居中对齐属性,但文本不一定会在页面中间居中对齐。

2. 在本案例中,多个<p>标签连用,每个<p>标签为一块区域,并在其前后留有一行空白空间。

3. 可以为<p>标签设置行高属性,"line-height：1.5"表示行间距为正常值的 1.5 倍,"line-height：32px"表示行间距为 32px。

4. 可以为<p>标签设置背景颜色与图像,当同时设置背景颜色与图像时,颜色会被图像覆盖掉,而且文字总在背景的前面。

【问题思考】

1. 若要文本在网页中水平居中对齐,应如何编写属性及属性值?试针对具体应用场景加以说明。

2. 在实例 3-2 中,如果背景的图片尺寸比<p>标签的边框尺寸小,网页浏览的效果是什么样?如果背景的图片尺寸比<p>标签的边框尺寸大,网页浏览的效果又是什么样?

在网页中,可以用文本排列属性来设置文本的对齐方式。文本可设置为水平居中对齐、左端对齐、右端对齐或两端对齐。当 text-align 设置为"justify"时,每一行被展开为宽度相等,左、右外边距对齐的样式(例如杂志和报纸)。

【释例 3-1】 文本排列水平居中对齐、左右对齐、两端对齐的属性设置如下。

```
h1 {text-align:center;}              /*居中对齐*/
p {text-align:left;}                 /*靠左对齐*/
p.date {text-align:right;}           /*靠右对齐*/
p.main {text-align:justify;}         /*两端对齐*/
```

在\<p\>…\</p\>标签之中可以嵌套\<img\>标签、\<span\>标签等,但一般不在\<p\>…\</p\>标签之中嵌套\<p\>…\</p\>标签等。

【释例 3-2】 \<span\>标签和\<p\>标签配合使用,形成不同风格的文本段落。在\<p\>…\</p\>标签之中可以嵌套使用\<span\>…\</span\>标签,但在\<span\>…\</span\>标签之中不能嵌套\<p\>…\</p\>标签。

```
<p> <span>…</span> </p>              /*正确用法*/
<span> <p>…</p> </span>              /*错误用法*/
```

3.2.3 \<h1\>～\<h6\>标签

\<h1\>～\<h6\>标签是双标签,是块级元素,用来定义文本的标题。

\<h1\>～\<h6\>标签具体包括\<h1\>、\<h2\>、\<h3\>、\<h4\>、\<h5\>、\<h6\>。浏览器在渲染时,会在\<h1\>～\<h6\>标签前后显示一行空白,形成段落之间的空白间隔行。

在默认情况下,在大多数浏览器中显示的\<h1\>、\<h2\>、\<h3\>元素内容大于文本在网页中的默认尺寸,\<h4\>元素的内容与默认文本的大小基本相同,而\<h5\>和\<h6\>元素的内容较小一些。

\<h1\>～\<h6\>标签和\<p\>标签的区别仅在于文字样式,\<h1\>～\<h6\>标签可以看成特殊的\<p\>标签。

【实例 3-3】 试用\<h1\>～\<h4\>标签编写一个网页。

编写一个"唐诗宋词集锦"的网页,该标题使用\<h1\>标签;"第一部分唐诗"使用\<h2\>标签;"第一 李白"使用\<h3\>标签,"思故乡"使用\<h4\>标签;诗词正文使用\<p\>标签;"第二 杜甫"使用\<h3\>标签;"绝句"使用\<h4\>标签;诗词正文使用\<p\>标签。\<h1\>～\<h4\>标签的应用实例如图 3-5 所示。作为对比,图中左边的\<aside\>…\</ aside\>容器设置为默认的字体大小,右边的字体大小设置为"font-size:20px;"。

完整的代码请下载课程资源浏览。

【问题思考】

如何将\<p\>标签内文本浏览效果设置成与\<h1\>～\</h6\>标签内文本浏览效果完全一样?

3.2.4 \<br\>标签

\<br\>标签是单标签或空标签,用于对图文元素进行强制换行显示,不设置属性。

在网页中,一段文本文字会从左到右依次排列,直到触碰到父容器的右端,然后自动换

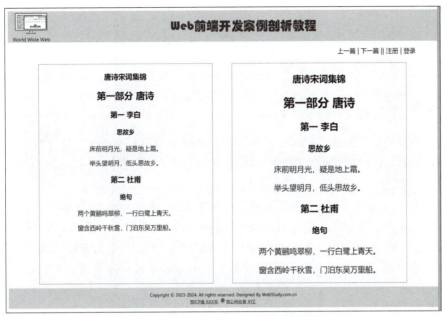

图 3-5 ＜h1＞～＜h4＞标签的应用实例

行。如果用户希望在中间某处强制换行显示，就需要使用换行标签＜br＞。请注意，如果在 Dreamweaver 中按回车键换行，使用的就是＜p＞标签了。

＜br＞标签换行与＜p＞标签不同，不会在段落的前后产生空白行。两个＜br＞标签连用，才会产生一个空白行的效果。

【实例 3-4】 ＜br＞标签可与＜span＞标签连用，将一段连续的文本折断成两行，试编写一个实例。

> \<span\>绝句\</span\>\<br\>\<span\>杜甫\</span\>\<br\>\<span\>两个黄鹂鸣翠柳，\</span\>\<br\>\<span\>一行白鹭上青天。\</span\>\<br\>\<span\>窗含西岭千秋雪，\</span\>\<br\>\<span\>门泊东吴万里船。\</span\>

3.2.5 \<hr\>标签

＜hr /＞标签是单标签，可以在页面中产生一条水平线，用来将页面分为上下两个区域。默认情况下，＜hr＞标签具有伸缩性，即水平线从窗口左边一直画到右边为止。＜hr＞标签可以选用的属性如表 3-3 所示。

表 3-3 ＜hr＞标签的属性

属性名	含 义	属 性 值
align	设置水平线的对齐方式	有 left、right 和 center 三种值，默认为 center，居中对齐
size	设置水平线的粗细	以像素为单位，默认为 2 像素
color	设置水平线的颜色	可用颜色名称、十六进制♯RGB 和 rgb(r,g,b)表示
width	设置水平线的水平宽度	用像素值或浏览器窗口宽度的百分比表示，百分比默认为 100%

【实例3-5】 试为<hr>标签设置水平线的长度、颜色、宽度属性。

```
<hr color="#FF0000" align="left" size="15" width="800">
```

表示该水平线长 800px，靠左对齐，红色线条，线条宽 15px。

3.2.6 <div>标签

<div>标签是双标签，是块级元素。默认情况下没有任何格式、没有特定的含义。<div>标签通常用来定义网页文档中的区域、分区或节（division/section），把文档分割为独立的或不同的部分。

在<div>…<div>标签中，可以直接插入文本元素、图像元素；可以插入<span>标签、<p>标签、<h1>～<h6>标签、<hr>标签等；还可以插入<div>标签，即<div>标签与<div>标签之间嵌套使用。<div>标签一般作为这些 HTML 元素的容器（容器的容器）。

为了区分不同层次的<div>标签，有必要用 id 或 class 属性来标记不同的<div>标签，这样可以对该标签的样式进行有效控制。如果某个<div>标签不需要单独设置任何样式，也可不必为其加上 id 或 class 属性。

【实例3-6】 试编写一个<div>标签的一般用法的实例。

编写的代码如下。

```
<body>
    <div id = "box">
        <div class = "Header">
            <span class = "s01">唐诗宋词</span><br>
            <span class = "s02">作者</span>
        </div>
        <div class = "Article">
            <p><img src="…" alt="背景"/><span class = "s01">主题</span></p>
            <span class = "s02">翻译</span>
        </div>
        <div class = "Footer">designed by me</div>
    <div>
</body>
```

在默认情况下（即不对 div 设置任何属性），div 容器的宽度与父容器相同，高度具有伸缩性，即 div 的底边紧贴其内的 HTML 元素；div 容器默认是透明的（见实例 2-1 及图 2-4），可见父容器背景。

在应用 Dreamweaver 进行网页设计时，在设计视图中<div>标签用虚线框标识出来了（<table>标签也有），很容易看清楚 div 框的宽度与高度，这对设计十分有益，而<p>标签和<span>标签等就没有虚线框，如图 3-6 所示。

<div>标签可对其内的 HTML 元素进行统一样式属性设置，而不必为其中的每一个 HTML 元素设置相同的属性。

<div>标签可以进行字体颜色、字体大小、文本对齐方式、背景、边框、大小（宽度与高度）等样式的设置。

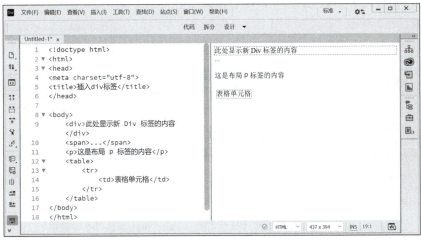

图 3-6　设计视图中的<div>标签

<div>标签经常与 CSS 一起使用,对文档或页面进行布局(div+CSS)。

在 HTML5 中,出现了一些新的语义标签,例如<header>、<nav>、<section>、<article>、<aside> 和<footer> 标签等,它们可以用来代替<div>标签,使语义更加明确。例如,用<header>标签代替<div class = "Header">就比较好。

3.2.7　<a>标签

<a>标签是双标签,是行内元素。通常用来定义超链接,用于从本页面链接到另一个页面。应用<a>标签的语法格式如下:

```
<a href ="URL" target= "目标窗口"> 文本 </a>
```

<a>标签最重要的属性是 href 属性,它指定链接的目标。

在所有浏览器中,链接的默认外观如下。

(1) 未被访问的链接带有下画线而且是蓝色的;

(2) 已被访问的链接带有下画线而且是紫色的;

(3) 活动链接带有下画线而且是红色的。

【释例 3-3】　请看下面的代码。

```
<a href ="http://www.artsdome.com/sgyy/001.htm" target= "_blank ">
    宴桃园豪杰三结义 斩黄巾英雄首立功</a>
```

上述代码表示单击文本"宴桃园豪杰三结义 斩黄巾英雄首立功"可以链接到网站的页面上,并在新窗口中显示页面。

【小提示】　①如果没有使用 href 属性,则不能使用 hreflang、media、rel、target 以及 type 属性。②通常在当前浏览器窗口中显示被链接页面,除非规定了其他 target。③请使用 CSS 来改变链接的样式。

在 HTML 4.01 中,<a>标签既可以是超链接,也可以是锚;但在 HTML5 中,<a>标签是超链接,假如没有 href 属性,它仅仅是超链接的一个占位符。<a>标签的常用属性如表 3-4 所示。

表 3-4 <a>标签的常用属性

属性	值	描述
download	filename	指定下载链接
href	URL	规定链接的目标 URL
hreflang	language_code	规定目标 URL 的基准语言。仅在 href 属性存在时使用
media	media_query	规定目标 URL 的媒介类型。默认值:all。仅在 href 属性存在时使用
name	section_name	HTML5 不支持。规定锚的名称
target	_blank _parent _self _top framename	规定在何处打开目标 URL。仅在 href 属性存在时使用 _blank:新窗口打开 _parent:在父窗口中打开链接 _self:默认,当前页面跳转 _top:在当前窗体打开链接,并替换当前的整个窗体(框架页)
type	MIME_type	规定目标 URL 的 MIME 类型。仅在 href 属性存在时使用 注:MIME = Multipurpose Internet Mail Extensions

【实例 3-7】 设计一个篇幅比较长的网页,实现从页首跳到页尾、从页尾返回到页首的效果。

打开 Dreamweaver 2021,以《三国演义》小说的目录为素材设计网页,应用<a>标签的 name 属性,设置锚点,再在链接中应用锚点即可。网页文件名保存为"Exmp-3-7 返回页首.html",核心代码如表 3-5 所示(完整的代码请下载课程资源浏览)。

表 3-5 实例 3-7 的核心代码(**Exmp-3-7 返回页首.html**)

行	核 心 代 码
1	`<html>`
2	`<head>`
3	`    <meta charset="utf-8">`
4	`    <title>三国演义 (Artsdome)</title>`
5	`</head>`
6	`<body text="#000000"  vLink="#3300cc"  aLink="#ff0000"  link="#0000ee"  bgColor="#ffffff">`
7	`<p> <a  name = "pageheader"  href = "#pagefooter"> 跳到目录页尾 </a> </p>`
8	`<table style="border-collapse: 'collapse'  width='750px'  borderColor='#111'  border='0px'">`
9	`<tr><td><center><h1><font face="楷体_GB2312">《三国演义》</font></h1>` `</center></td></tr>`
10	`<tr><td><center><font point-size="14">  <font face="宋体">〖</font> 明 <font face="宋体">〗</font>罗贯中 原著  </font></center></td></tr>`

续表

行	核 心 代 码
11	`</table>`
12	`<hr align="left" width="750px">`
13	`<table cellpadding="3">`
14	`<tr>`
15	`<td><font>第 一 回  </font></td>`
16	`<td><font><a href="http://www.artsdome.com/sgyy/001.htm">宴桃园豪杰三结义…</a></font></td>`
17	`<td><font>第 二 回  </font></td>`
18	`<td><font><a href="http://www.artsdome.com/sgyy/002.htm">张翼德怒鞭督邮…</a></font></td>`
19	`</tr>`
	……
20	`</table>`
21	`<hr align="left" width="750">`
22	`<p> <a  name = "pagefooter"  href = "#pageheader"> 返回目录页首 </a> </p>`
23	`<p><font face="Verdana">&copy; Artsdome.com</font></p>`
24	`</body>`
25	`</html>`

在表 3-5 的第 7 行代码中,锚点名称为 name = "pageheader",在第 22 行代码中,链接属性为 href = "#pageheader",单击此处的超链接,就能返回页首。同样,在第 22 行代码中,锚点名称为 name = "pagefooter",在第 7 行代码中,链接属性为 href = "#pagefooter",单击此处的超链接,就能跳到页尾。网页浏览效果如图 3-7 所示。

超链接＜a＞标签除了可以应用在文本上以外,还可以应用在其他界面元素上。

超链接＜a＞标签应用在图像上的语法格式如下:

`<a href ="URL" target= "目标窗口">  <img src ="图像 URL"/>  </a>`

超链接＜a＞标签应用在文件下载的语法格式如下:

`<a href ="下载文件的 URL">  单击下载文件  </a>`

超链接＜a＞标签应用在电子邮件上的语法格式如下:

`<a href ="mailto: Email 地址" >  联系我们  </a>`

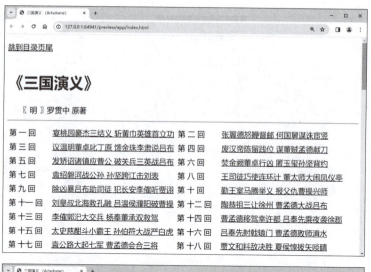

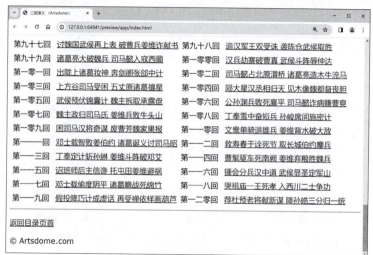

图 3-7 页面内跳动到锚点处

3.2.8 ＜marquee＞标签

＜marquee＞标签即文本滚动标签，是双标签，控制文本的滚动方向。基本语法格式如下：

```
<marquee > 滚动对象 </marquee>
```

在默认情况下，页面效果是对象从右至左循环滚动。用户可以设置一些属性，控制文本的滚动。如果控制滚动的速度，需要设置 scrollamount 属性的对象滚动步进像素间距；如果要定义滚动区域大小及背景颜色，需要设置 width、height 及 bgcolor 属性。

在网站首页中，通常含有向上滚动的新闻，此时除了需要设置大小属性外，还需设置方向属性，即 Direction＝"up"。当鼠标经过时会停止滚动，这是通过定义 marquee 对象的事件及事件处理方法实现的。

【小提示】 如果将<marquee>标签嵌入表格的单元格标签内,此时对象就在单元格内滚动。另外,在<marquee>和</marquee>之间定义的滚动对象,除了文字外,还可以为一组图片(电影胶片效果)。<marquee>标签还有align等属性。

3.2.9 文本格式标签

在网页中有时需要为文本文字设置粗体、斜体或下画线、删除线等效果,这时就需要应用文本格式标签,使文字以特殊的方式显示。常用的文本格式化标签见表3-6。

表 3-6 文本格式化标签

标 签	HTML5	用 法 说 明
<abbr>	Yes	定义缩写
<b>	Yes	定义粗体字
<big>	No	定义大号字
cite	Yes	定义引用(citation)
code	Yes	定义计算机代码文本
<del>	Yes	定义被删除文本
<dfn>	Yes	斜体,定义特殊术语或短语
<dir>	No	定义目录列表,不建议使用
<em>	Yes	斜体,强调文本
<i>	Yes	斜体,强调文本
<ins>	Yes	定义被插入文本
<kbd>	Yes	定义键盘文本
<q>	Yes	定义短引用,渲染时添加引号
<rp>	Yes	浏览器不支持 ruby,显示内容
<rt>	Yes	定义 ruby 注释的解释
<ruby>	Yes	定义 ruby 注释
<s>	Yes	加删除线的文本,不建议使用
<samp>	Yes	定义计算机代码样本
<small>	Yes	定义小号文本
<strike>	No	加删除线的文本,不建议使用
<strong>	Yes	粗体,重要文本
<sub>	Yes	定义下标文本
<sup>	Yes	定义上标文本
<track>	Yes	定义用在媒体播放器中文本轨道
<tt>	No	定义打字机文本

续表

标　　签	HTML5	用 法 说 明
<u>	No	定义下画线文本,不建议使用
var	Yes	定义文本的变量部分

【实例 3-8】 应用格式标签设计一个网页。

打开 Dreamweaver 2021,新建网页,在网页中输入表 3-7 所示的核心代码,网页名称保存为"Exmp-3-8 格式标签.html",浏览效果如图 3-8 所示。完整的代码请下载课程资源浏览。

表 3-7　实例 3-8 的核心代码(Exmp-3-8 格式标签.html)

行	核 心 代 码
1	\<h1>表情包\</h1>
2	\<p>格式标签是一个表情包:\</p>
3	\我是 b 标签。\\<small>我是 small 标签。\</small>\<i>我是 i 标签。\</i>\我是 span 标签。\\我是 em 标签。\\<ins>我是 ins 标签。\</ins>\我是 span 标签。\\^{我是 sup 标签。\}\<del>我是 del 标签。\</del>\我是 span 标签。_{我是 sub 标签。\}\我是 strong 标签。\
4	\<hr>
5	\<pre>
6	\C 语言程序:\
7	\<code>
8	#include<stdio.h>
9	void main(){
10	printf("I am a code.");
11	}
12	\</code>
13	\</pre>

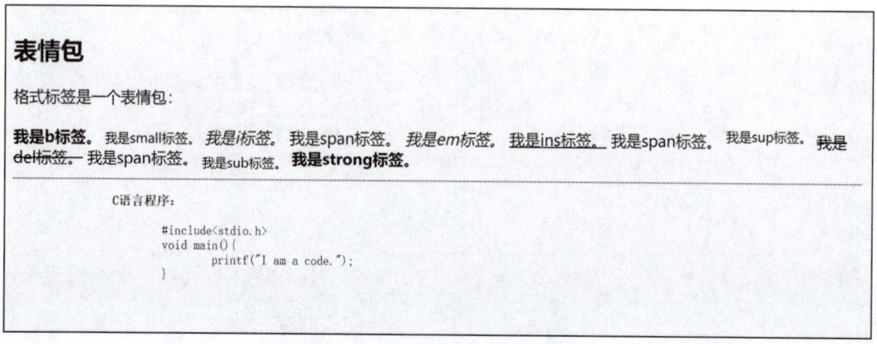

图 3-8　网页中的格式标签效果

3.2.10 列表标签

在 HTML 页面中，使用列表将相关信息放在一起，会使内容显得更具有条理性。HTML 中的列表有以下三种类型。

(1) 有序列表：使用数值或字母作为编号；
(2) 无序列表：使用项目符号作为编号；
(3) 定义列表：列表中的每个项目与描述配对显示。

1. 有序列表

在有序列表中，每一项的前缀可以通过数字或字母进行编号。在 HTML 中应用<ol>标签来实现有序列表，使用一些数值或字母作为编号。有序列表的语法格式为

```
<ol><li>…</li>   </ol>
```

其中，

<ol>允许包含多个列表项<li>，每一个列表项都要嵌入在<ol>…</ol>之间；

<li>标签用于展示某一列表项，其内容包含在<li>…</li>之间。

有序列表的编号默认以阿拉伯数字 1 开始。通过 type 属性可以指定有序列表编号的样式，取值方式有如下 5 种。

(1) "1"代表阿拉伯数字(1、2、3、…)；
(2) "a"代表小写字母(a、b、c、…)；
(3) "A"代表大写字母(A、B、C、…)；
(4) "i"代表小写罗马数字(ⅰ、ⅱ、ⅲ、…)；
(5) "I"代表大写罗马数字(Ⅰ、Ⅱ、Ⅲ、…)。

用户还可以通过 start 属性指定列表序号的开始位置，例如，start＝"3"表示从 3 开始编号。

2. 无序列表

无序列表与有序列表不同，无序列表每一项的前缀显示的是图形符号，而不是编号。在 HTML 中应用<ul>标签来实现无序列表。无序列表的语法格式为

```
<ul>  <li>…</li>   </ul>
```

其中，

<ul>中允许包含多个列表项<li>，每一个列表项<li>要嵌入在<ul>…</ul>之间，使用方式基本与有序列表一致；

<li>标签用于展示某一列表项，其内容包含在<li>…</li>之间。

type 属性用于设置列表的图形前缀，取值可以是 circle(圆)、disc(点)、square(方块)、none 等类型；当缺省 type 属性时大部分浏览器默认是 disc 类型。

3. 定义列表

定义列表是一种特殊列表，将项目与描述成对显示，使用<dl>标签来实现。定义列表的语法格式为

```
<dl>
    <dt>…</dt>
    <dd>…</dd>
</dl>
```

其中，

一个定义列表中可以包含 1～n 个子项；

每一子项都由两部分构成：标题(dt)和描述(dd)，且成对出现；

<dt>…</dt>标签用于存放标题内容；<dd>…</dd>标签用于存放描述内容。

有序列表、无序列表和定义列表是组标签，由父子标签构成。父标签界定了列表的代码范围，可以对子标签做统一的样式设置。

有序列表、无序列表和定义列表是可以相互嵌套使用的。

【实例 3-9】 有序列表、无序列表和定义列表是可以相互嵌套使用的。试设计一个网页，包含这三种列表标签。

在本网页的设计中，采用代码编写方法。打开 Dreamweaver 2021，新建一个 HTML5 文档，保存为"Exmp-3-9 列表标签网页.html"，在代码视图中输入下面的核心代码(见表 3-8)，完成网页的设计。完整的代码请下载课程资源浏览(Exmp-3-9 列表标签网页.html)。

表 3-8 实例 3-9 核心代码(Exmp-3-9 列表标签网页.html)

行	核 心 代 码	行	核 心 代 码
1	`<h3>线上学习资源介绍</h3>`	22	`<ol type="1" start="6">`
2	`<hr>`	23	`<li>XML 教程</li>`
3	`<dl>`	24	`<li>ASP.NET</li>`
4	`<dt>RUNOOB.COM(一)</dt>`	25	`<li>Web Service</li>`
5	`<dd>`	26	`<li>开发工具</li>`
6	`<ol type="1">`	27	`<li>网站建设</li>`
7	`<li>HTML/CSS</li>`	28	`</ol>`
8	`<ul type="circle">`	29	`</dd>`
9	`<li>HTML</li>`	30	`<dt>W3school.com.cn</dt>`
10	`<li>HTML5</li>`	31	`<dd>`
11	`<li>CSS</li>`	32	`<ul type="square">`
12	`<li>CSS3</li>`	33	`<li>HTML</li>`
13	`</ul>`	34	`<li>XHTML</li>`
14	`<li>JavaScript</li>`	35	`<li>HTML5</li>`
15	`<li>服务端</li>`	36	`<li>CSS</li>`
16	`<li>数据库</li>`	37	`<li>CSS3</li>`
17	`<li>移动端</li>`	38	`<li>TCP/IP</li>`
18	`</ol>`	39	`</ul>`
19	`</dd>`	40	`</dd>`
20	`<dt>RUNOOB.COM(二)</dt>`	41	`</dl>`
21	`<dd>`		

网页的浏览效果如图 3-9 所示。

图 3-9　列表效果图

3.3　案例 5　图册网页设计

【案例描述】

出版社每个学期都会去各高校展出教材。试选择一些教材图片，为出版社设计一个教材展示网页，要求页面布局简洁。

【软件环境】

Windows 10，Dreamweaver 2021，Photoshop，Fireworks，IE，Edge，Chrome。

【案例解答】

1．准备素材

选择色差较大的图片，如果图片四周有白色，应用图像工具将其裁剪掉，将处理好的文件保存到专用文件夹中。

2．新建站点和文件

新建站点后创建一个新网页文件，文档类型为 HTML5，文件保存为"Case-05-出版社图书展.html"。

3．选择拆分视图进行设计

在设计视图窗口中，输入"清华大学出版社图书"后，在属性面板的格式下拉框中选择"标题 1"；然后插入教材图片，在属性面板上"替换"标签后面的文本框中输入"大数据"等，如图 3-10 所示。

图 3-10　设置 Alt 属性值

4．插入水平线

在插入面板上单击"水平线"按钮,插入水平线,或切换到代码窗口中,直接输入水平线标签"<hr>"。

5．插入图片

在设计视图窗口中输入"中国铁道出版社图书"后,在属性面板的格式下拉框中选择"标题 1";然后插入教材图片,在属性面板上"替换"标签后面的文本框中输入"Smart Home"等,完成图片插入。

6．整理代码格式

整理代码格式如图 3-11 所示,即第一组<img>标签连续书写,两个<img>标签之间不要留任何空白,第二组每个<img>标签各占一行,最后保存文件。

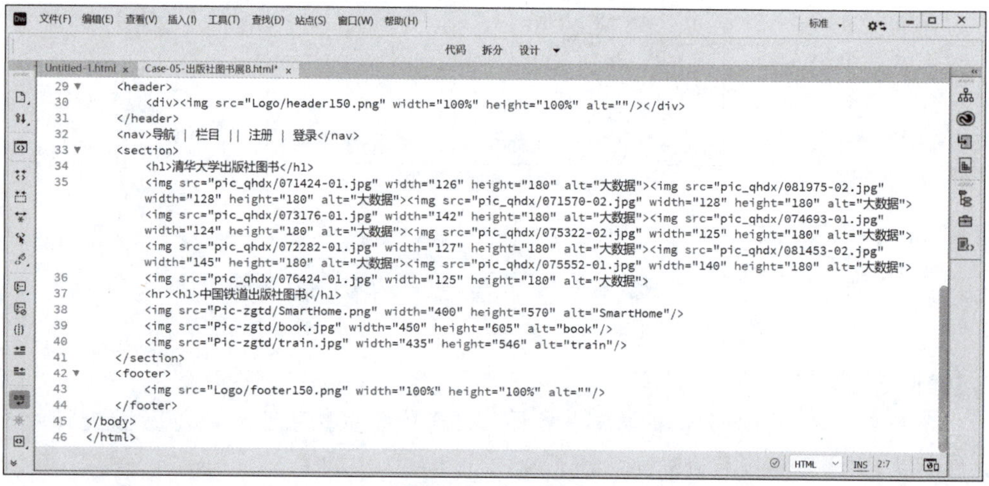

图 3-11　代码视图

7．浏览网页效果

完成后的网页效果如图 3-12 所示。完整的代码请下载课程资源浏览。

【问题思考】

在"Case-05-出版社图书展.html"中,选择 XHTML1.0 的文档类型进行设计,网页浏览的效果又是什么样?

【案例剖析】

1．在第一组图片中,图片和图片之间没有空白间隙。图像元素与文本元素一样,多个图像元素按照从左到右的顺序逐个依次紧密排列,直到触碰到父容器的右边界处才会换行。

2．在默认情况下,图像元素与文本元素一样,从左到右依次紧密排列,如果最右边剩下的空间比图片小,哪怕只是小 1px,该图片都会折行到下一行显示,并且在上下两行之间会

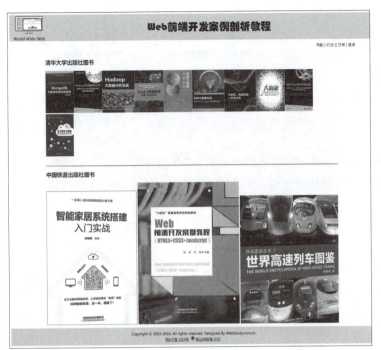

图 3-12　图册的浏览效果图

有空白间隙存在(XHTML 或 HTML4.01 文档没有该间隙)。

3. 在第一组图片中,如果 2 个元素的代码之间留有一个或多个空白,则浏览显示时图片之间会有空白,这个空白是文本元素。

4. 在第二组图片中,图片和图片之间存在空白间隙。3 个图像元素的代码换行,浏览显示效果是图片和图片之间存在空白间隙但却不换行显示,表明图像元素按照行内元素的规则进行效果显示。

5. 在默认情况下,如果图片的高度不一,以图片的底边对齐为准。

6. 可以对整个图片可以设置超链接,指向目标地址。

【案例学习目标】

1. 深刻理解网页文档宽度、浏览器窗口宽度与屏幕当前分辨率宽度的相互关系;

2. 深刻理解伸缩性规则与弹性布局网页;

3. 理解图像元素的溢出现象。

3.4　图册网页设计应用的标签

图册网页设计主要涉及图像标签和常用的容器类标签,下面主要介绍这些标签的具体用法。请注意,少数图册网页设计应用的标签在文本网页中已经介绍过,本节不再重复介绍。

3.4.1　\<img\>标签

\<img\>标签是单标签或空标签,没有闭合标签,它只包含属性,用来定义网页中的图像。应用<img>标签的语法格式如下：

```
<img src = "图像url"  width = "图像宽度"  height = "图像高度"  alt = "文本"/>
```

1. src 属性

<img>标签向网页中嵌入一幅图像。从技术上讲，<img>标签并不会在网页代码中插入图像，而是在网页中插入该图像的链接。<img>标签创建的是被引用图像的占位空间。

要在页面上显示图像，需要使用<img>标签的源属性 src（src 表示 source），src 属性规定显示图像的 URL，即源属性的值是图像的 URL 地址（存储图像的位置）。

【释例 3-4】 应用 URL 地址规则如下。

如果名为"pulpit.jpg"的图像位于 www.××××××.com 的 images 目录中，那么其绝对 URL 为"http://www.××××××.com/images/pulpit.jpg"；如果该图像位于站点的 Pics 文件夹中，那么其相对 URL 为"Pics/pulpit.jpg"。

浏览器将图像显示在文档中图像标签<img>出现的地方。例如，如果将图像标签置于两个段落之间，那么浏览器会首先显示第一个段落，然后显示图片，最后显示第二个段落。

2. alt 属性

<img>标签的 alt 属性规定图像的替代文本，替换文本属性的值是用户定义的。例如，

```
<img src="boat.gif" alt="Big Boat">
```

表示，在浏览器无法载入图像时，浏览器将显示这个替代性的文本而不是图像。替换文本属性告诉浏览者失去图像的相关信息。

在设计网页时，要注意插入页面图像的路径，如果不能正确设置图像的位置，浏览器将无法加载图片，图像标签就会显示一个图标与替代文本。

3. width 属性和 height 属性

width（宽度）与 height（高度）属性用于设置图像的高度与宽度，属性值默认单位为像素。

在应用面板操作方法插入图像时，图像的宽度和高度属性值会默认按照图像的原始大小自动加入代码中，如图 3-11 所示。

如果对图像指定了某个固定的高度和宽度（像素值），页面加载时就会按照指定的尺寸显示。请注意，如果不锁定图像宽度和高度的比例，任意设置图像的宽度和高度，那么就会显示出变形的图像效果。

如果对图像指定了某个相对的高度和宽度（百分比），页面加载时就会以其父容器的宽度和高度为基准，按照百分比的尺寸进行显示。特别地，如果百分比为 100%，表示图像的宽度始终与父容器保持一致（高度设置默认可以省略）。

【问题思考】

在<div>标签中插入一幅图片，网页浏览的效果是什么样？如果<div>标签设置了宽度和高度属性，网页浏览的效果又是什么样？

表 3-9 给出了<img>标签的常用属性。

表 3-9 <img>标签的常用属性

属性	值	描述
align	top，bottom，middle，left，right	规定如何根据周围的文本来排列图像。不推荐使用
border	pixels	定义图像周围的边框。不推荐使用
height	pixels，%	定义图像的高度
hspace	pixels	定义图像左侧和右侧的空白。不推荐使用
ismap	URL	将图像定义为服务器端图像映射
longdesc	URL	指向包含长的图像描述文档的 URL
usemap	URL	将图像定义为客户器端图像映射
vspace	pixels	定义图像顶部和底部的空白。不推荐使用
width	pixels，%	设置图像的宽度

【小提示】 在 HTML 4.01 中，不推荐使用 image 元素的"align""border""hspace" "vspace"属性，在 XHTML 1.0 Strict DTD 中，不支持 image 元素的"align""border" "hspace""vspace"属性。

4. 图片格式

<img>标签支持的图像格式有 jpg/jpeg、gif 和 png 等，不支持元图 bmp 格式。

此外，在网页中还支持一些最近出现的图像新格式。

【小提示】 将图片设置为背景时，图片文件名中不能有中英文括号，否则如 timg(01). jpg 在网页浏览时不会显示。

【实例 3-10】 如果在设置了宽度值的容器中插入一幅超出宽度值的大图片，在默认情况下浏览器效果会是怎样的？试设计一个网页观察。

在本书应用的网页模板(参见 Case-05-出版社图书展.html 代码)中，为<section>容器设置宽度值 1800px，先插入 1 个 802×541px 计算机图片，再插入一个 1920×1080px 的计算机图片，完成网页的设计，网页的浏览效果如图 3-13 所示。

【实例剖析】

1. 在网页的第一行，插入第一幅图片后，其右边还有很多剩余空间，但第 2 幅图片尺寸比较大，剩余空间放不下，故第二幅图片换行在第二行显示。

2. 在第二行，第二幅图片的宽度尺寸为 1920px，已经超过了父容器<section>的尺寸 1800px，显然图片是放不下去的。默认规则的处理结果是，允许该图片溢出显示，但其后不能再继续显示其他文本元素，那些元素必须换行显示。

3. 在容器中插入图片时，一定要计算好宽度尺寸，以免图片在右边界溢出后产生网页右边不整齐的后果。

完整的代码请下载课程资源浏览。

【问题思考】

在网页中插入一幅图片(不是背景)，怎样使图片在网页中居中？

【实例 3-11】 在网页中有文本元素、图像元素，有时会发生图文在一起进行混排的现象。试设计一个网页，总结一下图文混排的规律。

图 3-13　图片溢出现象

选择一组钟乳石图片与介绍文本,以"Case-05-出版社图书展.html"代码为基础进行修改,在＜section＞…＜/section＞中插入标题(应用＜h1＞标签)、数张钟乳石图片(应用＜img＞标签)、介绍钟乳石的文本(应用＜p＞标签),共做 5 组,保存文件为"Exmp-3-11 图像文本混排对齐.html",浏览效果如图 3-14 所示。完整的代码请下载课程资源浏览。

【实例剖析】

1. 所谓图文混排是指在同一个容器中文本元素与少量的图像元素混合在一起,对图文元素进行简单的排列,例如小说中的插图。

2. 在默认情况下,图文混排以底端对齐,准确而言是图形的底边与文字的基线对齐。在图 3-14 中,第 1 组是图文顶端对齐的情况,为＜img＞标签设置了属性 align = "top";第 2 组是图文居中对齐的情况,为＜img＞标签设置了属性 align = "center"或 align = "middle";在两组情况中与图片对齐的文本都只有一行。

3. 第 3 组是在图片左边或右边排列文本的情况,为＜img＞标签设置属性 align = "left"或 align = "right"。请注意,如果为＜img＞标签设置属性 style="float：left"或 style = "float：right",效果一样。

4. 在第 4 组情况中,首先为标题的＜h1＞标签设置属性 style="clear：both",消除上面的影响;再为第 1 幅和第 3 幅图片设置属性 align = "top",第 2、4、5 幅图片不设置。结果是第 2、4、5 幅图片底端对齐组成一组,该组再以高度最大图片的顶端与第 1 幅和第 3 幅图片的顶端对齐。故 5 幅图片如果要顶端对齐,都必须设计属性 align = "top"。

5. 第 5 组情况是所有图片都设置了属性 align = "left"。

6. 网页中图文元素在一起,通常会用一些标签分割它们,具体见图文网页设计。

7. 通过本实例,应进一步加深对文本元素、图像元素的深刻理解。

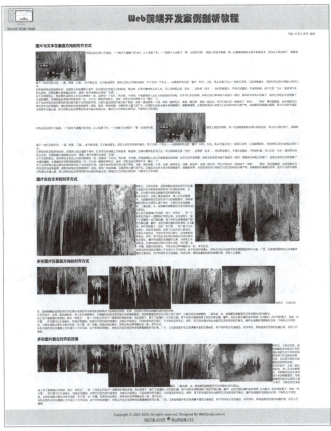

图 3-14　图文混排现象

3.4.2　\<table\>组标签

\<table\>-\<tr\>-\<td\>标签是嵌套的组合标签,必须一起使用,用来定义 HTML 表格。\<table\>、\<tr\>与\<td\>标签都是双标签。

简单的 HTML 表格由\<table\>元素以及一个或多个\<tr\>和\<td\>元素嵌套组成。\<table\>界定表格的范围,\<tr\>元素定义表格的行,\<td\>元素定义表格的单元格(列)。

应用\<table\>、\<tr\>、\<td\>标签的语法格式如下:

```
<table>
<tr>
    <td> 图文元素 </td>    …    <td> 图文元素 </td>
</tr>
…
</table>
```

如果表格有表头,第一行的所有\<td\>标签应用\<th\>标签来代替。

更复杂的 HTML 表格也可能包括 \<caption\>、\<col\>、\<colgroup\>、\<thead\>、\<tfoot\>以及\<tbody\>元素。

在网页中使用表格可以将数据有效地组织在一起,使得网页中的图文元素排列整齐,并以网格的形式进行显示。此外,应用表格可以对简单的网页或网页的局部进行布局,非常简便。

图 3-15 是应用表格对图册网页进行布局的效果。此外,文本网页也应用表格组织数据,例如对小说目录的布局,效果如图 3-16 所示。

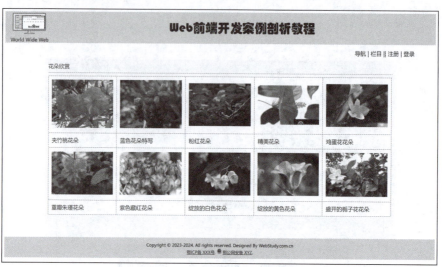

图 3-15　用表格排版的图片

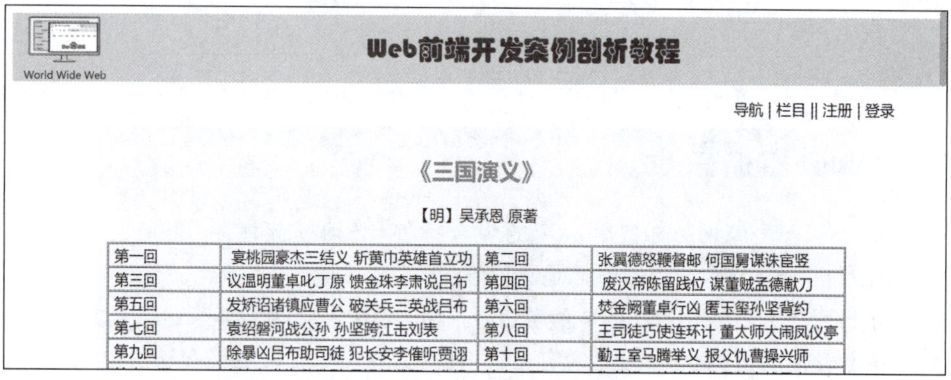

图 3-16　用表格排版的小说目录

1. ＜table＞的属性

表格的常用属性有宽度、高度、边框、背景颜色和对齐方式等,具体见表 3-10。在网页设计中,通常在＜table＞标签中设置属性,也可以写在 CSS 中。

表 3-10　table 常用属性

属性	值	描述
align	left,center,right	规定表格相对周围元素的对齐方式,宜用样式代替
bgcolor	rgb(x,x,x),#xxxxxx,colorname	规定表格的背景颜色
border	pixels	规定表格边框的宽度

续表

属性	值	描述
cellpadding	pixels,%	规定单元边沿与其内容之间的空白
cellspacing	pixels,%	规定单元格之间的空白
frame	void,above,below,hsides,lhs,rhs,vsides,box,border	规定外侧边框的哪部分是可见的
height	%,pixels	规定表格的高度
rules	none,groups,rows,cols,all	规定内侧边框的哪部分是可见的
summary	text	规定表格的摘要
width	%,pixels	规定表格的宽度

请注意,属性 cellpadding 表示单元格边界与单元格内容之间的距离,cellspacing 表示单元格与单元格之间的距离。如图 3-17 所示,将 cellspacing 设置为一个较大的值,可以清楚地看出表格中单元格之间的间距效果。

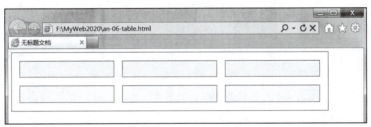

图 3-17 设置 cellspacing 的表格效果

2. <tr>的属性

表格由一行或多行组成,一行可以包含一个或多个单元格,即<tr>元素包含一个或多个<th>或<td>元素。除单元格有合并的情况外,表格每行的单元格标签个数一般是相等的。对表格行进行属性设置,该行所有单元格就具备同样的属性。表 3-11 是行标签的常用属性。

表 3-11 行标签的常用属性

属性	值	描述
align	right,left,center,justify,char	定义表格行的内容对齐方式
bgcolor	rgb(x,x,x),#xxxxxx,colorname	规定表格行的背景颜色,宜用样式取而代之
char	character	规定根据哪个字符来进行文本对齐
charoff	number	规定第一个对齐字符的偏移量
valign	top,middle,bottom,baseline	规定表格行中内容的垂直对齐方式

3. <td>的属性

单元格是表格的基本单元,通过<td>和<th>标签来创建。所有的文本元素就是放在单元格标签中的。可以对单元格的属性进行设置,表 3-12 是常用的单元格属性。

表 3-12 常用的单元格属性

属性	值	描述
align	left,right,center,justify,char	规定单元格内容的水平对齐方式
bgcolor	rgb(x,x,x),#xxxxxx,colorname	规定单元格的背景颜色,宜用样式取而代之
colspan	number	规定单元格可横跨的列数
height	pixels,%	规定表格单元格的高度,宜用样式取而代之
nowrap	nowrap	规定单元格中的内容是否折行,宜用样式取而代之
rowspan	number	规定单元格可横跨的行数
valign	top,middle,bottom,baseline	规定单元格内容的垂直排列方式
width	pixels,%	规定表格单元格的宽度,宜用样式取而代之

【实例 3-12】 应用表格布局,设计一个儿童体重身高对照表的网页,要求网页具有背景图。

打开 Dreamweaver 2021,打开"模板"站点,打开"Web 网页设计模板.html"文件,另存为"Exmp-3-12 表格布局的数据网页.html"。在<section>容器中设置一个居中、靠顶的背景图片,然后再嵌套一个表格,为其设置合适的 margin-top 属性值,设置 caption 标签。

在设计视图中,选中表格第一列的第一行和第二行,在 Dreamweaver 2021 属性面板的左下角单击"合并所选单元格,使用跨度"的合并按钮(如图 3-18 所示),将其合并;选中表格的第一行的第二列和第三列,单击合并按钮;选中表格的第一行的第四列和第五列,单击合并按钮,完成表格单元格的合并。

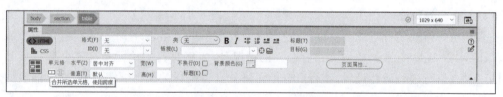

图 3-18 属性面板"合并所选单元格,使用跨度"合并按钮

在设计视图中,在表格中输入文字与数值。

完成网页的设计,进行测试修改,通过后发布网页。核心代码如表 3-13 所示,完整的代码请下载课程资源浏览。网页浏览效果如图 3-19 示。

表 3-13 实例 3-12 的核心代码(Exmp-3-12 表格布局的数据网页.html)

行	核心代码
1	`<html>`
2	`<head>`
3	`<style>`
4	`section { background-image: url(Pic-table/timg-1.jpg); }`
5	`table { margin-top: 390px; }`

续表

行	核心代码
6	`    body,td,th { font-size: 24px; }`
7	`  </style>`
8	`</head>`
9	`<body>`
10	`  <section>`
11	`    <table width="1024" border="1" align="center" cellpadding="1" cellspacing="1">`
12	`      <caption><h3>儿童体重身高对照表</h3></caption>`
13	`      <tr>`
14	`        <td rowspan="2" align="center"><b>年龄</b></td>`
15	`        <td colspan="2" align="center"><b>体重(kg)</b></td>`
16	`        <td colspan="2" align="center"><b>身高(cm)</b></td>`
17	`      </tr>`
18	`      <tr>`
19	`        <td align="center"><strong>男</strong></td>`
20	`        <td align="center"><strong>女</strong></td>`
21	`        <td align="center"><strong>男</strong></td>`
22	`        <td align="center"><strong>女</strong></td>`
23	`      </tr>`
……	
24	`    </table>`
25	`  </section>`
26	`</body>`
27	`</html>`

【问题思考】

在<table>、<tr>和<td>标签中,都可以设置颜色,当它们设置不同的颜色时,网页会是什么效果?

3.4.3 <map>与<area>标签

<map>标签是双标签,用于客户端图像映射。图像映射是指一幅图像带有可点击的区域。

<area>标签是单标签,定义图像的映射区域。<area>元素始终嵌套在<map>标签内部。其语法格式如下:

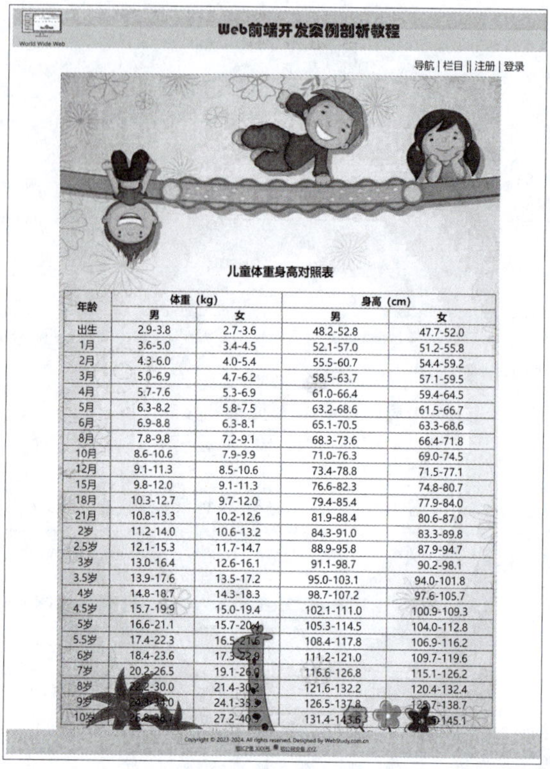

年龄	体重（kg）		身高（cm）	
	男	女	男	女
出生	2.9-3.8	2.7-3.6	48.2-52.8	47.7-52.0
1月	3.6-5.0	3.4-4.5	52.1-57.0	51.2-55.8
2月	4.3-6.0	4.0-5.4	55.5-60.7	54.4-59.2
3月	5.0-6.9	4.7-6.2	58.5-63.7	57.1-59.5
4月	5.7-7.6	5.3-6.9	61.0-66.4	59.4-64.5
5月	6.3-8.2	5.8-7.5	63.2-68.6	61.5-66.7
6月	6.9-8.8	6.3-8.1	65.1-70.5	63.3-68.6
8月	7.8-9.8	7.2-9.1	68.3-73.6	66.4-71.8
10月	8.6-10.6	7.9-9.9	71.0-76.3	69.0-74.5
12月	9.1-11.3	8.5-10.6	73.4-78.8	71.5-77.1
15月	9.8-12.0	9.1-11.3	76.6-82.3	74.8-80.7
18月	10.3-12.7	9.7-12.0	79.4-85.4	77.9-84.0
21月	10.8-13.3	10.2-12.6	81.9-88.4	80.6-87.0
2岁	11.2-14.0	10.6-13.2	84.3-91.0	83.3-89.8
2.5岁	12.1-15.3	11.7-14.7	88.9-95.8	87.9-94.7
3岁	13.0-16.4	12.6-16.1	91.1-98.7	90.2-98.1
3.5岁	13.9-17.6	13.5-17.2	95.0-103.1	94.0-101.8
4岁	14.8-18.7	14.3-18.3	98.7-107.2	97.6-105.7
4.5岁	15.7-19.9	15.0-19.4	102.1-111.0	100.9-109.3
5岁	16.6-21.1	15.7-20.4	105.3-114.5	104.0-112.8
5.5岁	17.4-22.3	16.5-21.6	108.4-117.8	106.9-116.2
6岁	18.4-23.6	17.3-22.9	111.2-121.0	109.7-119.6
7岁	20.2-26.5	19.1-26.0	116.6-126.8	115.1-126.2
8岁	22.2-30.0	21.4-30.2	121.6-132.2	120.4-132.4
9岁	24.3-34.0	24.1-35.[illegible]	126.5-137.8	[illegible]-138.7
10岁	26.8-38.7	27.2-40.[illegible]	131.4-143.6	[illegible]-145.1

图 3-19　表格布局的数据网页

```
<map>
    <area shape=" " coords=" " href=" " />
    <area shape=" " coords=" " href=" " />
</ map >
```

<img>中的 usemap 属性引用 <map> 中的 id 或 name 属性(取决于浏览器)，所以应同时向 <map> 添加 id 和 name 属性。

请注意，在 HTML5 中如果 id 属性在<map>标签中指定，则必须同样指定 name 属性。

【说明】 <img>标签中的 usemap 属性与<map>标签中的 name 属性相关联，以创建图像与映射之间的关系。

3.5　案例 6　连环画网页设计

【案例描述】

根据《牛郎织女》的故事，设计一个图文并茂的连环画网页，要求排版工整、画面美观。

【软件环境】

Windows 10，Dreamweaver 版本 21.2，Photoshop，Fireworks，IE，Edge，Chrome。

【案例解答】

1. 素材准备。图画选用墨浪先生的彩绘本，共 16 张，文本选用诗歌形式的配文。

2. 打开 Dreamweaver 2021，打开"模板"站点，打开"Web 网页设计模板.html"文件，另存为"Case-06-连环画牛郎织女.html"。

3. 在＜section＞…＜/section＞中插入"＜h1＞牛郎织女的故事＜/h1＞"，插入"＜h4＞绘画◎墨浪 配文◎佚名＜/h4＞"，最后插入＜article＞…＜/article＞标签，将 16 张图文放在其中。

4. 先为＜article＞标签设置宽度值为 650px，使其略大于图片的宽度 640px。然后将 16 组"图片-配文"依次放入＜article＞…＜/article＞标签中，显示效果为"一行图片、一行配文"，共 16 组。

5. 本案例通过应用不同的标签设计连环画来对比这些标签的效果，核心代码如表 3-14 所示，完整的代码请下载课程资源浏览。

表 3-14 案例 6 连环画网页设计的核心代码（Case-06-连环画牛郎织女.html）

行	核 心 代 码
1	`<html>`
2	`<head>`
3	`  <style>`
4	`    article { width: 655px;  margin: 0 auto;  border: 1px solid red; }`
5	`    h1, h4 { text-align: center; }`
6	`    ul, ol { list-style-type: none; }`
7	`  </style>`
8	`</head>`
9	`<body>`
10	`  <section>`
11	`    <h1>牛 郎 织 女 的 故 事</h1>`
12	`    <h4>绘画◎墨浪 配文◎佚名</h4>`
13	`    <article>`
14	`      <div>中国现代著名连环画画家墨浪(1910-1963 年)先生…...</div>  `
15	`      <img src="Pic-nlzn/B1.jpg" width="640" height="447" alt=""/>`
16	`      (1)传说牛郎织女星，情投意合相爱深；顽固王母不同意，反对幸福好婚姻。  `
17	`      <img src="Pic-nlzn/B2.jpg" width="640" height="456" alt=""/>`
18	`      <span>(2)百般阻挠不相忘，王母恼怒下狠心；驱逐牵牛出天界，一对情人两地分。</span>  `
19	`      <span><img src="Pic-nlzn/B3.jpg" width="640" height="451" alt=""/></span>`
20	`      <span>(3)牵牛人间做牛郎，嫂逼分居意不良；哥哥惧内难为助，只剩老牛伴身旁。</span>  `

续表

行	核 心 代 码
21	`<div><img src="Pic-nlzn/B4.jpg" width="640" height="451" alt=""/></div>`
22	`<div>`(4)牛郎喜耕又能牧,勤劳自不愁衣食;只怜形单影不双,老牛献计赴瑶池。`</div>`
23	`<p><img src="Pic-nlzn/B5.jpg" width="640" height="449" alt=""/>`
24	(5)苦忆牛郎恨不休,织女悲痛泉仙愁;符节云英来邀浴,勤将相思赴清流。`</p>`
25	`<div><img src="Pic-nlzn/B6.jpg" width="640" height="453" alt=""/>`
26	(6)瑶池水碧莲花香,牛郎依计戏红妆;抱走裙衫求婚配,织女愤怒斥狂郎。`</div>`
27	`<figure><img src="Pic-nlzn/B7.jpg" width="640" height="449" alt=""/>`
28	`<figcaption>`(7)狂郎竟是牵牛星,惊喜交集诉离情;织女誓不回天界,处在人间建家庭。`</figcaption></figure>`
29	`<ul><li><img src="Pic-nlzn/B8.jpg" width="640" height="451" alt=""/></li>`
30	`<li>`(8)织女织成云罗锦,牛郎种出黄金粟;美满幸福好婚姻,天上人间都羡慕。`</li></ul>`
31	`<ol><li><img src="Pic-nlzn/B9.jpg" width="640" height="453" alt=""/></li>`
32	`<li>`(9)婚后转瞬逾三春,育女生男爱更深;郎吹短笛妻抱子,阖家欢乐度光阴。`</li></ol>`
33	`<dl><dt><img src="Pic-nlzn/B10.jpg" width="640" height="445" alt=""/></dt>`
34	`<dd>`(10)不幸老牛忽染病,牛郎求药去邻村;云雾遮天雷声紧,金甲二神闯进门。`</dd></dl>`
35	`<dl><dt><img src="Pic-nlzn/B11.jpg" width="640" height="465" alt=""/></dt>`
36	`<dt>`(11)金甲神奉王母命,强迫织女回天庭;子女哭号郎不在,拼将一死拒同行。`</dt></dl>`
37	`<dl><dd><img src="Pic-nlzn/B12.jpg" width="640" height="456" alt=""/></dd>`
38	`<dd>`(12)弱女终难抗强暴,捕离家门牛郎到;担起儿女追入云,高声痛斥金甲神。`</dd></dl>`
39	`</article>`
40	`</section>`
41	`</body>`
42	`</html>`

6. 完成网页的设计,进行测试修改,通过后发布网页。网页浏览的效果如图3-20所示。

图 3-20　连环画网页的效果(分成三段显示)

【案例剖析】

1. 在本案例网页的设计过程中,为了找到最佳效果,采用多组标签进行配合,进行效果对比。

2. 在第 1 组图画中,图像元素与文本元素均不另外使用标签,图像与文本均左对齐、排列整齐。

3. 在第 2 组图画中,图像元素不另外使用标签,文本元素使用＜span＞标签,图像与文本均左对齐、排列整齐。

4. 在第 3 组图画中,图像元素与文本元素均使用＜span＞标签,图像与文本均左对齐、排列整齐。

5. 在第 4 组图画中,图像元素与文本元素均单独使用＜div＞标签,图像与文本均左对齐、排列整齐。

6. 在第 5 组图画中,图像元素与文本元素共同使用＜p＞标签,图像与文本均左对齐、排列整齐。

7. 在第 6 组图画中,图像元素与文本元素共同使用＜div＞标签,图像与文本均左对齐、排列整齐。

8. 在第 7 组图画中,图像元素用＜figure＞标签,文本元素使用＜figcaption＞标签,图像与文本均左对齐,但有几个字符的左边距,图像元素溢出布局容器右边界,文本元素左右两边的边距相等。

9. 在第 8 组图画中,图像元素与文本元素共同使用＜ul＞标签,各自再用＜li＞标签,图像与文本均左对齐但有几个字符的左边距,图像元素溢出布局容器右边界,文本元素右边会触碰到容器右边界,排列不整齐。

10. 在第9组图画中,图像元素与文本元素共同使用<ol>标签,各自再用<li>标签,图像与文本均左对齐但有几个字符的左边距,图像元素溢出布局容器右边界,文本元素右边会触碰到容器右边界,排列不整齐。

11. 在第10组图画中,图像元素与文本元素共同使用<dl>标签,图像元素再用<dt>标签,文本元素再使用<dd>标签,图像左对齐,文本有几个字符的左边距,排列不整齐。

12. 在第11组图画中,图像元素与文本元素共同使用<dl>标签,各自再用<dt>标签,图像与文本均左对齐,排列整齐。

13. 在第12组图画中,图像元素与文本元素共同使用<dl>标签,各自再用<dd>标签,图像与文本均左对齐但有几个字符的左边距,图像元素溢出布局容器右边界,文本元素右边会触碰到容器右边界,排列不整齐。

14. 第13组同第11组;第14组同第5组;第15组与第16组同第6组。表中省略了它们的代码。

15. 使用<figure>-<figcaption>标签可以实现图文排列整齐,但要注意左边距问题。

【案例学习目标】

1. 能够根据图文的排列要求,选用合适的标签组合设计图文网页;
2. 能够应用表格布局实现2列或多列简单图文网页的设计。

3.6 图文网页设计应用的标签

图文网页设计主要涉及图像元素、文本元素与布局容器标签。图像元素与文本元素一般用各自的父容器进行布局排版。图3-21是单列图文网页的应用实例,左右两图浏览窗口宽度不同,效果也不同。

图3-21　单列图文网页

图文网页设计应用的标签，在前面的文本网页、图册网页中介绍过一部分。在 HTML5 中，出现了一些新的语义标签，包括<header>、<nav>、<footer>和<main>、<section>、<article>、<aside> 标签等，可以用来代替<div> 标签，使语义更加明确。例如，用<header>标签代替<div class = "Header">效果更好。下面只介绍新的标签。

3.6.1 \<figure>与\<figcaption>标签

<figure>与<figcaption>标签都是双标签，是嵌套的组合标签，用来定义独立的流内容(图像、图表、照片、代码等)。其语法格式如下：

```
<figure>
    <img>
    < figcaption >…</ figcaption >
</ figure >
```

<figure>元素的内容应该与主内容相关，同时元素的位置相对于主内容是独立的。如果被删除，则不会对文档流产生影响。

<figcaption> 元素被用来为 <figure> 元素定义标题。

从 3.5 节的案例 6(图 3-22)中可以看出，<figure>、<figcaption>标签默认是有左边距(空白)的，并且两者左边是对齐的。

3.6.2 \<header>、\<nav>与\<footer>标签

<header>标签是双标签，用来定义 Web 页面的页首部分(页眉)。

<header>元素一般作为介绍 banner 内容或者导航链接栏的容器，在一个 HTML 文档中可以定义多个<header> 元素，但<header> 标签不能被放在 <footer>、<address>或者另一个 <header> 元素内部。

<nav>标签是双标签，用来定义导航链接的部分。

并不是所有的 HTML 文档都要使用<nav>元素。<nav> 元素只是作为标注导航链接的区域，可以嵌套在<header>标签使用，也可以在<header>标签的外面单独使用。

<footer>标签是双标签，用来定义 HTML 文档的页脚或者文档的一部分区域(例如 section)的页脚。

<footer>元素一般包含 HTML 文档创作者的姓名、文档的版权信息、使用条款的链接、联系信息等。如果使用 <footer> 元素来插入联系信息，应该在 <footer> 元素内使用<address> 标签。

在一个文档中，可以定义多个 <footer> 元素。

3.6.3 \<main>、\<section>、\<article>与\<aside>标签

<main>标签是双标签，用来定义 HTML 文档的主体内容。

<main>标签中的内容在文档中是唯一的，它不应包含在文档中重复出现的内容，例如侧栏、导航栏、版权信息、站点标志或搜索表单。

请注意，在一个文档中＜main＞元素是唯一的，所以不能出现一个以上的＜main＞元素，并且＜main＞元素不能是＜article＞、＜aside＞、＜footer＞、＜header＞或＜nav＞元素的后代。

＜header＞元素一般作为介绍 banner 内容或者导航链接栏的容器，在一个文档中可以定义多个＜header＞元素，但它不能被放在＜footer＞、＜address＞或者另一个＜header＞元素内部。

＜section＞标签是双标签，用来定义 HTML 文档的某个区域、区块、区段或节，把文档分成几个功能区域。例如，文档的某个完整区域、章节、头部、底部等。

在一个文档中可以定义多个＜section＞元素。

＜article＞标签是双标签，用来定义页面独立的内容区域。

＜article＞标签定义的内容本身必须是有意义的且必须是独立于文档的其余部分。

＜aside＞标签是双标签，用来定义＜article＞标签外的内容，内容应该与附近的内容相关。例如，页面的侧边栏内容。

【实例 3-13】 设计一个单列布局的图文网页。

打开 Dreamweaver 2021，打开"模板"站点，打开"Web 网页设计模板.html"文件，另存为"Exmp-3-13 单列图文网页.html"。在其中输入如表 3-15 所示的核心代码，保存文件。完成网页的设计，进行测试修改，通过后发布网页。

表 3-15 实例 3-14 的核心代码(Exmp-3-14 单列图文网页.html)

行	核 心 代 码
1	`<html>`
2	`<head>`
3	`<style>`
4	`section { background-color: FloralWhite;   margin: auto;    padding: 10px; width: 1536px; }`
5	`.fontsize { font-size: 30px; }`
6	`</style>`
7	`</head>`
8	`<body>`
9	`<section>`
10	`<h1 class="fontsize">地理探索</h1> <hr>`
11	`<h3 class="fontsize">乌兰布统</h3>`
12	`<dl>`
13	`<dt class="fontsize"> <img src="…" width="1075" height="605" hspace="8px" align="right" alt=""/>`
14	`      乌兰布统，隶属于内蒙古… `
15	`      乌兰布统草原景色各异…</dt>`

续表

行	核 心 代 码
16	`<dt>`素材来源 `https://cookies.lenovomm.com/?p=43775</dt>`
17	`</dl>`
18	`<h3 class="fontsize">`白云石山`</h3>`
19	`<div class="fontsize">　<img src="…" width="1075" height="605" hspace="40px" align="left" alt=""/>`
20	`       `白云石山,意大利名字为…` `
21	`       `白云石山与阿尔卑斯其他地方不同的地方…` `
22	`       `白云石山在阿尔卑斯山脉那宽广连绵的…`</div>`
23	`<div>`素材来源 `https://cookies.lenovomm.com/?p=43261</div>`
24	`</section>`
25	`</body>`
26	`</html>`

单列图文网页浏览的效果如图 3-22 所示,完整的代码请下载课程资源浏览。

图 3-22　单列图文网页(图文混排效果)

3.7 案例7 线上学习注册网页设计

【案例描述】

应用表单及控件元素,设计一个在线学习用户注册网页。要求在输入框中有输入内容提示,布局排版工整、美观。

【软件环境】

Windows 10,Dreamweaver 2021,Photoshop,Fireworks,IE,Edge,Chrome。

【案例解答】

1. 打开"模板"站点,打开"Web 网页设计模板.html"文件,另存为"Case-07-用户注册网页.html"。

2. 在＜section＞…＜/section＞中插入网页标题"＜h1＞线上学习用户注册＜/h1＞",插入水平分割线"＜hr＞"。

3. 在＜section＞…＜/section＞中插入表单元素＜form＞…＜/form＞,为使表单中的文本布局排版整洁,在＜form＞…＜/form＞中插入＜table＞…＜/table＞表格,表格设置为 16 行 2 列。

4. 选用合适的表单控件元素插入表格相应的单元格＜td＞…＜/td＞中,完成网页的设计,进行测试修改,通过后发布网页。

5. "Case-07-用户注册网页.html"的核心代码见表 3-16,完整的代码请下载课程资源浏览。

表3-16 案例7线上学习注册网页设计的核心代码(Case-07-用户注册网页.html)

行	核 心 代 码
1	`<html>`
2	`<head>`
3	`  <style>`
4	`    section { width: 480px; }`
5	`    input, select {font-size: 16px;}`
6	`  </style>`
7	`  <script src="Src/jquery.min.js"></script>`
8	`</head>`
9	`<body>`
10	`  <section>`
11	`    <h1>线上学习用户注册</h1><hr>`
12	`    <form name="form1" action="#" method="post">`
13	`      <table width="480" border="0">`

续表

行	核 心 代 码
14	`<tr> <td width="108">`用 户 名:`</td>`
15	`<td><input type="text" placeholder="`请输入用户名`" style="color:#999999" autocomplete="on" autofocus ></td> </tr>`
16	`<tr> <td>`设置密码:`</td>`
17	`<td><input type="password" name="txt1" id="txt1" ></td> </tr>`
18	`<tr> <td></td>`
19	`<td style="color:#999999">`6~20个字符,由字母、数字和符号的两种以上组合`</td> </tr>`
20	`<tr> <td>`确认密码:`</td>`
21	`<td><input type="password" onBlur="pswcomp(form1.txt1.value,form1.txt2.value)" name="txt2" id="txt2"></td> </tr>`
22	`<tr> <td>`邮箱地址:`</td>`
23	`<td><input type="email" value="123@qq.com" style="color:#999999"></td> </tr>`
24	`<tr> <td>`性 别:`</td>`
25	`<td> <input type="radio" name="sex" checked="checked">`男
26	`<input type="radio" name="sex">`女`</td> </tr>`
27	`<tr> <td>`通信地址:`</td>`
28	`<td>`
29	`<select name="" id="selProvince">`
30	`<option value="">`-请选择省份-`</option>`
31	`</select>`
32	`<select name="" id="selCity">`
33	`<option value="">`-请选择城市-`</option>`
34	`</select>`
35	`<select name="" id="selCountry">`
36	`<option value="">`-请选择县区-`</option>`
37	`</select>`
38	`</td> </tr>`
39	`<tr> <td>`学习课程:`</td>`
40	`<td> <input type="checkbox">`高级语言程序设计` `
41	`<input type="checkbox">`HTML5网页设计` `
42	`<input type="checkbox">`大数据技术` `

续表

行	核 心 代 码
43	`<input type="checkbox">人工智能 `
44	`</td> </tr>`
45	`<tr> <td>上传发票:</td>`
46	`<td><input type="file"></td> </tr>`
47	`<tr> <td>其他说明:</td>`
48	`<td><textarea cols="30" rows="3"></textarea></td> </tr>`
49	`<tr> <td> </td>`
50	`<td><input type="reset" value="重填"><input type="submit" value="提交"></td> </tr>`
51	`</table>`
52	`</form>`
53	`</section>`
54	`</body>`
55	`</html>`

表单网页浏览效果如图 3-23 所示。

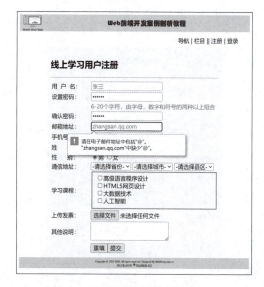

(a) 打开状态　　　　　　　　　　　(b) 验证邮箱状态

图 3-23　表单网页浏览效果

【案例剖析】

1. 设计表单网页,要用<form>…</form>界定一个范围,在其内的表单控件元素都受其控制。<form name="form1" action="#" method="post">表示本表单的名称为"form1",当用户填完数据、单击本表单内的"提交"按钮后,表单数据会以 method 指定的

"post"方式发送给后台的程序进行处理。在本表单中,action="#"表示无后台处理程序,单击"提交"按钮后网页不会发生动作。

2. 在第 15 行代码中,为<input>控件元素设置"autofocus"属性,表示当打开本表单网页时,鼠标的光标会在"用户名"输入框中闪烁,等待用户输入数据;设置 placeholder="请输入用户名",表示用户输入数据前可以看到提示"请输入用户名",一旦用户开始输入时,该提示会立刻消失。

3. 在第 21 行代码中,onBlur="pswcomp(form1.txt1.value,form1.txt2.value)"表示当用户输入"确认密码"离开该密码框时,就会触发鼠标事件 onBlur,并由相应的 JavaScript 代码进行处理,比较"确认密码"与"设置密码"是否一致,并给用户比较的结果。

4. 在第 23 行代码中,value="123@qq.com" 表示在"邮箱地址"输入框中,网页已经为用户设置好了默认值,QQ 邮箱用户只须修改邮箱的用户名即可。type="email"表示用户输入完成后单击本表单内的"提交"按钮时,表单会自动检测邮件地址中是否包含"@"字符,如果没有就会弹出提示框,要求用户重新输入;如果有就不弹出任何提示框,表示输入的邮件地址语法格式正确。

5. 第 29～37 行代码是 3 个联动的列表选择框,由 jQuery 代码实现联动功能。第 7 行代码表示应用 jQuery 代码要事先引用 jquery.min.js 库文件。

【案例学习目标】
1. 深刻理解<form>…</form>标签的作用;
2. 掌握<input>的 type 类型设置;
3. 深刻理解默认值、autofocus 属性、placeholder 属性、value 属性、name 属性的含义与作用。

3.8 表单网页设计应用的标签

表单主要用于收集用户输入或选择的数据,并将其作为参数提交给远程服务器。在表单录入数据后,可通过表单控件元素(如提交按钮等)将数据传递给服务器端,由服务器接收表单数据并进行处理。

3.8.1 <form> 标签

表单元素<form>标签是双标签,用于定义一个完整的表单框架,其内部可包含各式各样的表单控件元素,表单控件元素允许用户在表单中输入或选择数据与内容。例如,用户可以在文本输入框、密码框、按钮、下拉列表、单选框、复选框等中输入或选择数据与内容。

表单是一个包含表单及控件元素的区域。表单使用表单标签<form>…</form>来进行设置,其语法格式如下。

```
<form action="处理数据程序的 URL 地址" method="get|post" name="表单名称" … >
    <表单控件元素>
</form>
```

请注意：

（1）单纯的<form>标签不包含任何可视化内容，需要与表单控件元素配合使用形成完整的表单效果。

（2）一个页面可以拥有一个或多个表单标签，各表单标签之间相互独立，不能嵌套。

（3）用户向服务器发送数据时一次只能提交一个表单中的数据。如需要同时提交多个表单，可以使用 JavaScript 的异步交互方式来实现。

表单的常用属性见表 3-17。

表 3-17 表单的常用属性

属 性	描 述
action	当提交表单时，向何处发送表单中的数据
accept-charset	服务器可处理的表单数据字符集
enctype	表单数据内容类型，可以为 application/x-www-form-urlencoded、text/plain、multipart/form-data
id	表单对象的唯一标识符
name	表单对象的名称
target	打开处理 URL 的目标位置（不建议使用）
method	规定向服务器端发送数据所采用的方式，取值可以为 get、post
onsubmit	向服务器提交数据之前，执行其指定的 JavaScript 脚本程序
onreset	重置表单数据之前，执行其指定的 JavaScript 脚本程序

表单属性应用说明如下：

（1）action 属性值是 Web 服务器上数据处理程序的 URL 地址或者 Email 地址。

（2）method 属性用于设置向服务器发送数据的方式，主要包括 GET 和 POST 两种方法。

① GET 方法。

提交表单数据时，GET 方法会将表单元素的数据转换为文本形式的参数并直接加 URL 地址后面，即 URL 由地址部分和数据部分构成，两者之间用问号"?"隔开，数据以"名称=值"的方式成对出现，且数据与数据之间通过"&"符号进行分割，例如，"http://www.itshixun.com/web/login.jsp? userName=admin&userPwd=123456"，单击提交按钮后可以直接从浏览器地址栏看到全部内容。这种方式适用于传递一些安全级别要求不高的数据，并且有传输大小限制，每次不能超过 2KB。

② POST 方法。

这种方法传递的表单数据会放在 HTML 的表头中，将数据隐藏在 HTTP 的数据流中进行传输，不会出现在浏览器地址栏里，用户无法直接看到参数内容，适用于安全级别相对较高的数据。并且对于客户端而言没有传递数据的容量限制，完全取决于服务器的限制要求。

表单标签默认的提交方式为 GET 方法。

（3）enctype 属性用于规定表单数据传递时的编码方式，具有 3 种属性值。

① application/x-www-form-urlencoded。

该属性值为 enctype 属性的默认值，这种编码方式用于处理表单元素中所有的 value 属性值。

② multipart/form-data。

这种编码方式以二进制流的方式处理表单数据,除了处理表单元素中的 value 属性值,也可以把用于上传文件的内容封装到参数中。该方法适合在使用表单上传文件时使用。

③ text/plain。

这种编码方式主要用于通过表单发送邮件,适用于当表单的 action 属性值为 mailto: URL 的情况。

(4) 上述这些属性中比较常用的是 action 和 method,用于规定表单数据提交的 URL 地址和提交方式。其余属性无特殊情况一般可以省略并直接使用默认值。

3.8.2 <input>标签

输入标签<input>是最常用、最重要的表单控件元素,根据其 type 属性值的不同可以显示多种样式,例如单行文本输入框、密码框、单选和复选框等,如表 3-18 所示。<input>标签的常见语法格式如下:

```
<input type="输入类型" name="名称" />
```

表 3-18 <input>标签 type 属性的属性值

类 型	描 述
text	定义常规文本输入
radio	定义单选按钮输入(选择多个选择之一)
submit	定义提交按钮(提交表单)
password	用于显示密码输入框,其中字符会被 * 代替
checkbox	用于显示复选框
reset	用于显示重置按钮,清除表单中的所有数据
button	用于显示无动作按钮,需要配合 JavaScript 使用
image	用于显示图像形式的按钮
file	用于显示文件上传控件,包括输入区域和浏览按钮
hidden	用于隐藏输入字段

1. 单行文本框 text

在<input>标签中,type 的属性值为 text 表示单行文本框,用于输入数据。语法格式如下:

```
<input type="text" name="名称"/>
```

在同一个表单中,单行文本框的 name 属性值必须是唯一的。

在大部分浏览器中,单行文本框的宽度默认值为 20 个字符,可以使用<input>标签的 size 属性重新规定可见字符的宽度,或者使用 CSS 样式定义该标签的 width 属性。

在默认情况下,单行文本框在首次加载时内容为空。可以为其添加 value 属性、预设初始文本内容。

【释例 3-5】 为＜input＞标签添加 value 属性如下：

```
<input type="text" name="username" value="admin" />
```

在页面加载时,其内容为预设的默认值 admin。

【释例 3-6】 为＜input＞标签添加 autofocus 属性如下：

```
<input type="text" name="username" value="admin" autofocus />
```

在页面加载时,该文本框自动地获得焦点。

2. 密码框 password

在＜input＞标签中,type 的属性值为 password 表示单行密码输入框,输入的字符会被密码专用符号所遮挡以保证文本的安全性。

语法格式如下：

```
<input type="password" name="名称" />
```

除了显示的文字内容效果不一样外,密码框其余特征均与单行文本框相同。

3. 单选框 radio

在＜input＞标签中,type 的属性值为 radio 表示单选按钮,其样式为一个空心圆形区域,当用户单击该按钮时,会在空心区域中出现一个实心点。

语法格式如下：

```
<input type="radio" name="组名" value="值 1" />
<input type="radio" name="组名" value="值 2" />
```

其中,value 属性值为该表单元素在提交数据时传递的数据值。单选框传递的只能是事先定义好的、有限的 value 属性值。

一般地,多个 radio 类型的按钮需要组合在一起使用,为它们添加相同的 name 属性值即可表示这些单选按钮属于同一个组。

【释例 3-7】 ＜input＞标签 type＝"radio"的组名设置如下：

```
<input type="radio" name="gender" value="M" /> 男
<input type="radio" name="gender" value="F" /> 女
```

属于同一个组的单选按钮不能被同时选中,最多只能选择其中一个选项。

单选框可以使用 checked 属性设置默认选中的选项。

【释例 3-8】 ＜input＞标签 type＝"radio"的选择设置如下：

```
<input type="radio" name="gender" value="M" checked /> 男
<input type="radio" name="gender" value="F" /> 女
```

其中,checked 属性完整写法为 checked＝"checked",可简写为 checked。如果没有使用

checked 属性,则页面首次加载时所有选项均处于未被选中状态。

4. 复选框 checkbox

复选框又称为多选框,在<input>标签中,type 的属性值为 checkbox 表示多选框。其样式为一个可勾选的空心方形区域,当用户单击该按钮时,会在空心区域中出现一个对勾符号。

其语法格式如下:

```
<input type="checkbox" name="组名" value="值 1" />
<input type="checkbox" name="组名" value="值 2" />
```

与单选框的用法类似,用户只能在事先设置的有限的 value 属性值中选择,作为提交表单时传递的数据值。

一般地,多个 checkbox 类型的按钮需要组合在一起使用,为它们添加相同的 name 属性值即可表示这些复选按钮属于同一个组。

【释例 3-9】 <input>标签 type="checkbox"的组名设置如下:

```
<input type="checkbox" name="mygroup" value="1"/>红色
<input type="checkbox" name="mygroup" value="2" />蓝色
<input type="checkbox" name="mygroup" value="3" />绿色
<input type="checkbox" name="mygroup" value="4" />黄色
```

复选框也可以使用 checked 属性设置默认被选中的选项,与单选框不同的是它允许多个选项同时使用该属性。

5. 提交按钮 submit

在<input>标签中,type 的属性值为 submit 表示提交按钮。当用户单击该按钮时,会将当前表单中所有数据整理成名称(name)和值(value)的形式进行参数传递,并提交给服务器处理。

语法格式如下:

```
<input type="submit" value="按钮名称" />
```

其中,value 属性值可以用于自定义按钮上的文字内容。该属性如果省略不写,则按钮默认的文字内容为"Submit"。

6. 重置按钮 reset

在<input>标签中,type 的属性值为 reset 表示重置按钮,其样式与提交按钮完全相同。用户单击该按钮会清空当前表单中的所有数据,包括填写的文本内容和选项的选中状态等。

语法格式如下:

```
<input type="reset" value="按钮名称" />
```

其中,value 属性值可以用于自定义按钮上的文字内容。该属性如果省略不写,则按钮默认的文字内容为"Reset"。

7. 无动作按钮 button

在＜input＞标签中，type 的属性值为 button 表示普通无动作按钮，其样式与提交按钮、重置按钮均相同。

语法格式如下：

`<input type="button" value="按钮名称" />`

其中，value 属性值可以用于自定义按钮上的文字内容。该属性如果省略不写，则按钮默认的文字内容为"Button"。

8. 文件上传域 file

在＜input＞标签中，type 的属性值为 file 表示文件上传域，其样式为一个可单击的浏览按钮和一个文本输入框，当用户单击浏览按钮时，弹出文件选择对话框，用户可以选择需要的文件。

语法格式如下：

`<input type="file" name="自定义名称" />`

默认情况下，文件上传控件支持 MIME 标准认可的全部文件格式。文件上传控件可以添加 accpet 属性用于筛选上传文件的 MIME 类型。

【释例 3-10】 ＜input＞标签 type＝"file" 的设置如下：

`<input type="file" accpet="image/gif" />`

上述代码表示只允许上传扩展名为 .gif 格式的图像文件，如果写成 accpet＝"image/＊"，则表示允许上传所有类型的图片格式文件。

9. 电子邮件 Email

在＜input＞标签中，type 的属性值为 Email 表示 Email 地址的输入域。

语法格式如下：

`<input type="email" name="名称"/>`

在提交表单时，会自动验证 Email 域的值是否合法有效。

【释例 3-11】 ＜input＞标签 type＝" email "的设置如下：

`E-mail: <input type="email" name="myemail">`

10. URL 地址 url

在＜input＞标签中，type 的属性值为 url 表示包含 URL 地址的输入域。

语法格式如下：

`<input type="url" name="名称"/>`

在提交表单时，会自动验证 url 域的值。

【释例 3-12】 <input>标签 type=" url ",输入 URL 字段的设置如下:

添加您的主页:<input type="url" name="homepage">

11. 颜色 color
在<input>标签中,type 的属性值为 color,用在 input 字段,主要用于选取颜色。
语法格式如下:

`<input type="color" name="名称"/>`

【释例 3-13】 <input>标签 type=" color",从拾色器中选择一个颜色的设置如下:

选择你喜欢的颜色:<input type="color" name="mycolor">

12. 时间 time
在<input>标签中,type 的属性值为 time 表示选择一个时间。
语法格式如下:

`<input type="time" name="名称"/>`

【释例 3-14】 <input>标签 type=" time",定义可输入时间控制器(无时区)的设置如下:

选择时间:<input type="time" name="usrtime">

13. 日期 date
在<input>标签中,type 的属性值为 date 表示从日期选择器中选择一个日期。
语法格式如下:

`<input type="date" name="名称"/>`

【释例 3-15】 <input>标签 type=" date ",定义一个时间控制器的设置如下:

生日:<input type="date" name="birthday">

14. 日期与时间 datetime
在<input>标签中,type 的属性值为 datetime 表示选择一个日期(UTC 时间)。
语法格式如下:

`<input type="datetime" name="名称"/>`

【释例 3-16】 <input>标签 type=" datetime ",定义一个日期和时间控制器(本地时间)的设置如下:

生日(日期和时间):<input type="datetime" name="birthdaytime">

15. 星期 week

在＜input＞标签中，type 的属性值为 week 表示选择周和年。
语法格式如下：

＜input type="week" name="名称"/＞

【释例 3-17】 ＜input＞标签 type=" week "，定义周和年（无时区）的设置如下：

选择周：＜input type="week" name="weekyear"＞

16. 月份 month

在＜input＞标签中，type 的属性值为 month 表示选择一个月份。
语法格式如下：

＜input type="month" name="名称"/＞

【释例 3-18】 ＜input＞标签 type=" month "，定义月与年（无时区）的设置如下：

生日（月和年）：＜input type="month" name="birthdaymonth"＞

17. 搜索 search

在＜input＞标签中，type 的属性值为 search 表示用于搜索域，例如站点搜索。
语法格式如下：

＜input type="search" name="名称"/＞

【释例 3-19】 ＜input＞标签 type=" search"，定义一个搜索字段（类似站点搜索）的设置如下：

Search Google：＜input type="search" name="googlesearch"＞

18. 范围 range

在＜input＞标签中，type 的属性值为 range 表示用于提供一定范围内数值的输入域。
语法格式如下：

＜input type=" range " name="名称"/＞

range 类型显示为滑动条。
【释例 3-20】 ＜input＞标签 type=" range"，定义一个不需要非常精确的数值（类似于滑块控制）的设置如下：

＜input type="range" name="points" min="0" max="100"＞

19. 数值 number

在＜input＞标签中，type 的属性值为 number 表示用于提供数值的输入域。

语法格式如下:

```
<input type=" number " name="名称"/>
```

【释例 3-21】 <input>标签 type="number",定义一个数值输入域(限定)的设置如下:

```
数量(0~10):<input type="number" name="quantity" min="0" max="10">
```

在<input>标签中,当 type 的属性值为 number 时,可以使用表 3-19 中的属性来规定对数字类型的具体限定。

表 3-19 <input type=" number "/>的常用属性

属 性 值	含 义
disabled	规定输入字段是禁用的
max	规定允许的最大值
maxlength	规定输入字段的最大字符长度
min	规定允许的最小值
pattern	规定用于验证输入字段的模式
readonly	规定输入字段的值无法修改
required	规定输入字段的值是必需的
size	规定输入字段中的可见字符数
step	规定输入字段的合法数字间隔
value	规定输入字段的默认值

【实例 3-14】 设计一个表单网页,展示 HTML5 的<input>标签新 type 类型的效果。

打开"模板"站点,打开"Web 网页设计模板.html"文件,另存为"Exmp-3-14 input 的新 type 效果.html"。在<section>…</section>中插入网页标题"<h1><input>标签的新 type 类型</h1>",插入水平分割线"<hr>"。插入表单<form>…</form>后,在其中插入<input>标签的新 type 类型即可。表单网页浏览效果如图 3-24 所示。完整的代码请下载课程资源浏览。

3.8.3 <select>标签

在 HTML 表单中,<select>标签可以用于创建单选或多选菜单,菜单的样式根据属性值的不同可显示为下拉菜单、列表框。最常见的用法是<select>元素配合若干<option>标签使用,形成简易的下拉菜单。

选项标签<option>配合列表标签<select>使用的基本语法格式如下:

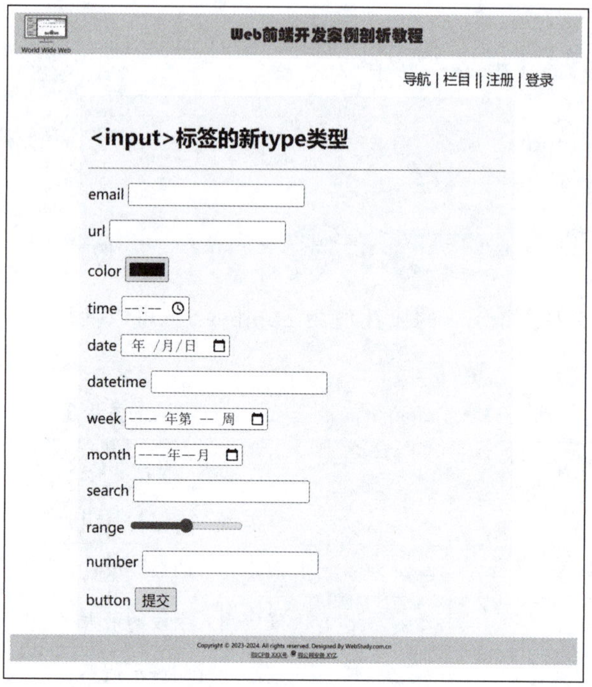

图 3-24　表单网页浏览效果

```
<select>
    <option value="值 1">选项 1</option>
    <option value="值 2">选项 2</option>
    ……
    <option value="值 n">选项 n</option>
</select>
```

其中，value 属性值是提交表单时传递的数据值，不显示在网页上；<option>首尾标签之间的文本才是显示在网页上的选项内容。

3.8.4　<textarea>标签

在 HTML 表单中，多行文本框< textarea >标签是可以用来输入较长内容的文本输入框。语法格式如下：

```
<textarea name="…" rows="…" cols="…" wrap="…" > 文本内容 </textarea>
```

在 HTML 中，通过<textarea>标签创建一个多行文本框，标签之间的内容会在页面加载时显示出来。

【实例 3-15】　设计一个表单网页，展示表单及控件元素的综合应用。

打开"模板"站点，打开"Web 网页设计模板.html"文件，另存为"Exmp-3-15 表单网页的综合应用.html"。在<section>…</section>中插入网页标题"<h1>线上平台评分系统</h1>"，插入水平分割线"<hr>"。插入表单<form>…</form>后，在其中插入表单控件元素即可。本实例应用 JavaScript 编程,实现了按钮、文本框、滑块的联动,JavaScript 编程在后面内容中介绍。网页的浏览效果如图 3-25 所示。

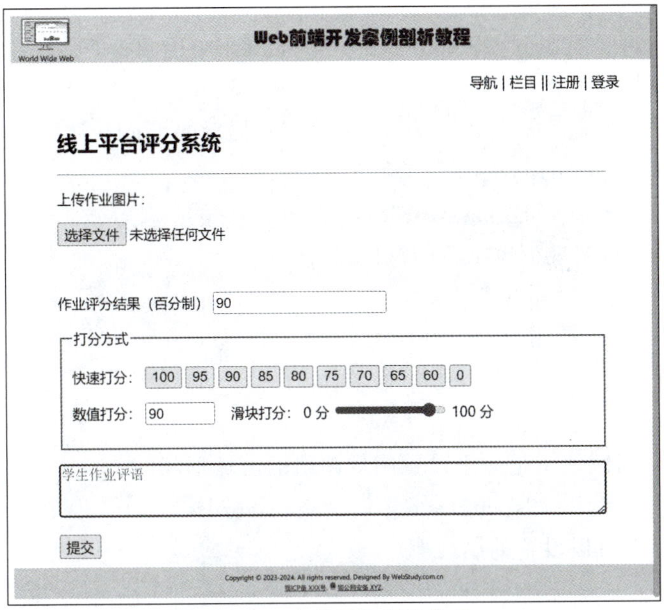

图 3-25 表单网页浏览效果

完整的代码请下载课程资源浏览。

3.9 本章小结

本章将简单图文网页划分为文本网页、图册网页、图文网页和表单网页四个基本类型,每个类型均通过精选的案例进行了详尽的剖析,将 HTML 标签自然融入这四个类型的网页中进行详细介绍,确保读者能够深入理解并应用 HTML 标签。同时对部分实例也进行了剖析,深入浅出地揭示了这些 HTML 标签与属性的内在规律。

在学习过程中需要重点关注几个关键点。首先,理解浏览器与屏幕分辨率的关系,这对于确保网页在不同设备上的显示效果至关重要;其次,掌握浏览器渲染的默认规则,这有助于更好地控制网页的布局和样式;最后,理解并应用伸缩性规则,让网页能够在不同屏幕尺寸下保持良好的用户体验。

习 题

一、单项选择题

1. 在表格标签中,定义表格表头单元格的标签是(   )。

  A. <table>   B. <tr>   C. <td>   D. <th>

2. 在网页设计中,超链接应用(   )标签来表示。

  A. <a>…</a>   B. <p>…</p>

C. <link>…</link>　　　　　　　　D. <script>…</script>

3. 在＜a＞标签中,应用(　　)属性表示链接的目标(URL)。
   A. src　　　　B. href　　　　C. type　　　　D. herf

4. 在表单网页中,＜form method="post"＞,method 含义是(　　)。
   A. 提交方式　　　　　　　　　　B. 提交的脚本语言
   C. 表单形式　　　　　　　　　　D. 提交的 URL

5. 不属于标签 input 的 type 属性的取值是(　　)。
   A. text　　　　B. password　　　　C. images　　　　D. file

6. 在表单网页中,实现下拉菜单的标签是(　　)。
   A. ＜input type="radio"＞　　　　B. ＜input type="checkbox"＞
   C. ＜select＞＜option＞　　　　　D. ＜menu＞

7. 设置图片的热区链接会用到 3 个标签,除了(　　)标签。
   A. ＜img＞　　B. ＜map＞　　C. ＜area＞　　D. ＜shape＞

8. 以下(　　)属性值不是用来设置图像映射的区域形状的。
   A. rect　　　　B. circle　　　　C. cords　　　　D. poly

9. ＜font＞标签可以设置的属性有(　　)。
   A. color　　　　B. align　　　　C. size　　　　D. font-family

10. 在 HTML 中,正确的无序表标签是(　　)。
    A. ＜ul＞＜li＞…＜/li＞＜/ul＞　　　　B. ＜ol＞＜li＞…＜/li＞＜/ol＞
    C. ＜hl＞＜li＞…＜/li＞＜/hl＞　　　　D. ＜li＞＜ol＞…＜/ol＞＜/li＞

二、判断题

1. 在 HTML 中,标签可以拥有多个属性。　　　　　　　　　　　　　　(　　)
2. ＜hr/＞为单标签,用于定义一条水平线。　　　　　　　　　　　　　(　　)
3. ＜img/＞为单标签,用于定义图像元素。　　　　　　　　　　　　　　(　　)
4. ＜p＞标签与其前后的标签之间会产生一行空白间距。　　　　　　　　(　　)
5. ＜span＞＜br＞＜br＞与＜p＞标签的效果一样。　　　　　　　　　　(　　)
6. ＜div＞与其前后的标签之间会产生一行空白间距。　　　　　　　　　(　　)
7. 在一个 Web 页面中,只能有一个＜form＞…＜/form＞。　　　　　　　(　　)
8. 在图文网页中,＜dl＞＜dt＞…＜/dt＞＜dl＞与＜figure＞＜figcation＞…＜figcation＞＜figure＞效果一样。　　　　　　　　　　　　　　　　　　　　　　　(　　)
9. 在默认情况下,文本可以在宽度方向上溢出＜div＞框,也可以在高度方向上溢出＜div＞框。　　　　　　　　　　　　　　　　　　　　　　　　　　　　(　　)
10. 在文本中,应用＜b＞…＜/b＞与＜strong＞…＜/strong＞效果一样。　(　　)

三、问答题

1. 简述一个 HTML 文档的基本结构。
2. 简述 HTML 文档中＜!Doctype＞的作用。
3. 简述＜table＞、＜tr＞、＜td＞标签的作用。
4. 简述＜p＞、＜span＞、＜div＞标签的作用。
5. 简述＜figure＞＜figcation＞…＜figcation＞＜figure＞的作用。

第 4 章

层叠样式表 CSS

CSS(cascading style sheet,层叠样式表)定义采用何种规则(样式)显示渲染 HTML 元素。CSS 样式可以声明在单个的 HTML 元素中,也可以声明在 HTML 网页的<head>…</head>之间以及声明在一个或多个外部的 CSS 文件中。

所有的 CSS 样式一般会根据"浏览器缺省设置->外部样式表 1(位于内部样式表前)->内部样式表(位于 <head>…</head> 标签内部)->外部样式表 2(位于内部样式表后)->内联样式表(位于 HTML 元素内部)"的规则(先后顺序)层叠于一个新的虚拟样式表中,控制着网页 HTML 元素的渲染效果。

4.1 案例 8 彩色版古诗网页设计

【案例描述】

选用曹操的《观沧海》,设计一个彩色文本的网页,要求布局排版工整、美观。

【软件环境】

Windows 10,Dreamweaver 2021,Photoshop,Fireworks,IE,Edge,Chrome。

【案例解答】

1. 打开"模板"站点,打开"Web 网页设计模板.html"文件,另存为"Case-08-观沧海.html"。

2. 在<section>…</section>后面再增加 2 对<section>…</section>,给这 3 个<section>标签分别设置 id="header1"、id="article1"、id="aside1",最后在它们外面套上<main>…</main>标签,完成页面的框架布局。

3. 在<section id="header1">…</section>中插入<h1>步出夏门行·观沧海</h1>,接着插入<p><span>guān cāng hǎi</span>
<span>观沧海</span>
<span>cáo cāo</span>
<span>曹操</span>
</p>。

4. 在<section id="article1">…</section>中插入<p><img src="Pic-Sea/timg.jpg" width="960" height="321" alt=""/></p>,接着插入<div>…</div>容器,再在其中插入诗歌拼音与正文,拼音与正文的外面都套上<span>…</span>标签,并为每一对标签设置 id 属性:id="s01",…,id="s14"。

5. 在<section id="aside1">…</section>中插入"<h3>解说:</h3>",插入<div>…</div>;插入"<h3>注释:</h3>",插入<div>…</div>,完成文本内容的

输入。

6. 在 CSS 中为相应的标签、class、id 设置属性。

7. 网页的核心代码如表 4-1 所示，完整的代码请下载课程资源浏览。

表 4-1　Case-08-观沧海.html 的核心代码

行	核 心 代 码
1	`<head>`
2	`  <style>`
3	`    section {`
4	`      background-color: FloralWhite;`
5	`      width: 80%; margin: auto; padding: 10px;`
6	`    }`
7	`    .Font1 {font-size: 24px; font-family: "微软雅黑";}`
8	`    .Font2 {font-size: 18px; font-family: "微软雅黑"; color: #FF0000;}`
9	`    .AlignCenter {text-align: center;}`
10	`    p.Font1 {color: brown;}`
11	`    #aside1 div {text-indent: 2em; text-align: justify;}`
12	`    #s02 {color: red;}`
13	`    #s04 {color: orange;}`
14	`    #s06 {color: blueviolet;}`
15	`    #s08 {color: green;}`
16	`    #s10 {color: blue;}`
17	`    #s12 {color: indigo;}`
18	`    #s14 {color: purple;}`
19	`  </style>`
20	`</head>`
21	`<body>`
22	`  <main>`
23	`    <section id="header1" class="AlignCenter">`
24	`      <h1 style="font-size: 36px;">步出夏门行·观沧海</h1>`
25	`      <p class="Font1">`
26	`        <span>guān cāng hǎi</span> `
27	`        <span>观　沧　海</span> `
28	`        <span>cáo cāo</span> `

续表

行	核 心 代 码
29	\<span>曹 操\</span>\
30	\</p>
31	\</section>
32	\<section id="article1" class="AlignCenter">
33	\<p>\<img src="Pic-Sea/timg.jpg" width="960" height="321" alt=""/>\</p>
34	\<div class="Font1">
35	\<span id="s01">dōng lín jié shí，yǐ guān cāng hǎi。\</span>\
36	\<span id="s02">东 临 碣 石 ，以 观 沧 海。\</span>\
37	\<span id="s03">shuǐ hé dàn dàn，shān dǎo sǒng zhì。\</span>\
38	\<span id="s04">水 何 澹 澹，山 岛 竦 峙。\</span>\
	……
39	\</div>
40	\</section>
41	\<section id="aside1">
42	\<h3 class="Font2">解说:\</h3>
43	\<div id="div1">
44	《观沧海》是后人加的,原是《步出夏门行》第一章。……
45	\</div>
46	\<h3 class="Font2">注解:\</h3>
47	\<div id="div2">
48	\<span>《观沧海》是这年九月曹操北征乌桓胜利班师途中登临碣石山时所作。…\</span>
49	\</div>
50	\</section>
51	\</main>
52	\</body>

8. 完成网页的设计,进行测试修改,通过后发布网页。案例 8 网页浏览效果如图 4-1 所示。

【问题思考】

1. 在本案例中,表 4-1 第 11 行的代码能否用"♯aside1 {text-indent：2em；text-align：justify;}"属性来代替？为什么？

2. 在本案例中,表 4-1 第 11 行的属性"♯aside1 div {text-indent：2em；text-align：justify;}"是否还有其他设置方法？

图 4-1　案例 8 网页浏览效果

3. 在本案例中,表 4-1 第 10 行的属性"p.Font1 {color：brown;}"是否还有其他设置方法？

【案例剖析】

1. 所有的样式一般会根据"浏览器缺省设置＞外部样式表 1（位于内部样式表前）＞内部样式表（位于 <head>…</head> 标签内部）＞外部样式表 2（位于内部样式表后）＞内联样式（位于 HTML 元素内部）"的规则（样式叠加的先后顺序）层叠于一个新的虚拟样式表中。

2. 在外部样式表、内部样式表、内联样式表这 3 个不同的位置为 HTML 元素设置属性,会产生样式属性的继承性、层叠性与冲突性 3 种现象,但是在虚拟样式表中只能有一种样式起作用,浏览器的渲染效果是确定的、唯一的。

3. 在内部样式表中,为某个<X>标签设置属性,其作用范围为该页面内的所有<X>标签；为某个容器<R>设置属性,其作用范围为该容器及其内部的所有标签（继承性）,但最终渲染效果还要考虑冲突性的影响。

4. 为某个 id 设置属性,其作用范围仅限该 id 标签；为某个 class 设置属性,其作用范围为所有应用该 class 的标签,但最终渲染效果还要考虑冲突性的影响。

5. 为某个<Y>标签在不同的位置设置属性,如果属性名称（包括继承的属性）不同,则产生属性的层叠性（叠加为属性的集合）；如果属性（包括继承的属性）相同,则产生属性的冲突性,最后由优先级规则确定是哪一个属性设置起作用。

6. 继承性:在表 4-1 的第 23~31 行代码中,仅在第 23 行设置 class="AlignCenter"属性,就能使其中的标题、诗歌名、作者全部居中对齐;在第 25 行设置 class="Font1"属性,就能使标题、诗歌名、作者的字号大小均为 24px,实现了样式的统一管理。

7. 层叠性:第 26~29 行代码的渲染效果由几个叠加的属性决定。文本居中对齐由第 23 行的 class="AlignCenter"属性决定(继承的);字号大小 24px 由第 25 行的 class="Font1"属性决定;文本颜色 brown 由第 10 行的代码 p.Font1 {color:brown;}决定。层叠性增加了样式分析的复杂性。

8. 优先级:第 24 行代码在<h1>标签中设置 style="font-size:36px;"属性,是行内样式,级别高,最终渲染效果由该属性决定。

9. 第 25~30 行,文本颜色不宜用<p>标签属性或 class="Font1"属性来实现,应该用第 10 行的代码 p.Font1 {color:brown;}来实现。

10. 在第 11 行代码中,#aside1 div {text-indent:2em; text-align:justify;}属性对第 44 行和第 48 行的文本起作用。

11. 其余样式自行分析。

【案例学习目标】

1. 掌握 CSS 样式表的叠加规则;
2. 能够正确分析 HTML 元素样式的继承性、层叠性和冲突性;
3. 能够正确确定 HTML 元素样式的优先级;
4. 能够应用合适的选择器对 HTML 元素进行样式的优化设计;
5. 能够设置合理的元素框属性,优化和美化页面的布局。

4.2 CSS 基本语法

4.2.1 CSS 语法格式

1. 语法格式

CSS 是将许多 HTML 元素的"属性名-属性值"写成样式的形式而构成的表。每个 CSS 样式包含以下两部分内容。

选择器(selector):用于指明网页中哪些元素应用此样式规则。浏览器解析该元素时,根据选择器指定的规则(声明)来渲染该元素的显示效果;

声明(declaration):每个声明由属性名和属性值两部分构成,并以英文分号(;)结束。一个选择器可以包含有一个或多个声明。

CSS 样式的语法格式如下:

选择器 {属性名 1:属性值 1;　属性名 2:属性值 2;　…　属性名 n:属性值 n;}

2. 书写规则

在 CSS 样式声明中,书写格式可能有所不同,但应遵循以下规则:

（1）第一项必须是选择器或选择器表达式；
（2）选择器之后紧跟一对花括号；
（3）每个声明由属性名和属性值组成，且位于花括号内；
（4）声明之间需以英文分号进行间隔，最后一个声明后面的英文分号可以省略。

3. 样式示例

假如在网页中想对＜div＞标签设置属性："字体颜色——蓝色""字体大小——12px"，在CSS样式表中，样式格式示例如图4-2所示。

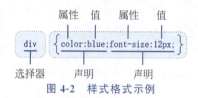

图4-2 样式格式示例

4.2.2 CSS的类型

根据CSS样式表在网页文件中的位置，可以分为行内样式表、内部样式表和外部样式表三种类型。前两种样式表定义在HTML文件内，最后一种以css文件的形式独立存在于HTML文件外，使用时需要将其引入HTML文件中。

1. 行内样式表

行内样式表（internal style sheet），也称内联样式表，是通过标签的style属性来设置的，其语法格式如下：

```
<标签名 style="属性1:属性值1;属性2:属性值2; … 属性n:属性值n;"> … </标签名>
```

任何标签都具有style属性，可用来设置行内样式表。在行内样式表中，属性名和属性值的书写规则与标签属性表的写法不同，而与CSS样式的规则相同。行内样式表只对其所在的标签及嵌套在其中的子标签起作用，作用范围最小。

2. 内部样式表

内部样式（inline style sheet）将CSS样式代码集中写在HTML文档的＜head＞…＜/head＞中，并用＜style＞来定义，其语法格式如下：

```
<head>
    <style type="text/css">
        选择器 { 属性1:属性值1;  属性2:属性值2;  …  属性n:属性值n; }
    </style>
<head>
```

内部样式表的作用范围是当前页面。

3. 外部样式表

外部样式表（external style sheet）将样式以独立的文件进行存储（扩展名为css），然后在HTML文件中再引入该文件。外部样式表可以由网站中的部分或所有HTML文件引用，使得页面的风格能够保持一致，有利于页面样式的维护与更新，降低网站的维护成本。

当用户浏览网页时，CSS文件会被暂时缓存；在继续浏览其他页面时，会优先使用缓存中的CSS文件，避免重复从服务器中下载，从而提高网页的加载速度。

外部样式表对所有关联的HTML文件都有效，作用范围最大。

外部样式表有两种引入方式：链接式和导入式。

(1) 链接式。

在 HTML 中用<link>标签将 HTML 文档与外部样式表进行关联,其语法格式如下:

```
<head>
    <link type="text/css" rel="stylesheet" href="url" />
</head>
```

<link>标签是单标签,需要放在<head>…</head>中。其 type 属性用于设置链接目标文件的 MIME 类型,CSS 样式表的 MIME 类型是 text/css;rel 属性用于设置链接目标文件与当前文档的关系,stylesheet 表示外部文件的类型是 CSS 文件;href 定义所链接外部样式表的 URL 地址。

(2) 导入式。

在 HTML 中用@import 关键字可将外部样式表导入 HTML 文档内部,其语法格式如下:

```
@import url("样式文件的引用地址");
        /* IE、Firefox 和 Opera 均支持此种方式,推荐使用 */
@import 样式文件的引用地址;
        /* 仅 IE 支持此种方式,Firefox 与 Opera 不支持 */
```

请注意,@import 关键字用于导入外部样式表文件;url 中的引用地址需要用双引号括起来,否则会有浏览器不支持;在<style>标签中,@import 语句需要位于内部样式的最前面,即

```
<head>
    <style type="text/css">
        @import url("css/mystyle.css");
        选择器 {属性 1:属性值 1;  属性 2:属性值 2;  …  属性 n:属性值 n;}
    </style>
</head>
```

【☼延伸阅读☼】

外部样式表采用链接式和导入式两种引入方式的区别:①隶属关系不同:<link>标签属于 HTML 标签,而@import 是 CSS 提供的载入方式;②加载时间及顺序不同:使用<link>链接的 CSS 文件时,浏览器先将外部的 CSS 文件加载到网页当中,然后再进行编译显示;而@import 导入 CSS 文件时,浏览器先将 HTML 结构呈现出来,再把外部的 CSS 文件加载到网页中,当网速较慢时会先显示没有 CSS 时的效果,加载完毕后再渲染页面;③兼容性不同:由于@import 是 CSS 2.1 提出的,只有在 IE 5 以上的版本才能识别,而<link>标签无此问题;④DOM 模型控制样式:使用 JavaScript 控制 DOM 改变样式时,只能使用<link>标签,而@import 不受 DOM 模型控制。

【实例 4-1】 试写出在一个网页中引用外部样式表的操作过程。

打开 Dreamweaver 2021,如图 4-3 所示,在"模板"站点中新建一个 CSS 文件,保存在站点的 CSS 文件夹中,文件名为"Exmp-4-1-style.css",在该文件中输入表 4-2 所示代码,保存

文件。

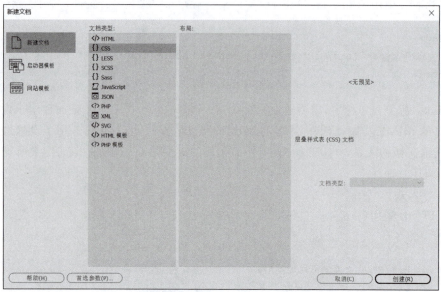

图 4-3 新建 CSS 文件对话框

表 4-2 实例 4-1 的核心代码（Exmp-4-1-style.css）

行号	核心代码
1	@charset "utf-8";
2	/* CSS Document */
3	/* h1 标签的样式声明 */
4	h1 {text-align: center; color: red; font-size: 48px;}
5	#A1, #A2 {font-size: 24px;}
6	.C1 {font-size: 36px;}

在"模板"站点中打开"Web 网页设计模板.html"文件，另存为"Exmp-4-1 应用外部样式表.html"，在＜style＞…＜/style＞元素的后面插入＜link href = "CSS/Exmp-4-1-style.css" rel = "stylesheet" type = "text/css"＞，在＜section＞…＜/section＞中插入表 4-3 所示的代码。完整的代码请下载课程资源浏览。

表 4-3 实例 4-1 的核心代码（Exmp-4-1 应用外部样式表.html 的核心代码）

行	核心代码
1	<head>
2	<style>
3	@import url("CSS/Exmp-4-1-style.css");
4	header, footer { text-align: center; }
5	</style>

续表

行	核心代码
6	`<!--<link href = "CSS/Exmp-4-1-style.css" rel = "stylesheet" type = "text/css">-->`
7	`</head>`
8	`<body>`
9	`    <section>`
10	`        <h1>外部样式表引用示范</h1><hr>`
11	`        <p id="A1">链接式 link : &lt;link href = "CSS/Exmp-4-1-style.css" rel = "stylesheet" type = "text/css"&gt;</p>`
12	`        <p id="A2">导入式 @import :@import url("CSS/Exmp-4-1-style.css");</p>`
13	`        <div class="C1">在 HTML 文档中可用上述两种方式引入外部样式表</div>`
14	`    </section>`
15	`</body>`

完成网页的设计,进行测试修改,通过后发布网页。引用外部样式表的浏览效果如图 4-4 所示。

图 4-4　引用外部样式表的浏览效果

【小提示】　①关键字@charset 用于指定样式表使用的字符集,该关键字只能用于外部样式表文件中,并位于样式表的最前面,且只允许出现一次;②在外部样式表中,不能使用<style></style>标签;③内部样式表中的<!-- -->属于 HTML 的注释,当低版本浏览器不能识别<style>标签时,浏览器会忽略该标签中的内容,并保证样式代码不会在页面中显示出来,在 CSS 样式表中的注释应采用"/* 注释内容 */"格式。

4.2.3　CSS3 属性前缀

为了避免命名空间冲突,CSS3 新增的功能都会加上表示浏览器厂商的前缀,例如圆角、渐变、阴影和变形等效果,需要在声明的部分加上下面的一些前缀。

(1) -webkit:webkit 核心浏览器,例如 Chrome、Safari 等;

（2）-moz：Firefox 浏览器；

（3）-ms：IE 浏览器；

（4）-o：Opera 浏览器。

【释例 4-1】 为 CSS3 新增的功能 border-radius 加上表示浏览器厂商的前缀，代码如下：

```
.border_div{
    -webkit-border-radius:3px;
    -moz-border-radius:3px;
    border-radius:3px;
}
```

最后书写的是符合 W3C 标准的属性，能够更好地保证所有浏览器的渲染效果相同。

4.3 CSS 选择器

4.3.1 基本选择器

1. 标签选择器

网页是由 HTML 标签、图像元素和文本元素等组成的，网页中的任何一个 HTML 标签都可以作为标签选择器。即标签选择器是指将某个 HTML 标签名作为 CSS 选择器，用来为网页中的该 HTML 标签设置统一样式。标签选择器的作用域是网页内与该标签同名的所有标签。

例如，在图 4-5 中选择 <div> 作为标签选择器，并在内部样式表中为其设置具体的样式，该标签选择器的作用域为该网页中的所有 <div> 标签，这些 <div> 标签会显示出红色边框线，边框线宽 1px，边框内外边距为 5px（对设置了 id 属性及样式、优先级更高的 div 可能不会有效）。

图 4-5　标签选择器

2. id 选择器

在案例 8 中，诗歌正文都是嵌套在 <span>…</span> 之中的。如果在 CSS 中设计一个 <span> 标签选择器，就不能实现"不同的中文词句呈现出不同的颜色"的目的。因此，给每一个 <span> 标签指定一个 id 值后，就能将这些 <span> 标签区分开，从而可以使用 id 值为每个 <span> 标签设置样式。

id 选择器表示将某个标签的 id 名作为选择器的名称，在声明具体样式后，只对该标签有效，而对其他同名的标签无效。即 id 选择器的作用域仅限在该标签中。

例如，在案例 8 中第 12 行的 id 选择器如图 4-6 所示，该样式只对第 36 行的 <span> 标签有效，即"东临碣石，以观沧海。"的文本是红色的。

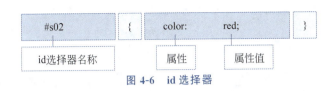

图 4-6 id 选择器

【小提示】 id 值必须以字母或者下画线开始,不能以数字开始。

3. class 选择器

在案例 8 中,诗歌正文与拼音都是嵌套在＜span＞…＜/span＞之中的,诗歌的解说与注释也是嵌套在＜span＞…＜/span＞之中的,如果需要给诗歌正文与拼音设置相同字号、字体、颜色,显然不宜使用＜span＞标签选择器;使用 id 选择器逐一设置可行但效率低,因此不合适。在表 4-1 中,第 25～30 行应用＜p＞…＜/p＞标签、第 34～39 行应用＜div＞…＜/div＞标签,使用 class＝"Font1"的样式就是优化的设计方案。

class 选择器(类选择器)允许以一种独立于标签元素的方式(即可以在不同的标签中或跨标签)指定样式,class 选择器的名称由用户自定义,其属性和属性值的设置与标签选择器相同。

例如,在图 4-7 中设计了一个类名为"Font1"的 class 选择器,对表 4-1 中第 25 行的＜p＞标签、第 34 行的＜div＞标签应用 class＝"Font1",就可以实现设置相同字号的目的了。

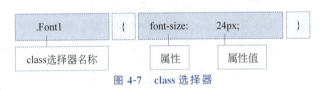

图 4-7 class 选择器

class 选择器的作用域为应用了该 class 选择器的标签(对设置了 id 属性及样式、优先级更高的标签可能不会有效)。

【小提示】 ①类名不能以数字开头！只有 Internet Explorer 支持这种做法。②class 选择器一般用于不同的标签元素,因为它们有共同的属性需要设置。当然也可以用于某一种标签或某一个标签,因为在 DW 的 CSS 面板中,对 class 选择器的操作更方便。

4. 通用选择器

通用选择器(universal selector)是一个星号(＊),功能类似于通配符,用于匹配网页文档中所有的标签元素。通用选择器可以使页面中所有 HTML 元素都使用该规则,即通用选择器的作用域为引用了该选择器的 HTML 文档中的所有标签。

图 4-8 所示的通用选择器,表示将网页中所有 HTML 元素的字体样式统一设置为 12px 大小(但对另外设置了样式、优先级更高的标签可能不会有效)。

图 4-8 通用选择器

【小提示】 在一般情况下,基本选择器的优先级从低到高的顺序是通用选择器＞标签选择器＞class 选择器＞id 选择器。如果对某个标签同时使用相同属性但属性值不同的选择器,优先级高的选择器的属性会覆盖掉优先级低的选择器的属性。

4.3.2 共同属性选择器

在 CSS 中,不同的选择器可能会出现声明相同的情况,为了减少重复的 CSS 代码,可以将这些选择器写在一起,构成共同属性选择器,简称共性选择器。图 4-9 表示标签＜div＞和＜p＞的属性设置相同。表 4-2 中的第 5 行代码就是共同属性选择器。

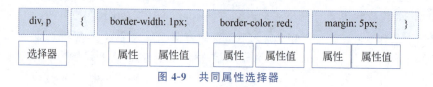

图 4-9　共同属性选择器

4.3.3 复合选择器

1. 后代选择器

后代选择器(descendant selector)用于选取某个标签元素的某一级后代元素;两个标签元素之间要用空格隔开。图 4-10 表示将＜div＞标签中的＜span＞标签的背景颜色设为♯CCC。表 4-1 中的第 11 行代码就是后代选择器。事实上,应用 Dreamweaver 为某标签设计 CSS 样式时,给出的选择器名称通常是多级后代选择器。例如,表 4-1 中的第 48 行代码的选择器就是"♯aside1 ♯div2 span"。多级后代选择器不便于用户快速找到相应的代码。

图 4-10　后代选择器

2. 父子选择器

父子选择器亦称子元素选择器(child selectors),用于选取某个标签元素的直接子元素(间接子元素不适用)。父子选择器之间使用大于号(＞)隔开。图 4-11 表示将＜div＞标签中的＜p＞标签的背景颜色设为♯CCC。

图 4-11　父子选择器

3. 双重选择器

双重选择器由两个相关的选择器直接连接构成,其中第一个选择器必须是标签选择器,第二个选择器必须是该标签应用的 class 选择器或 id 选择器。两个选择器之间必须连续写,不能有空格。图 4-12 是表 4-1 中第 10 行显示的双重选择器,该选择器能够精准地选中第 25～30 行代码。在复杂的 HTML 代码中,应用双重选择器具有查找标签元素快速和准确的优点。

图 4-12　双重选择器

【问题思考】

假设在网页中有一个＜div id="div01" class="colorRed"＞…TextContent…＜/div＞元素,对 div 选择器、div#div01 选择器、div.colorRed 选择器分别设置了 font-size 属性,其属性值分别为 12px、16px 和 20px,文本元素 TextContent 最后显示的字体是多大?

4．相邻兄弟选择器

相邻兄弟选择器(adjacent sibling selector)用于选择紧接在某元素之后的兄弟元素。相邻兄弟选择器元素之间使用加号(＋)隔开。图 4-13 表示对表 4-1 中第 35～36 行代码设置的相邻兄弟选择器。

图 4-13　相邻兄弟选择器

5．普通兄弟选择器

普通兄弟选择器(general sibling selector)是指拥有相同父元素的元素,元素与元素之间不必直接紧随,选择器之间使用波浪号(～)隔开。图 4-14 表示对表 4-1 中第 35 行和第 37 行代码设置的普通兄弟选择器。

图 4-14　普通兄弟选择器

【小提示】 父子选择器及兄弟选择器从 IE 7 版本开始支持,但在一些高版本的过渡版本中支持不够好,所以在使用时,必须带有＜！DOCTYPE … ＞声明部分。

4.3.4　属性选择器

属性选择器是根据 HTML 元素的属性设计选择器来选取该元素。属性选择器分为存在选择器、相等选择器、包含选择器、连接字符选择器、前缀选择器、子串选择器和后缀选择器,具体信息如表 4-4 所示。

表 4-4　属性选择器

选择器类型	语　法	示　例	描　述
存在选择器	［attribute］	p［id］	任何带 id 属性的＜p＞标签
相等选择器	［attribute＝value］	p［name＝"textartice"］	name 属性为"textartice"的＜p＞标签

续表

选择器类型	语法	示例	描述
包含选择器	[attribute~=value]	p[name ~="stu"]	name 属性中包含"stu"单词,并与其他内容通过空格隔开的<p>标签
连接字符选择器	[attribute|=value]	p[lang|="en"]	匹配属性等于 en 或以 en-开头的所有元素
前缀选择器	[attribute^=value]	p[title^="ABC"]	选择 title 属性值以"ABC"开头的所有元素
子串选择器	[attribute*=value]	p[title*="ABC"]	选择 title 属性值包含"ABC"字符串的所有元素
后缀选择器	[attribute$=value]	p[title$="try"]	选择 title 属性值以"try"结尾的所有元素

4.3.5 伪类与伪元素

1. 伪类选择器

CSS 伪类用于向某些选择器添加特殊的效果。

伪类选择器也是一种选择器,伪类是以冒号(:)开始来表示的,在类型选择符与冒号之间不能出现空白,冒号之后也不能出现空白。其语法格式如下:

```
selector:pseudo-class { property: value }
```

其中,pseudo-class 表示伪类。CSS 中的类选择器也可与伪类搭配使用,其语法格式如下:

```
selector.class:pseudo-class { property: value }
```

用伪元素定义的 CSS 样式不是作用在 HTML 标签上,而是作用在标签的某种状态上。伪类选择器与 class 选择器的区别是:class 选择器可以自由命名,而伪类选择器是在 CSS 中已经定义好的选择符,不能随便命名和定义。常用伪类属性见表 4-5。

表 4-5 常用伪类属性

属性	描述	CSS	属性	描述	CSS
:link	向未被访问的链接添加样式	1	:checked	向被选中的元素添加样式	2
:visited	向已被访问的链接添加样式	1	:disabled	向被禁用的元素添加样式	2
:hover	当鼠标悬浮在元素上方时,向元素添加样式	1	:lang	向带有指定 lang 属性的元素添加样式	2
:active	向被激活的元素添加样式	1	:first-child	向元素的第一个子元素添加样式	2
:focus	向拥有键盘输入焦点的元素添加样式	2	:last-child	向元素的最后一个子元素添加样式	2
:readonly	向只读元素添加样式	2	:enabled	向可用的元素添加样式	2

由于有很多浏览器支持不同类型的伪类,没有统一标准,因此很多伪类不常用,但是超

链接的伪类是主流浏览器都支持的。

【释例 4-2】 为了确保鼠标每次经过文本时的效果相同,定义超链接伪类时,要按照下列顺利依次编写:

```
a:link {color: #FF0000}              /* 未访问的链接 */
a:visited {color: #00FF00}           /* 已访问的链接 */
a:hover {color: #FF00FF}             /* 鼠标移动到链接上 */
a:active {color: #0000FF}            /* 选定的链接 */
```

在 CSS 定义中,a:hover 必须被置于 a:link 和 a:visited 之后才是有效的,a:active 必须被置于 a:hover 之后才是有效的。

2. 伪元素

CSS 伪元素用于向某些选择器设置特殊效果,其语法格式如下:

```
selector:pseudo-element { property: value }
```

其中,pseudo-element 表示伪元素。CSS 中的类选择器也可与伪元素配合使用,其语法格式如下:

```
selector.class:pseudo-element { property: value }
```

常用伪元素见表 4-6。

表 4-6 常用伪元素

伪元素	描述	伪元素	描述
:first-line	向文本的首行添加特殊样式	:before	在元素之前添加内容
:first-letter	向文本的第一个字母或汉字添加特殊样式	:after	在元素之后添加内容

【实例 4-2】 应用伪类与伪元素样式编写一个网页实例。

打开 Dreamweaver 2021,打开"模板"站点,新建一个 CSS 文件,在其中输入"div {font-size: 48px; color: red;}"后,保存为"Exmp-4-2-style.css"。打开"Web 网页设计模板.html"文件,另存为"Exmp-4-2-伪类与伪元素应用实例.html",在其中输入表 4-7 所示代码。完整的代码请下载课程资源浏览。

表 4-7 实例 4-2 的核心代码(Exmp-4-2-伪类与伪元素应用实例.html)

行	核心代码
1	`<head>`
2	`<!--<link href = "CSS/Exmp-4-2-style.css" rel = "stylesheet" type = "text/css">-->`
3	`<style>`
4	`div {font-size: 12px; color: aqua;}`
5	`a:link {color: #000000}` /* 未访问的链接 */

续表

行	核 心 代 码
6	a:visited {color: #eeeeee}　　　　　　　　　　　　　　　/*已访问的链接*/
7	a:hover {color: #FFFF00}　　　　　　　　　　　　　　　/*鼠标移动到链接上*/
8	a:active {color: #00FF00}　　　　　　　　　　　　　　　/*选定的链接*/
9	p:first-child {color: red;}
10	p:last-child {color: green; font-size: 36px;}
11	p.Cap:first-letter {color:#00FF00; font-size:xx-large;}
12	p.Cap:first-line {color:#0000ff; font-variant:small-caps;}
13	</style>
14	<link href = "CSS/Exmp-4-2-style.css" rel = "stylesheet" type = "text/css">
15	</head>
16	<body>
17	<section>
18	<p>begin</p>
19	<p class="Cap">You can combine the : first-letter and : first-line pseudo-elements to add a special effect to the first letter and the first line of a text!</p>
20	<div><a href="#">END</a></div>
21	<p>last</p>
22	</section>
23	</body>

完成网页的设计,进行测试修改,通过后发布网页。网页的浏览效果如图 4-15 所示。

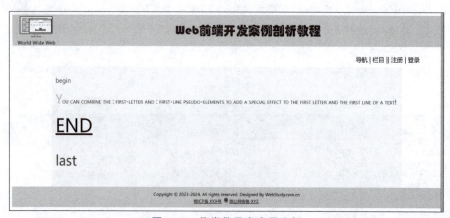

图 4-15　伪类伪元素应用实例

网页运行的结果是,第一行字母为红色;第二行首字母加大显示、字母大写;最后一行字母为绿色,字号为 36px。

4.4　CSS 优先级

在网页的实际设计过程中,往往会采用多种形式的样式表。

在 CSS 样式表中,每一个选择器都有一个作用域。如果某个标签或某段代码是几个选择器的作用域,就会发生样式的层叠性、继承性和冲突性现象。

多重样式(multiple styles)是指外部样式、内部样式和行内样式同时应用于页面中的某一个元素,当样式产生冲突后,HTML 元素的最终渲染效果由选择器的优先级来决定。

4.4.1　继承性、层叠性与冲突性

1. 继承性

在 HTML 文档中,子元素可以继承父元素的某些样式。所谓继承性是指在设置 CSS 样式时,子标签会自动继承父标签的某些样式(例如文本颜色和字号等)而不用设置。如果子元素设置的样式与父元素定义的样式重复,则会覆盖从父元素中继承过来的样式。CSS 样式中提供的这种继承机制,简化了 CSS 代码,缩短了开发的时间。

【释例 4-3】　假设 div、h1、h2、h3、p、ul、ol、dl 这些元素的父元素是 body 元素,如果父元素 body 设置了某个属性,这些子元素都会自动继承该属性。

```
div,h1,h2,h3,p,ul,ol,dl { color:black; }
```

就可以改写为

```
body{ color:black; }
```

这种代码的效果是一样的。

恰当地使用继承可以简化代码,降低 CSS 样式的复杂性。但是如果在网页中所有的元素都大量继承样式,那么判断样式的来源就会变得很困难。

因此,对于字体、文本属性等网页中通用的样式可以考虑使用继承性来设计。例如,字体、字号、颜色、行距等可以在 body 等父元素中统一设置,然后通过继承性就可以影响文档中所有子元素的文本显示效果。

请注意,并不是所有的 CSS 样式都可以被继承,例如,下面的属性(容器属性)就不具有继承性:

(1) 边框属性;

(2) 外边距属性;

(3) 内边距属性;

(4) 背景属性;

(5) 定位属性;

(6) 布局属性;

(7) 元素宽度与高度属性。

2. 层叠性

所谓层叠性是指作用于某个 HTML 元素的多个 CSS 样式叠加形成样式集。例如，当使用外部样式表定义<p>标签的字号大小为 16 像素，内部样式表定义<p>标签的字体为黑体，行内样式表定义<p>标签的颜色为红色，那么所有<p>…</p>标签中的段落文本将显示为红色黑体文字、字体大小为 16 像素，即三个不同位置的 CSS 样式产生了叠加效果。

3. 冲突性

在定义 CSS 样式时，可以在行内样式表、内部样式表、多个外部样式表中进行定义，因此经常会出现两个或更多(相同)规则应用在同一元素上，这些规则属性名相同但属性值不同，就会产生样式冲突。到底哪个位置的规则在起作用，这时就需要用 CSS 的优先级来解决问题。

4.4.2 样式的优先级

讨论样式优先级的前提条件是必须有 CSS 样式冲突现象产生。

假设某个 HTML 元素在行内样式表、内部样式表和多个外部样式中都定义了颜色属性(仅以颜色属性为例，是因为颜色属性易于观察)，赋予不同的颜色，甚至在同一样式表的前后重复定义了颜色属性，这样就必定产生样式的冲突现象。

如何判断最终是哪一个样式在起作用呢？答案是选择器的类型和样式表的位置共同决定了样式的优先级。选择最终的样式时，浏览器会按照下面的顺序和规则来判断样式的优先级。

1. !important 规则的优先级

如果在任何有冲突的样式声明中使用了!important，则具有!important 的样式优先级很高，该样式会被优先应用，无论该样式定义在何处。具体写法如下：

```
color: red!important;
```

!important 命令必须位于属性值和分号之间，否则无效。应该谨慎使用!important 规则，因为它会破坏样式的层叠性、可维护性和可读性。

2. 内联样式(行内样式)的优先级

直接在 HTML 元素内部使用 style 属性定义的样式具有最高的优先级。例如：

```
<p style="color: red;">
```

在 CSS 样式优先级中，内联样式具有最高的优先级，它直接在 HTML 元素中使用 style 属性定义，会覆盖其他任何相同属性的样式。

【实例 4-3】 分析表 4-8 所示代码的浏览结果。

表 4-8 实例 4-3 的核心代码(Exmp-4-3 行内样式的优先级)

行	核心代码
1	`<html>`
2	`<head>`
3	`<style>`

续表

行	核心代码
4	#d01 {font-size: 16px; color: blue;}
5	div {font-size: 48px; color: red;}
6	#s01 {font-size: 32px; color: green;}
7	span {font-size: 32px; color: green;}
8	</style>
9	</head>
10	<body>
11	<section>
12	<div id="d01">
13	<b>你们的样式</b>
14	<span id="s01" style="font-size: 72px; color: black;">我们的样式</span>
15	他们的样式
16	</div>
17	</section>
18	</body>
19	</html>

在表 4-8 中，<span>标签中设置了行内样式 style="font-size：72px；color：black；"，此外<span>标签另外也设置了 id 样式 #s01 {font-size：16px；color：green；}，其父标签设置了 id 样式 #d01 {font-size：16px；color：blue；}，行内样式优先级最高，显示渲染结果为文本字体的大小是 72px、颜色是黑色。

请注意，如果将第 6 行代码改为 #s01 {font-size：32px！important；color：green！important；}，！important 有效。将第 4 行代码改为 #d01 {font-size：16px！important；color：blue！important；}，！important 无效，不能优先于内样式显示结果，子元素设置的样式与父元素定义的样式冲突时，则会覆盖从父元素中继承过来的样式。

3. 单级选择器的优先级

在 CSS 中为某个标签设置样式，可以应用标签选择器、class 选择器、属性选择器、伪类，还可以应用 id 选择器等，几种选择器可以同时作用于该标签。

在 CSS 中为每一种基础选择器都分配了一个权重值，权重值越大，优先级就越高，如表 4-9 所示。因此，基础选择器优先级从低到高的顺序是通配符选择器＞标签选择器＞class 选择器＞id 选择器，此时，将几种不同的基础选择器的样式定义在内部样式表、外部样式表中，其样式位置的影响并不是太大，主要由其优先级决定最终起作用的样式。

表 4-9　内联样式与选择器的权重值

选择器名称	CSS 样式示例	权重值
内联样式	style＝"color：red；"	1000
id 选择器	#myColor {color：red；}	100
class 选择器	.myClass { color：green；}	10
属性选择器	input[type="text"] { color：purple；}	10
伪类选择器	a：hover {color：#FF00FF}	10
标签选择器(元素选择器)	p { color：red；}	1
伪元选择器	p：first-letter {color：#00FF00； font-size：xx-large；}	1
通配符选择器(*)	* {color：red；}	0

【释例 4-4】 假如分别用标签选择器、class 选择器和 id 选择器为＜p＞标签设置了样式，CSS 代码如下：

```
p{ color:red;}                    /* 标记样式 */
.blue{ color:green;}              /* class 样式 */
#header{ color:blue;}             /* id 样式 */
```

HTML 代码如下：

```
<p id="header" class="blue"> 文本最终是什么颜色？</p>
```

本释例使用不同的选择器对同一个 HTML 元素设置文本颜色，这时浏览器会根据选择器的优先级规则解析 CSS 样式。id 选择器#header 具有最大的优先级，因此文本颜色显示为蓝色。

4. 多级选择器的优先级

在网页中经常会应用嵌套的多级标签定义样式，即应用多个基础选择器构成的复合选择器，其权重值为这些嵌套的基础选择器权重值的叠加。

【实例 4-4】 试举例计算复合选择器权重值的叠加结果。

CSS 代码及计算结果如下：

```
p strong                  { color:black}       /* 权重值为:1+1 */
.box strong               { color:yellow}      /* 权重值为:10+1 */
p.box strong              { color:orange;}     /* 权重值为:1+10+1 */
p.box .colors             { color:gold;}       /* 权重值为:1+10+10 */
#father strong            { color:pink;}       /* 权重值为:100+1 */
#father strong.colors     { color:red;}        /* 权重值为:100+1+10 */
#father #son              { color:navy;}       /* 权重值为:100+100 */
strong                    { color:blue;}       /* 权重值为:1 */
strong.colors             { color:green;}      /* 权重值为:1+10 */
strong#son                { color:gray;}       /* 权重值为:1+100 */
```

对应的 HTML 代码如下：

```
<p id="father" class="box" >
   <strong id="son" class="colors">文本的颜色</strong>
</p>
```

这时,页面文本将应用权重值最高的样式,即文本颜色为海军蓝(navy)。

【问题思考】

在上面实例中,假如在样式表中同时设置了♯father strong{ color:pink;}和strong♯son{ color:blue;},显示结果又如何?

如果复合选择器的权重值相同,CSS遵循就近原则。内部样式表优先于外部样式表(一般外部样式表在内部样式表的前面引用);靠近 HTML 元素的样式优先,或者说排在最后的样式优先级高。

多级选择器权重值的计算结果一般写成 m+n,(m,n),m-n 等形式,通常用一个特异性值(权重值的叠加表示)表示,例如,用"0-0-0-0"这样的四位数来表示,每一位代表不同类型的选择器:

第一位代表内联样式(如 style="...")的计数。内联样式直接应用于 HTML 元素,其特异性值最高,计数为 1-0-0-0。

第二位代表 id 选择器的数量。id 选择器具有较高的特异性,每个 id 选择器计数为 0-1-0-0。

第三位代表类选择器、属性选择器和伪类的数量。这些选择器具有中等的特异性,每个计数为 0-0-1-0。

第四位代表标签选择器(元素选择器)和伪元素的数量。这些选择器具有最低的特异性,每个计数为 0-0-0-1。

5. 继承样式的优先性

继承并不直接涉及优先级冲突。

当子元素没有直接指定某个样式值时,它会从其父元素继承该值。但这并不涉及优先级的计算,只是样式的默认值传递机制。

如果子元素有直接指定的样式值,无论是通过选择器还是行内样式,继承的值都会被覆盖。父元素继承的样式具有很低的优先级,它们会被任何直接应用于元素的样式所覆盖。

6. 默认浏览器样式的优先性

默认浏览器样式具有最低的优先级,通常会被任何用户定义的样式覆盖。

7. CSS 样式位置的优先性

当多个相同优先级的样式规则冲突时,浏览器会按照它们在样式表中的源顺序来决定,后出现的规则会覆盖先出现的规则。但请注意,如果使用了!important,源顺序规则会被忽略。

所谓源顺序(source order)指的是样式规则在 CSS 文件中的出现顺序,或者它们通过<link>标签或<style>标签在 HTML 文档中的加载顺序。样式表的来源(内联、内部或外部)本身并不直接影响样式的优先级。

当多个相同优先级的样式规则冲突时,按照"浏览器默认设置>外部样式表 1(在内部样式表前)>内部样式表>外部样式表 2(在内部样式表后)>行内样式表"层叠为新虚拟样式表的规则,样式显示的优先性是从低到高排列的。

在实际开发中,为了避免样式冲突和优先级问题带来的复杂性,开发者应该尽量保持样式编写的规律性、统一性和一致性,避免在多个地方为同一元素定义冲突的样式,并谨慎使用!important 规则。

4.5 CSS 框模型

4.5.1 CSS 框模型定义

在 CSS 中,CSS 框模型(box model)规定了 HTML 标签处理元素内容(element content)、内边距(padding)、边框(border)和外边距(margin)的方式。

由 HTML 标签的元素内容、内边距、边框(边界)、外边距组成的结构,称为 CSS 框模型,简称标签元素框或元素框(例如<div>元素框、div 元素框、div 框等)。

在默认状态下,元素框的 margin、border、padding、宽度(width)和高度(height)的值都为 0,背景是透明的。因此,要使用元素框,必须进行必要的设置。在 HTML 文档中,可以将任何一个标签元素设置为元素框,但只有块级元素才能显示出正确的元素框。图 4-16 给出了元素框的示意图。

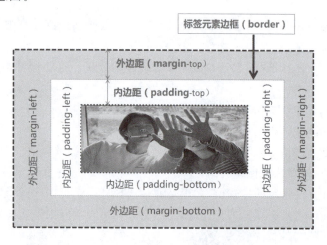

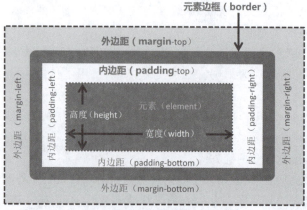

图 4-16 元素框

在图 4-16 中,元素框最里面是元素内容(文本元素、图像元素),它有高度和宽度尺寸。直接包围元素内容的是内边距。内边距朝外的边缘是边框,边框可以设置线型(style)、宽度和颜色(color)。边框以外是外边距,外边距默认是透明的,不会挡住其后的任何元素。

4.5.2 元素框设置

1. 边框属性

在 CSS 中,边框属性包括边框样式属性(border-style)、边框宽度属性(border-width)、边框颜色属性(border-color)。

(1) border-style。

在 CSS 里,border-style 属性用于设置边框的样式。其语法设置如下:

```
border-style: none | solid | double | dotted | dashed | groove | ridge | inset | outset
```

border-style 属性设置值的具体含义见表 4-10。

表 4-10 border-style 属性含义

属性	说明	属性	说明
solid	实线	groove	3D 凹线
double	双直线	ridge	3D 凸线
dotted	小点虚线	inset	3D 框入线
dashed	大点虚线	outset	3D 隆起线

(2) border-width。

在 CSS 中,可以利用 border-width 属性来控制边框的宽度。

语法一(统一设置):

```
border-width: thin | medium | thick | 数值 px
```

说明:border-width 的参数值 thin 代表细、medium 代表中等、thick 代表粗。

语法二(分别设置):

```
border-top-width: 数值 px
border-bottom-width: 数值 px
border-left-width: 数值 px
border-right-width: 数值 px
```

此外,还可以使用以下 4 种紧凑格式设置 border-width 属性。

① 设置一个值:表示四条边框宽度均使用同一个设置值。

② 设置两个值:表示上边框与下边框宽度调用第一个值,右边框与左边框宽度调用第二个值。

③ 设置三个值：表示上边框宽度调用第一个值，右边框与左边框宽度调用第二个值，下边框宽度调用第三个值。

④ 设置四个值：表示四条边框宽度的调用顺序，顺序为上、右、下、左。

例如，border-width：3px 2px 2px 5p 表示上、右、下、左的边框值。

（3）border-color。

在 CSS 中，border-color 属性用于设置边框的颜色，它的使用方法与 border-width 相同。

语法一（统一设置和紧凑格式）：

```
border-color: #rrggbb
border-color: #rrggbb  #rrggbb  #rrggbb  #rrggbb
```

说明：第 1 种颜色为顶部边框颜色，第 2 种颜色为右边边框颜色，第 3 种颜色为底部边框颜色，第 4 种颜色为左边边框颜色。

语法二（分别设置）：

```
border-top-color: #rrggbb
border-bottom-color: #rrggbb
border-left-color: #rrggbb
border-right-color: #rrggbb
```

（4）border。

在 CSS 中，通过 border 属性可以快速设置边框的宽度、边框颜色及边框样式。其语法如下（紧凑格式）：

```
border: <border-width> <border-style> <color>
```

例如，

```
border: 2px solid #ff0000;
```

表示设置边框的宽度为 2px、样式为单实线、颜色为红色。

CSS 边框属性的内容较多、设置规则复杂，具体可以参看表 4-11。

表 4-11　CSS 边框属性

属　　性	描　　述
border	简写属性，用于把针对 4 条边的属性设置在一个声明
border-style	用于设置元素所有边框的样式，或者单独地为各边设置边框样式
border-width	简写属性，用于为元素的所有边框设置宽度，或者单独地为各边边框设置宽度
border-color	简写属性，设置元素的所有边框中可见部分的颜色，或对 4 条边分别设置颜色
border-bottom	简写属性，用于把下边框的所有属性设置到一个声明中

续表

属　　性	描　　述
border-bottom-color	设置元素的下边框的颜色
border-bottom-style	设置元素的下边框的样式
border-bottom-width	设置元素的下边框的宽度
border-left	简写属性,用于把左边框的所有属性设置到一个声明中
border-left-color	设置元素的左边框的颜色
border-left-style	设置元素的左边框的样式
border-left-width	设置元素的左边框的宽度
border-right	简写属性,用于把右边框的所有属性设置到一个声明中
border-right-color	设置元素的右边框的颜色
border-right-style	设置元素的右边框的样式
border-right-width	设置元素的右边框的宽度
border-top	简写属性,用于把上边框的所有属性设置到一个声明中
border-top-color	设置元素的上边框的颜色
border-top-style	设置元素的上边框的样式
border-top-width	设置元素的上边框的宽度

2. 内边距属性

在 CSS 中,padding 属性主要用于控制元素内容与边框的空白距离。其语法如下:

padding-(top、right、bottom、left):数值 百分比

其用法与 border-width 相同。

3. 外边距属性

在 CSS 中,通过 margin 属性可以设定 HTML 元素与其他 HTML 元素之间四周的距离。其语法如下:

margin-(top、right、bootom、left):数值 百分比 auto

margin 属性有 margin-top(顶部空白区域)、margin-bottom(底部空白区域)、margin-left(左边空白区域)和 margin-right(右边空白区域)4 个边界属性。通过设置这 4 项属性,可以控制一个对象四周空白区域的大小。如将边距设为负值,就可以将两个对象重叠在一起。

应用 margin 属性设置边界值的方法有以下 3 种。

(1) 设置一个边界值。

若 margin 属性只设置一个边界值时,则上、右、下和左 4 个边界都将调用此值。例如,

```
margin:2cm
```

表示上、右、下和左四个边界值都是 2cm。

（2）设置对应边值。

在 margin 属性中设置对应边值，是指上边界与下边界、左边界与右边界为相对应的边界，所以如果设置对应边其中一边的值时，另一边将调用此值。例如，

```
margin: 2cm  4cm
```

表示上边界与下边界的值为 2cm，左边界与右边界的值为 4cm。

（3）设置四个边界值。

应用 margin 属性，顺序输入上、右、下、左边界的值，就可以完成四个边界的设置了。例如，

```
margin: 20pt  30%  30px  2cm
```

表示上边界为 20pt，右边界为 30%，下边界为 30px，左边界为 2cm。

4.5.3 元素框应用

1. 框模型尺寸

框模型亦称盒子模型，有标准的 W3C 盒子模型和怪异盒子模型两种。怪异盒子模型也称 IE 盒子模型，一般会在 IE5~IE8 浏览器中触发，相同的代码在这些不同的浏览器中产生的效果不一样。目前，大多数浏览器都采用了 W3C 规范，因此，这里只讨论 W3C 盒子模型尺寸的计算问题。

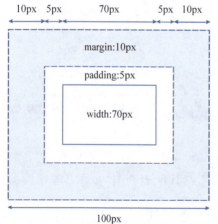

图 4-17 元素盒子的尺寸

在 CSS 中，对 HTML 元素进行宽度和高度设置，其 width 和 height 指的是元素内容区域的宽度和高度。增加内边距、边框和外边距不会影响元素内容区域的尺寸，但是会增加元素框的总尺寸。

假设 HTML 元素框的每个边上有 10 像素的外边距和 5 像素的内边距。在网页布局设计中，如果希望这个元素框的尺寸控制为 100 像素，那么就需要将元素内容的宽度控制为 70 像素，如图 4-17 所示。

在网页设计中往往也会根据文本元素、图像元素的尺寸大小来计算容器元素的尺寸大小。为该容器元素设置元素框参数后，尺寸的计算方法如下。

元素框的总宽度＝width＋左右内边距之和＋左右边框宽度之和＋左右外边距之和

元素框的总高度＝height＋上下内边距之和＋上下边框宽度之和＋上下外边距之和

在网页设计中，有很多元素布局排版在一起，这时就需要计算该元素框的总宽度和总高度了。

2. 标签类型转换

HTML 提供了丰富的标签，为了使页面结构的组织更加轻松、合理，这些标签被划分为

块级标签和行内标签,也称块级元素和行内元素。

　　块级标签在页面中以区域块的形式出现。其主要特点是,每个块级标签通常都会独自占据一个整行或多个整行,可以对其设置宽度、高度、对齐等属性。块级标签可以容纳行内标签和其他块级标签,常用于网页布局和网页结构的搭建。常见的块级标签有<div>、<p>、<h1>~<h6>、<ul>、<ol>、<li>、<dl>、<dt>、<dd>等。

　　行内标签的特点是,一个行内标签通常会和它前后的其他行内标签显示在同一行中,它们不占有独立的区域,也不强迫其他行内标签在新的一行显示,仅仅依靠字体自身的大小和图像尺寸来支撑结构,宽度和高度就是文字和图片的总宽度和总高度,一般不可以设置宽度、高度、对齐等属性。设置 margin 和 padding 只有左右有效、上下无效,常用于控制页面中文本的样式。常见的行内标签有<span>、<b>、<strong>、<em>、<i>、<u>、<a>、<s>等。

　　【小提示】　<span>是常见的行内标签,主要用来容纳文本和其他行内标签,在默认情况下,没有任何渲染效果,只有对其设置了 CSS 属性,才会有视觉上的表现。<span>是文本和其他行内标签的容器。<div>是块级标签,是通用的容器标签,是文本和其他标签的容器。因此,<span>标签可以嵌套在<div>标签中使用,但不能反过来使用。

　　在 CSS 中,标签的类型是可以转换的。

　　网页是由多个块级标签和行内标签构成的元素框排列而成的,如果希望行内标签具有块级标签的某些特性(例如,可以设置宽和高),或者需要块级标签具有行内标签的某些特性(例如,不独占一行排列),就可以使用 display 属性对标签的类型进行转换。

　　【释例 4-5】　使用 display 属性对标签的类型进行转换如下。
　　行内标签转换为块级标签的属性样式是:

```
display: block
```

块级标签转换为行内标签的属性样式是:

```
display: inline
```

块级标签、行内标签转换为行内块标签的属性样式是:

```
display: inline-block
```

行内块标签可以对其设置宽高和对齐等属性,但是该标签不会独占一行。

3. 外边距合并问题

　　对标签应用 CSS 框模型,不设置浮动和定位属性,在普通文档流中,当两个相邻或嵌套的块级元素框相遇时,其垂直方向的外边距会自动合并,发生重叠,这就是外边距合并问题。

　　(1) 相邻元素框垂直外边距的合并。

　　当上下相邻的两个块级元素框相遇时,如果上面的元素框有下外边距 margin-bottom,下面的元素框有上外边距 margin-top,则它们之间的垂直间距不是 margin-bottom 与 margin-top 之和,而是两者中的较大者,这种现象被称为相邻块元素框垂直外边距的合并,如图 4-18 与图 4-19 所示。图 4-19(a)表示下面元素框的上外边距触及了上面元素框的边框

（边界），图 4-19(b)表示上面元素框的下外边距没有触及下面元素框的边框（边界），两个元素框的实际外边距就以图 4-19(a)为准。

图 4-18　外边距合并之前

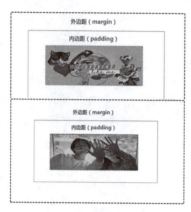 

(a) 下框选中　　　　　　　　　　　　(b) 上框选中

图 4-19　外边距合并之后

（2）嵌套元素框垂直外边距的合并。

两个有直接嵌套关系的块级元素框，如果父元素框没有上内边距及边框（边界），则父元素框的上外边距会与子元素框的上外边距发生合并，合并后的外边距为两者中的较大者，即使父元素框的上外边距为 0，也会发生合并现象，如图 4-20 所示。

(a) 外边距为100px　　　　(b) 正确结果1　　　　(c) 正确结果2

图 4-20　两个嵌套元素框外边距的合并

【实例 4-5】　试分析图 4-20 浏览结果产生的原因，代码如表 4-12 所示。

表 4-12　实例 4-5 的核心代码（Exmp-4-5 内边距合并.html）

行	核 心 代 码
1	`<html>`

续表

行	核心代码
2	`<head>`
3	`    <style>`
4	`        section {`
5	`            background-color: darkorange;`
6	`            margin: 0px auto 10px;`
7	`            //padding: 0px 5px 5px 5px;`
8	`            width: 80%;`
9	`            //border: 1px solid black;`
10	`            //overflow: hidden;`
11	`        }`
12	`        article {`
13	`            background-color: aqua;`
14	`            margin: 100px auto 0px;`
15	`            padding: 0px;`
16	`            text-align: center;`
17	`        }`
18	`    </style>`
19	`</head>`
20	`<body>`
21	`    <section>`
22	`        <article><img src="Pic-CSS/gz.jpeg" width="1422" height="800" alt=""/></article>`
23	`    </section>`
24	`</body>`
25	`</html>`

在图 4-20 中，图片插在＜section＞＜article＞…＜/article＞＜/section＞中，＜article＞框设有 100px 的 margin-top，目的是令其中的图片距＜section＞框 100px。

＜section＞框没有设置 padding-top、border-top 以及 margin-top＝0px，结果是＜section＞框与＜article＞框发生了外边距合并现象，两者的顶端在 border 对齐，而与导航栏产生 100px 的外边距，如图 4-20(a)所示。

如果给＜section＞框设置 padding-top＝1px，就会得到正确的结果，如图 4-20(b)所示，如果给＜section＞框设置"border：1px solid black；"，也能得到正确的结果，如图 4-20（c）所示。

给＜section＞框设置"overflow：hidden"也是正确的。

（3）外边距合并问题的解决方法。

外边距合并问题增加了网页布局的不可控性和复杂程度，可以通过以下 3 种方法解决这个问题。

① 给父元素框加边框。

例如，

```
border: 1px solid #F00;
```

② 给父元素框加内边距。

例如，

```
padding-top: 1px;
```

③ 给父元素样式加 overflow：hidden。

例如，

```
overflow:hidden;
```

4.6 CSS 样式常用属性

在选择器的定义中，声明由属性和属性值构成。常用的 CSS 样式的属性有文本、字体、背景、表格、列表及定位等属性。下面简要介绍这些常用的样式属性，便于 CSS 设计时使用。

4.6.1 文本属性

在 CSS 中，文本可以设置对齐方式、行高、文本缩进、字间距和字母间隔等属性，具体见表 4-13。

表 4-13 文本属性及其描述

功　　能	属性名	描　　述
缩进文本	text-indent	设置行的缩进大小，值可以为正值或负值，单位可以用 em、px 或百分比（%）
水平对齐	text-align	设置文本的水平对齐方式，取值 left、right、center、justify
垂直对齐	vertical-align	设置文本的垂直对齐方式，取值 bottom、top、middle、baseline
字间距	word-spacing	设置字（单词）之间的标准间隔，默认 normal（或 0）
字母间隔	letter-spacing	设置字符或字母之间的间隔
字符转换	text-transform	设置文本中字母的大小写，取值 none、uppercase、lowercase、capitalize

续表

功能	属性名	描述
文本修饰	text-decoration	设置段落中需要强调的文字，取值 none、underline（下画线）、overline（上画线）、line-through（删除线）、blink（闪烁）
空白字符	white-space	设置源文档中的多余的空白，取值 normal（忽略多余）、pre（正常显示）、nowrap（文本不换行，除非遇到 标签）

4.6.2 字体属性

字体（字型）是字母和符号的样式集合。虽然字体之间可能会一定的差异，但总体特征基本相同，如图 4-21 所示。

图 4-21 字体的特征

字体的常用属性及其描述见表 4-14。

表 4-14 字体的常用属性及其描述

功能	属性名	描述
文本颜色	color	设置文本的颜色
字体大小	font-size	设置文本的大小，值可以是绝对值或相对值，其中绝对值从小到大依次为 xx-small、x-small、small、medium（默认）、large、x-large、xx-large；单位可以是 pt 或 em，也可以采用百分比（%）的形式
字体类型	font-family	设置文本的字体
行间距	line-height	设置文本的行高，即两行文本基线之间的距离
字体风格	font-style	设置字体样式，取值 normal（正常）、italic（斜体）、oblique（倾斜）
字体变形	font-variant	设定小型大写字母，取值 normal（正常）、small-caps（小型大写字母）
字体加粗	font-weight	设置字体的粗细，取值可以是 bolder（特粗体）、bold（粗体）、normal（正常）、lighter（细体）或 100～900 的 9 个等级
字体简写	font	属性的简写可用于一次设置元素字体的两个或更多方面，书写顺序为 font-style、font-variant、font-weight、font-size/line-height、font-family

4.6.3 背景属性

在 CSS3 中，新增了控制背景图片的显示位置、分布方式以及多背景图片等属性，在 IE 9+、Firefox 4+、Opera、Chrome 以及 Safari 5+ 等浏览器中得到了较好的支持。背景的常用属性及其描述见表 4-15。

表 4-15 背景的常用属性及其描述

功能	属性名	描述
背景颜色	background-color	设置元素的背景色
背景图像	background-image	设置背景图像
背景重复	background-repeat	设置背景平铺的方式,取值 no-repeat(不平铺)、repeat-x(横向平铺)、repeat-y(纵向平铺)、repeat(x/y 双向平铺)
背景定位	background-position	设置图像在背景中的位置,取值 top、bottom、left、right、center 或具体值、百分比
背景关联	background-attachment	设置背景图像是否随页面内容一起滚动,取值 scroll(滚动)、fixed(固定)
背景尺寸	background-size	用来设置背景图片的尺寸
填充区域	background-origin	规定 background-position 属性相对于什么位置来定位
绘制区域	background-clip	规定背景的绘制区域
背景简写	background	在一个声明中设置所有的背景属性

背景区域的填充有 border-box、padding-box 和 content-box 三种形式,如图 4-22 所示。

【小提示】 背景图片位于背景颜色的上层,当同时存在背景图片和背景颜色时,背景图片将覆盖背景颜色;而没有背景图片的地方,背景颜色便会显露出来。

在<div>标签中只对 content-box 区域设置了背景图片,背景图片与边框出现了一定的间距,从间距中可以看到所设置的背景颜色。

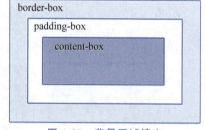

图 4-22 背景区域填充

CSS3 中虽然提供了多背景图像,但在 IE 7 及更早版本的浏览器并不支持,而在 IE 8 中需要<!DOCTYPE>文档声明。

4.6.4 列表属性

列表属性用于改变列表项的图形符号。列表的图形符号不仅可以是圆点、空心圆、方块或数字,甚至还可以是指定的图片。列表的常用属性及其描述见表 4-16。

表 4-16 列表的常用属性及其描述

功能	属性名	描述
列表类型	list-style-type	设置列表的图形符号,取值 none、disc、circle、square、decimal、lower-roman、upper-roman、lower-latin、upper-latin 等
列表项图像	list-style-image	将图形符号设为指定的图像,如 list-style-image:url(xxx.gif)
符号位置	list-style-position	设置列表图形符号的位置,取值 inside、outside
列表简写	list-style	一个声明中设置所有的列表属性,可以按顺序设置如下属性:list-style-type、list-style-position、list-style-image

请注意，inside 和 outside 区别如下。

（1）outside 表示图形符号位于文本之外，当文本内容换行时，无须参照标志的位置；

（2）inside 表示图形符号位于文本之内，在文本换行时，列表内容将与列表项的符号相对齐。

4.6.5 表格属性

通过表格属性对表格的边框、背景颜色和单元格间距等进行设置，使表格更加美观、富有特色，显著改善表格的外观。表格的常用属性及其描述见表 4-17。

表 4-17 表格的常用属性及其描述

功能	属性名	描述
边框	border	设置表格边框的宽度
折叠边框	border-collapse	设置是否将表格边框折叠为单一边框，取值 separate（双边框，默认）、collapse（单边框）
宽度	width	设置表格宽度，可以是像素或百分比
高度	height	设置表格高度，可以是像素或百分比
水平对齐	text-align	设置水平对齐方式，例如左对齐、右对齐或者居中
垂直对齐	vertical-align	垂直对齐方式，例如顶部对齐、底部对齐或居中对齐
内边距	padding	设置表格中内容与边框的距离
单元格间距	border-spacing	设置相邻单元格的边框间的距离，仅用于双边框模式
标题位置	caption-side	设置表格标题的位置，取值 top、bottom

请注意，表格和单元格都有独立的边框，使得表格具有双线条边框，可以通过 border-collapse 属性设置表格是单边框还是双边框。

表格属性得到大部分浏览器的支持，而 border-spacing 和 caption-side 属性需要在 IE 8+版本且有＜!DOCTYPE＞文档声明才支持。

4.6.6 visibility 属性

visibility 属性可以将页面中的元素隐藏，但是被隐藏的元素仍占原来的空间；如果不希望对象在隐藏时仍然占用页面空间，可以使用 display 属性。

visibility 属性的取值范围为 visible 或 hidden。

4.6.7 display 属性

display 属性有两个作用：将页面元素隐藏或显示出来；将元素强制改成块级元素或内联元素。display 的常用属性及其描述见表 4-18。

表 4-18　display 的常用属性及其描述

功　能	描　　述
none	将元素设为隐藏状态,此元素不会被显示
block	将元素显示为块级元素,此元素前后会带有换行符
inline	默认,此元素会被显示为内联元素,元素前后没有换行符
inline-block	行内块元素(CSS2.1 新增的值)

4.6.8　position 属性

一般情况下,页面是由页面流构成的,页面 HTML 元素在页面流中的位置是由该元素在 HTML/XHTML 文档中的位置决定的。

CSS 提供了 HTML 元素的三种定位机制:普通流、定位(position)和浮动(float)。

块级元素从上向下排列(每个块元素单独成行);而内联元素从左向右排列,其元素在页面中的位置会随外层容器的改变而改变。

position 的常用属性及其描述见表 4-19。

表 4-19　position 的常用属性及其描述

属性值	描　　述
static	正常流(默认值)。元素在页面流中正常出现,并作为页面流的一部分
relative	相对定位,相对于其正常位置进行定位,并保持其未定位前的形状及所占的空间
absolute	绝对定位,相对于浏览器窗口进行定位,将元素框从页面流中完全删除后,重新定位。当拖拽页面滚动条时,该元素随其一起滚动
fixed	固定定位,相对于浏览器窗口进行定位,将元素框从页面流中完全删除后,重新定位。当拖拽页面滚动条时,该元素不会随之滚动

请注意:当 position 的属性值为 relative、absolute 或 fixed 时,可以使用元素的偏移属性 left、top、right 和 bottom 进行重新定位;当 position 属性为 static 时,会忽略 left、top、right、bottom 和 z-index 等相关属性的设置。

在屏幕坐标系中,不仅存在 x、y 方向,同时还存在 z 方向,如图 4-23 所示。x 轴正方向是从左向右,y 轴正方向是从上往下,z 轴与屏幕相互垂直,从内向外延伸,符合左手定则。z 坐标越大,对象离用户越近,z 坐标越小,对象离用户越远。

当使用相对定位或绝对定位时,经常会出现元素相互重叠的现象。此时可以使用 z-index 属性设置元素之间的叠放顺序。当元素取值为 auto 或数值(包括正负数)时,数值越大,元素越靠前。

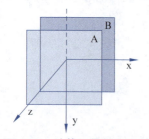

图 4-23　计算机屏幕坐标系

4.6.9　float 与 clear 属性

float 属性可以将元素从正常的页面流中浮动出来,离开其正常位置,浮动到指定的边界。当元素浮动到边界时,其他元素将会在该元素的另外一侧进行环绕。float 的常用属性及其描述见表 4-20。

表 4-20　float 的常用属性及其描述

属　性　值	描　　　述
left	元素浮动到左边界
right	元素浮动到右边界
none	默认值,元素不浮动

在页面中,浮动的元素可能会对后面的元素产生一定的影响;当希望消除因为浮动所产生的影响时,可以使用 clear 属性进行清除。clear 的常用属性及其描述见表 4-21。

表 4-21　clear 的常用属性及其描述

属　性　值	描　　　述
left	清除左侧浮动产生的影响
right	清除右侧浮动产生的影响
both	清除两侧浮动产生的影响
none	默认值,允许浮动元素出现在两侧

4.7　本章小结

CSS 的语法格式是构建样式表的基础。CSS 的不同类型应用在不同的场景下。CSS 选择器的多种类型是精准定位并应用样式到 HTML 元素的关键。理解并熟练运用这些选择器,将大大提高样式编写效率。

CSS 有继承性、层叠性与冲突性三个基本特性。在复杂的样式表中,不同规则可能会产生冲突。当 CSS 的样式或规则发生冲突时,需要确定样式的优先级。理解 CSS 的优先级规则可以帮助解决这些冲突,确保样式符合预期效果。

HTML 元素的框模型是 CSS 布局的基础,它帮助理解元素如何占据空间以及与其他元素的关系。掌握框模型,能够编写出更加高效、精准的 CSS 样式,能够更精确地控制网页的布局和样式,提升网页的整体效果。

习　题

一、单项选择题

1. 定义 CSS 内部样式表的 HTML 标签是(　　)。
   A. <style>　　　　B. <script>　　　　C. <link>　　　　D. <css>
2. 改变 div 框左边距的属性是(　　)。
   A. text-indent　　B. padding　　　　C. margin　　　　D. margin-left

3. 引用外部样式表的正确代码是(　　)。
　　A. <style src="MyCSS.css">　　　　B. <link href=" MyCSS.css">
　　C. <style> MyCSS.css</style>　　　D. <import> MyCSS.css</import>
4. CSS 的含义是(　　)。
　　A. 层　　　　　　B. 样式表　　　　　C. 时间轴　　　　　D. 行为
5. 在下列代码中,CSS 语法正确的是(　　)。
　　A. body：color=blue；　　　　　　　B. ｛body；color=blue；｝
　　C. body：｛color=blue；｝　　　　　　D. body｛color：blue；｝
6. 在代码 h1｛color：red；font-size：16px；｝中,(　　)选项表示选择器。
　　A. color　　　　B. red　　　　　　C. font-size　　　　D. h1
7. 在下列 CSS 代码中,(　　)选项表示边框颜色。
　　A. border-color：red；　　　　　　　B. text-align：center；
　　C. letter-spacing：1px；　　　　　　D. vertical-align：top；
8. 要显示一个具有宽度的边框：顶边框 10px,右边框 1px,底边框 5px,左边框 20px,应选择(　　)。
　　A. border-width：10px 1px 5px 20px；　B. border-width：10px 20px 5px 1px；
　　C. border-width：5px 20px 10px 1px；　D. border-width：10px 5px 20px 1px；
9. 在代码 border-left-color：♯FF0000 中,下列(　　)选项是正确的。
　　A. 左边框颜色为红色　　　　　　　　B. 右边框颜色为红色
　　C. 上边框颜色为红色　　　　　　　　D. 下边框颜色为红色
10. 以下(　　)选项不是盒子模型的 CSS 属性。
　　A. border　　　　B. padding　　　　C. margin　　　　D. content
11. 在 HTML 文档中,引用外部样式表的正确位置是(　　)。
　　A. 文档的尾部　　　　　　　　　　　B. 文档的顶部
　　C. <body>…</body>之间　　　　　　D. <head>…</head>之间
12. HTML 标签的(　　)属性用来定义内联样式。
　　A. font　　　　B. class　　　　C. style　　　　D. styles
13. TRBL 规则指的是(　　)。
　　A. 上—下—右—左　　　　　　　　　B. 上—右—下—左
　　C. 左—右—上—下　　　　　　　　　D. 右—上—左—下
14. 在 CSS 样式表中,表示存在(有)id 的属性选择器是(　　)。
　　A. p[id]　　　　　　　　　　　　　　B. p[name="textartice"]
　　C. p[name ~="stu"]　　　　　　　　D. p[title *="ABC"]
15. 在 CSS 样式表中,表示 title 属性值存在(有)"ABC"子串的属性选择器是(　　)。
　　A. p[id]　　　　　　　　　　　　　　B. p[name="textartice"]
　　C. p[name ~="stu"]　　　　　　　　D. p[title *="ABC"]

二、判断题

1. CSS 内部样式表是指在 HTML 标签中定义 style 属性。(　　)

2. CSS 的语法是 select{ property1：value1，property2：value2，property3：value3，…}。
　　　　　　　　　　　　　　　　　　　　　　　　　　　　　　（　　）
3. 在定义 CSS 类选择器时，在自定义类的名称前面加一个♯号。　　　（　　）
4. 在定义 CSS 的 idx 选择器时，在 id 名称前面加一个.号。　　　　（　　）
5. 在 CSS 中，color 属性用于设置 HTML 元素的背景色。　　　　　（　　）
6. 在 CSS 定义中，a：hover 必须被置于 a：link 和 a：visited 之后才是有效的。（　　）
7. 外部 CSS 中样式的优先级总是大于内部 CSS 中样式的优先级。　　（　　）
8. 内部 CSS 中样式的优先级总是大于外部 CSS 中样式的优先级。　　（　　）
9. 内联 CSS 中样式的优先级一般大于内部与外部 CSS 中样式的优先级。（　　）
10. 应用 visibility 属性隐藏 HTML 元素与 display 属性的效果一样。　（　　）

三、问答题

1. 简述一个 HTML 文档的基本结构。
2. 在 HTML 文档中，引入外部 CSS 的方式有哪些？各有什么特点？
3. 为一个 div 元素设置框模型，哪些属性（样式）属于框模型的范畴？

第 5 章 网页的布局设计

在当今社会,科技的飞速进步与用户需求的日益提升,使得计算机显示器的分辨率越来越高,屏幕物理尺寸越来越大。目前主流显示器的分辨率一般都能超过高清标准(1920×1080px),屏幕物理尺寸一般超过 15~21.5 英寸。显然,单列布局的图文网页在显示器上浏览时,可能会在屏幕的两侧留下很多的空白空间。因此,Web 网页页面要设计为多列布局或平面布局的样式,充分利用屏幕空间,并给用户带来更好的体验。

5.1 案例 9 自营电器网店主页设计

【案例描述】

大众创业、万众创新是推动社会经济发展的重要力量。试以电器商品为主题,设计一个自营网店。要求页面布局紧凑、工整美观、版块清晰、内容丰富。

【软件环境】

Windows 10,Dreamweaver 2021,Photoshop,Fireworks,IE,Edge,Chrome。

【案例解答】

1. 策划网页板块

自营电器网店开设手机、空调、冰箱以及电脑四个柜台,网页页面布局分成上下排列型的四个板块,与四个电器商品柜台对应。在页面的四个板块布局中,根据电器商品的具体特征,进行详细的布局设计。

2. 准备网页素材

选择知名品牌的手机、空调、冰箱以及电脑商品,搜集有关的图片、视频以及介绍商品的文本等素材,应用 Photoshop 或 Fireworks 等图像软件对图片进行适当的加工,对文本素材进行提炼加工,做到图文意境匹配效果佳。将图片、视频等素材保存到站点内的 Pics 文件夹中。

3. 建立网页文件

打开 Dreamweaver 2021,打开"模板"站点,打开"Web 网页设计模板.html"文件,另存为"Case-09-自营电器网店主页.html"。在网页文档的<body>…</body>标签中嵌入 1 对<main>…</main>标签,再在<main>…</main>标签中嵌入 4 对并列的<section>…</section>标签。将<main>容器的宽度设置为 1650px,设置为网页中居中对齐。为<section>容器设置 box-shadow 效果,模拟柜台的效果。

4. 手机柜台布局设计

如图 5-1 所示，手机柜台采用弹性布局设计。

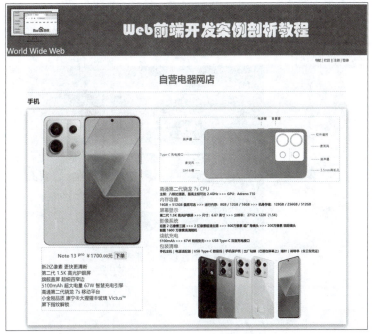

图 5-1　手机柜台设计效果截图

在＜section id="s01"＞…＜/section＞标签中，先设置♯s01｛display：flex；justify-content：space-around；｝属性，再插入 1 对＜figure＞…＜/figure＞标签，容纳手机的主图片及对应文本，最后插入 1 对＜article＞…＜/article＞标签，准备容纳手机的性能参数文本。

在上述＜article＞…＜/article＞标签中，插入＜div＞…＜/div＞标签，容纳手机按钮、接口示意图片；插入＜article＞…＜/article＞标签，容纳手机详细参数说明文本；插入＜div＞…＜/div＞标签，容纳手机型号外观对比图片。

5. 空调柜台布局设计

如图 5-2 所示，空调柜台采用 grid 布局设计。

在＜section id="s02"＞…＜/section＞标签中，先设置♯s02｛display：grid；gap：30px；grid-template-columns：repeat(3,1fr)；grid-template-rows：repeat(3,1fr)；｝属性，将板块分成 9 个单元格子；设置♯grid01｛grid-column：1；grid-row：1/span3；｝属性，将第 1 列的第 1 行至第 3 行合并，设置♯grid03｛grid-column：3；grid-row：1/span3；｝属性，将第 3 列的第 1 行至第 3 行合并，容纳立式空调柜机的主图片及文本；在第 2 列的 3 个单元格子中，容纳空调相关的其他图片及文本。

6. 冰箱柜台布局设计

如图 5-3 所示，冰箱柜台采用 float 布局设计。

在＜section id="s03"＞…＜/section＞标签中，先设置♯s03｛height：1200px；｝属性，打造好板块的高度；再插入 1 对＜article＞…＜/article＞标签，设置.floatL｛float：left；｝属性，容纳冰箱主图片及对应文本；最后插入 1 对＜aside＞…＜/aside＞标签，设置.floatR

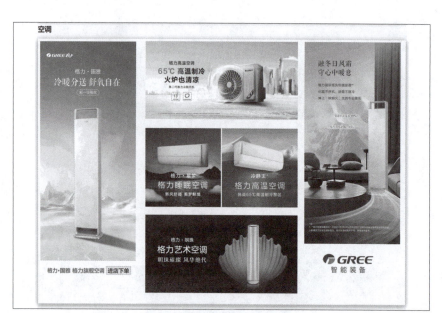

图 5-2 空调柜台设计效果截图

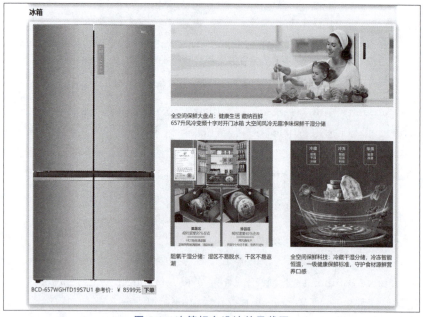

图 5-3 冰箱柜台设计效果截图

{float：right；}属性，准备容纳冰箱的其他图片及文本。

在上述＜aside＞…＜/aside＞标签中，插入＜div＞…＜/div＞标签，设置.floatL {float：left；}属性，容纳 banner 图片及文本；插入＜div＞…＜/div＞标签，设置.floatL {float：left；}属性，设置.divWidth {width：460px；}属性，容纳冰箱内部空间展示图片及文本；插入＜div＞…＜/div＞标签，设置.floatR {float：right；}属性，设置.divWidth {width：460px；}属性，容纳食材冷冻、冷藏效果展示图片及文本。

7. 电脑柜台布局设计

如图 5-4 所示,电脑柜台采用绝对定位布局设计。

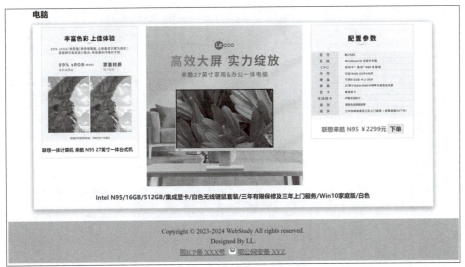

图 5-4 电脑柜台设计效果截图

在<section id="s04">…</section>标签中,先设置#s04 {position:relative;}属性,使得电脑板块排列在其他板块的最后;插入电脑主图片<img src="Pics/y926.jpg" width="1565" height="" alt=""/>;再插入相应文本<h1 align="center">Intel N95/16GB/512GB…</h1>。

由于电脑主图片两边有较大的空间(背景图案),如果想保留它们,可以采用绝对定位布局设计,在其上叠加其他内容。插入<aside>…</aside>标签,设置.positionA {position:absolute;left:35px;top:10px;}属性,容纳显示屏幕效果彩色图片及文本;插入<aside>…</aside>标签,设置.positionB {position:absolute;left:1150px;top:10px;}属性,容纳电脑参数图片及文本。

8. 调试、修改、发布网页

完成网页的设计,进行测试修改,通过后发布网页。本案例的核心代码如表 5-1 所示,完整的代码请下载课程资源浏览。

表 5-1 案例 9 自营电器网店主页的核心代码(Case-09-自营电器网店主页.html)

行	核 心 代 码
1	`<html>`
2	`<head>`
3	`<style>`
4	`main { background-color: FloralWhite; margin: auto; padding: 5px; width: 1650px; }`
5	`section { padding: 10px;`
6	`box-shadow: 0 4px 8px 0 rgba(250, 250, 250, 0.5), 0 6px 20px 0 rgba(125, 125, 125, 0.8); }`

续表

行	核 心 代 码
7	`#s01 { display: flex;  justify-content: space-around;  }`
8	`#s02{ display: grid; gap: 30px; grid-template-columns: repeat(3, 1fr); grid-template-rows: repeat(3, 1fr);}`
9	`#grid01 { grid-column: 1;  grid-row: 1/span3; }  #grid03 { grid-column: 3; grid-row: 1/span3; }`
10	`.floatL { float: left; }  .floatR { float: right; }  .clearAll { clear: both; }`
11	`.divWidth { width: 460px; }  .borders { border: 1px solid #BAB; }`
12	`#s03 { height: 1200px; }  #s03 aside { width: 1000px; }  #s04 { position: relative; }`
13	`.positionA { position: absolute;  left: 35px;  top: 10px;  }`
14	`.positionB { position: absolute;  left: 1150px;  top: 10px;  }`
15	`</style>`
16	`</head>`
17	`<body>`
18	`<main>`
19	`<h1 style="text-align: center; font-size: 48px; color: red;">自营电器网店</h1><hr>`
20	`<h1>手机</h1>`
21	`<section id="s01">`
22	`<figure><img src="Pics/pms328A.png" width="524" height="655" alt=""/>`
23	`<figcaption class="borders">`
24	`<h1 align="center"><font color="red">Note 13…<button>下单</button></h1>`
25	`<p>新2亿像素 更快更清晰…</p>`
26	`</figcaption>`
27	`</figure>`
28	`<article>`
29	`<div style="margin: 30px auto 15px;"><img class="borders" src="Pics/410B.png" /></div>`
30	`<article>`
31	`<font color="green">高通第二代骁龙 7s CPU</font> `
32	`<b>主频:八核处理器,最高主频可达 2.4GHz …</b> `
33	`……`

续表

行	核心代码
34	`</article>`
35	`<div style="margin: 15px auto; text-align: center;"><img src="Pics/432.png" /></div>`
36	`</article>`
37	`</section>`
38	`<h1>空调</h1>`
39	`<section id="s02">`
40	`<div id="grid01"> <img src="Pics/000.jpg" width="430" height="" alt="" />`
41	`<h1 align="center">格力·国雅 格力旗舰空调…<button>进店下单</button></h1>`
42	`</div>`
43	`<img id="grid02" src="Pics/第二代格力冷酷外机 1920x940.jpg" width="685" height="" />`
44	`<div id="grid03"><img src="Pics/008.jpg" /><img src="…equipment-02.png" /></div>`
45	`<div id="grid04"><img src="Pics/01星梦.jpg" /> <img src="Pics/02冷静王+.jpg" /></div>`
46	`<div id="grid05"><img src="Pics/03明珠.jpg" width="685" height="" alt="" /></div>`
47	`</section>`
48	`<h1>冰箱</h1>`
49	`<section id="s03">`
50	`<article class="floatL"><img src="Pics/W029A.png" width="564" height="1124" /> `
51	`<span>BCD-657…</span> <button>下单</button>`
52	`</article>`
53	`<aside class="floatR">`
54	`<div class="float">`
55	`<img src="Pics/W080.png" width="1000" height="" alt="" />  `
56	`<span>657升风冷变频十字对开门冰箱…</span>   `
57	`</div>`
58	`<dl class="floatL divWidth">`
59	`<img src="Pics/W095.png" width="460" height="460" alt="" />  `

续表

行	核心代码
60	<dt><span>阻氧干湿分储:湿区不易脱水,干区不易返潮</span></dt>
61	</dl>
62	<dl class="floatR divWidth">
63	<img src="Pics/W067.jpg" width="460" height="460" alt=""/>

64	<dt><span>全空间保鲜科技…</span></dt>
65	</dl>
66	</aside>
67	</section>
68	<h1 class="clearAll">电脑</h1>
69	<section id="s04"> <img src="Pics/y926.jpg" width="1565" height="" alt=""/>
70	< aside class="borders positionA ">< img src="Pics/nFU5482A.jpg" width="400" height="" />
71	<h3>联想一体计算机 来酷 N95 27英寸一体台式机</h3>
72	</aside>
73	<h1 align="center">Intel N95/16GB/512GB/集成显卡…</h1>
74	< aside class="borders positionB">< img src="Pics/N65U7177A.jpg" width="420" height=""/>
75	<h1 align="center">联想来酷 N95 ￥2299 元<button>下单</button></h1>
76	</aside>
77	</section>
78	</main>
79	</body>
80	</html>

【问题思考】

空白间距在网页中有什么作用?

【案例剖析】

1. 本案例是平面布局的网页页面设计,划分为四个独立的板块,每个板块内部再根据电器商品的特性与展示要求,进行具体的、详细的布局设计。

2. 在手机柜台板块中,手机性能参数文本较多,故采用2个子元素的flex布局设计,左边排列手机主图片,右边排列文本,文本能够较好地填满容器空间。

3. 在空调柜台板块中,图片有高有低、有大有小,比较规则,适合用grid的表格布局设计,设置简单快速,布局效果好。

4. 在冰箱柜台板块中,采用 float 布局设计,容器要设置好高度与宽度。在右边的 <aside>…</aside>标签中,有 2 块图片排列成 1 行,一个靠左浮动、一个靠右浮动,中间的空白间距大小通过调整 2 块图片的大小来实现,布局比较灵活。但要注意的是,当后面的元素不再浮动布局时,则应该使用.clearAll{clear:both;}属性进行清除。

5. 在电脑柜台板块中,采用绝对定位布局设计,可以实现元素叠加效果。但要注意的是,父容器不能采用默认设置,要先设置自己的定位方式,子元素相对父元素才可进行定位控制。当多个元素发生叠加时,还可以通过设置 z-index 属性调整叠加秩序。

6. 本案例采用了固定宽度的布局设计法,设置 main{width:1650px;}属性,页面在放大与缩小时,所有板块的元素在页面中的布局位置不会发生改变,给用户一个统一的浏览效果。

【案例学习目标】
1. 深刻理解网页文档宽度、浏览器窗口宽度与屏幕当前分辨率宽度的相互关系;
2. 深刻理解伸缩性规则与 flex 弹性布局网页规则;
3. 掌握 grid 的布局设计方法;
4. 掌握 float 的布局设计方法;
5. 掌握绝对定位的布局设计方法。

5.2 网页的布局方法

随着越来越多显示设备的出现,从电脑显示器到平板电脑再到智能手机,显示屏幕的分辨率及物理尺寸的差别非常大。在进行网页布局设计时,面临的最大问题就是要针对不同物理尺寸和分辨率的显示器设计出合理布局的页面,使用户都能得到良好的体验。

在网页的布局设计中,一般采用绝对宽度布局、相对宽度布局和响应式布局三种基本方法。

5.2.1 绝对宽度布局

绝对宽度布局也称为固定宽度布局,是指为网页布局容器<body>…</body>或<body><div>…</div></body>等设置一个绝对宽度值(固定值,单位为 px),然后在<body>…</body>或<div>…</div>容器中再具体详细设计页面栏目的所有代码模块(例如,div 框或 header 框、nav 框、footer 框、article 框、aside 框、section 框等元素框)。采用绝对宽度布局的页面在屏幕不同分辨率下的浏览效果如图 5-5 所示。

为了适应主流的显示分辨率(目前是 1920×1080px,早期是 1024×768px、800×600px),网页的固定宽度一般设计为与屏幕分辨率相当的尺寸(例如 1650px、1920px),使得浏览器在最大窗口状态下浏览网页时不出现水平的滚动条。

在绝对宽度布局的网页中,不管屏幕分辨率如何变化,用户看到的网页内容与效果都是一样的。它的好处是能如同平面媒体一样,版面上所有栏目的大小和位置都能维持不变,让用户的操作习惯不会受到屏幕分辨率大小的影响。

请注意,当显示器屏幕分辨率设置过低、其宽度值小于网页页面的固定宽度值或者浏览

图 5-5 绝对宽度布局网页在屏幕不同分辨率下的浏览效果

器窗口的水平宽度小于网页的固定宽度时,会在浏览器底部出现水平滚动条。

采用绝对宽度布局的优点如下。

(1) 设计师所设计的网页界面就是用户最终所能看到的效果;

(2) 在屏幕的分辨率不同或浏览器窗口宽度不同的情况下,浏览网页时页面的宽度都一样,设计简单并且容易布局;

(3) 不需要 min-width、max-width 等属性,因为有些浏览器并不支持这些属性;

(4) 即使需要兼容 800×600px 或更小的分辨率,网页的主体内容仍然有足够的宽度易于阅读。

采用绝对宽度布局的缺点如下。

(1) 对于使用高分辨率的用户,绝对宽度布局的网页会在左右两侧留下很大的空白空间;

(2) 屏幕分辨率过小时会出现横向滚动条;

(3) 当使用绝对宽度布局时,应该确保页面容器<body>…</body>或<body> … </body>在显示器屏幕中居中(margin: 0 auto)以保持一种显示平衡,否则对于使用大分辨率的用户,整个页面会被偏置到左边或右边去。

【思考题】

在网页设计中,使用＜body＞…＜/body＞直接作为布局容器与使用＜body＞＜div＞…＜/div＞＜/body＞中的＜div＞…＜/div＞作为布局容器有什么区别?

5.2.2 相对宽度布局

相对宽度布局是指为网页布局容器＜body＞…＜/body＞或＜body＞＜div＞…＜/div＞＜/body＞设置一个合适的相对宽度值(相对显示器屏幕宽度或浏览器宽度的值,例如90%、100%),或者不设置宽度值(默认,其默认值为 auto,小于且接近100%),然后在＜body＞…＜/body＞或＜div＞…＜/div＞布局容器中设计页面栏目的所有代码模块(例如其他的 div 框或 header 框、nav 框、footer 框、article 框、aside 框、section 框等元素框)。采用相对宽度布局的页面在屏幕不同分辨率下的浏览效果如图 5-6 所示。

图 5-6 相对宽度布局网页在屏幕不同分辨率下的浏览效果

相对宽度布局不会像绝对宽度布局那样出现左右两侧空白空间或水平滚动条,它可以根据显示器屏幕分辨率的大小或浏览器窗口宽度的大小自动调整效果。犹如一个吸入液体的注

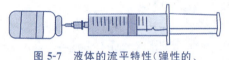

图 5-7　液体的流平特性（弹性的、可伸缩的填充）

射器，不论活塞位于什么位置，当水平放置时其中的液体总是会触碰到容器的两端（如图 5-7 所示），故相对宽度布局也称为流式布局或液态布局。

在相对宽度布局的网页中，设置宽度尺寸使用百分数（搭配 min-*、max-* 属性使用）。例如，设置网页主体的宽度为 80%，min-width 为 800px。图片也作类似处理（width：100%，max-width 一般设定为图片本身的尺寸，防止被拉伸而失真）。这种布局方式适用于屏幕尺度跨度不是太大的情况，主要用来应对不同尺寸的 PC 屏幕。

相对宽度布局的优点如下。

（1）对用户更加友好，能够较好地自适应用户的显示屏幕；

（2）页面周围的空白空间在屏幕的不同分辨率或浏览器不同窗口宽度的情况下，比例都是相同的，在视觉上更美观；

（3）避免在屏幕分辨率比较低的情况下出现水平滚动条。

相对宽度布局的缺点如下。

（1）设计者需要在不同的分辨率下进行测试，才能够看到最终的设计效果；

（2）针对不同分辨率下的图像或者视频，可能需要准备不同的对应的素材；

（3）在屏幕分辨率跨度特别大时，内容会过大或者过小，变得难以阅读。

目前，一般情况下网页布局通常会采用绝对宽度布局与相对宽度布局进行混合布局设计，如图 5-8 所示。页首与页脚采用相对宽度布局，页面中间主体部分采用绝对宽度布局，在视觉上可达到一种布局平衡美的效果。

图 5-8　混合布局页面在屏幕不同分辨率下的浏览效果

5.2.3 响应式布局

随着 CSS3 出现媒体查询技术,又发展出了响应式布局设计的概念。响应式布局设计的目标是确保一个页面在所有终端(各种尺寸的 PC、手机、平板电脑等)上的 Web 浏览器中都能显示出令人满意的效果。

对 CSS 编写者而言,虽然在实现上不拘泥于具体手法,但是通常是糅合了流式布局,再搭配媒体查询技术使用。它能够帮助网页根据不同的设备平台对内容、媒体文件和布局结构进行相应的调整与优化,从而使网站在各种环境下都能为用户提供一种最优且相对统一的体验模式。

响应式布局的关键技术是 CSS3 中的媒体查询,可以在不同分辨率下对元素重新设置样式,在不同屏幕下可以显示不同版式,一般来说响应式布局配合流式布局效果更好。

5.3 应用 div+ CSS 设计页面板块

网页页面一般由页首(页面顶部)、页面主体、页脚(页面底部)三个主要部分组成。在网站中为了构成统一的样式或风格,页面的页首和页脚一般是相同的或相似的,而页面主体的板块布局则千差万别,但基本结构还是相同的。图 5-9 给出了一个典型的页面板块布局示意图。

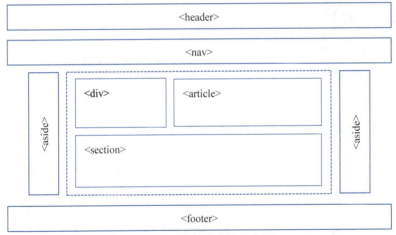

图 5-9 页面板块布局示意图

网页的布局容器除了应用 div 框外,还可以应用 header 框、nav 框、footer 框、main 框、article 框、aside 框、section 框等,这些元素框是有语义的 div 框,有利于网页的设计与交流。表 5-2 给出了这些 HTML5 语义元素的含义。

表 5-2 HTML5 布局语义元素

标签	含 义
header	定义文档或节的页眉。描述文档的头部区域,通常包括网站 logo、banner、主导航、全站链接以及搜索框等。在页面中可以使用多个＜header＞元素
nav	定义页面的导航链接部分

续表

标签	含义
main	定义页面的主题内容,一个页面只能使用一次
section	定义文档中的节、区块(可以有页眉和页脚)。例如,章、节、页眉、页脚或文档中的其他部分
article	定义页面一个完整的、自成一体的内容块,例如文章或新闻报道等
aside	定义与主要内容相关的内容块,通常显示为侧边栏
footer	定义文档或节的页脚。描述文档的底部区域,通常包含文档的作者、著作权信息、链接的使用条款、联系信息等。在文档中可以使用多个 <footer>元素

5.3.1 页首板块设计

页面页首由 header 框和 nav 框构成,一般采用相对宽度布局方法进行设计。

在<header>…</header>中先要布置网站的 logo,然后再布置 banner、网站主题图片、主题文字、搜索框、登录、注册等网页内容。

在<nav>…</nav>中布置网站的一级导航栏目,采用下拉框的方式布置二级导航栏目。

nav 框可以布置在 header 框的上面,两者也可以融为一体。

5.3.2 页脚板块设计

页面页脚由 footer 框构成,一般采用相对宽度布局方法进行设计。

在<footer>…</footer>中一般要注明版权申明、ICP 备案号、网站公安机关备案号等内容。如果网站涉及经营性业务,还需申请经营性服务网站备案许可证。

5.3.3 页面主体板块设计

页面主体板块一般由 main 框、div 框、article 框、aside 框、section 框等构成,这些元素框可以嵌套,表示更复杂的页面结构。

页面主体板块一般采用绝对宽度布局方法进行设计。

对页面主体板块进行水平分割或垂直分割,可以划分为许多小框。如图 5-9 所示,中间的主体部分由 div 框、article 框、section 框(三个代码框)构成,如何使它们在浏览器中能够显示为倒"品"字型布局式样,则需要对这些元素框进行正确的定位,具体内容见 5.4 节。

5.4 元素框的定位与浮动

应用 div+CSS 设计页面板块,就是在网页布局容器中有规则地布置 div 框、有语义的 div 框或者文本元素、img 元素等,即将页面看成是由很多矩形 div 框(这些 div 框之间可以是并列关系,也可以是嵌套关系)组成的,通过 CSS 定义 div 框的样式(位置和大小),将这些 div 框布置在网页中合适的位置并控制其大小,最终显示出其中的内容。

应用 div+CSS 设计页面板块时，如果不对这些 HTML 元素进行 CSS 设置，浏览器会采用默认值进行渲染。

【☼延伸阅读☼】

网页页面是按照文档流进行渲染的。文档流是浏览器在页面上显示 HTML 元素所用的页面流，即浏览器从 HTML/XTHML 文件的最上面开始，从上往下逐个处理与显示所遇到的各个元素，直到文件结束。

一般情况下，HTML 元素在文档流中的位置是由该元素在 HTML/XTHML 文档中的位置决定的，大多数元素默认在文档流中。元素按 HTML/XTHML 文档中编写的先后顺序，上下左右堆叠排列。块级元素从上往下排列（每个块级元素单独成行），内联元素从左向右排列（内联元素前后不换行）。

CSS 提供了三种页面渲染机制：普通文档流、定位（position）和浮动（float）。

元素的 position 属性指定了元素框的定位类型，position 属性有五个值：static、relative、fixed、absolute 和 sticky。元素框可以使用顶部 top、底部 bottom、左侧 left 和右侧 right 属性进行精确定位，但是必须先设定 position 属性，否则这些属性无法工作、不起作用。即元素框的定位由定位类型与定位属性值两部分组成，缺一不可。

元素的 float 属性会使元素框向左或向右移动，该属性提供了在网页中布置元素框位置的另一种方式。

5.4.1 静态定位

静态定位即 static 定位，定义 HTML 元素在页面中的位置按照普通文档流的方式显示。

HTML 元素静态定位的属性设置方法是：

```
position: static;
```

HTML 元素静态定位，元素不脱离文档流，元素的位置遵循正常的文档流。

注意：静态定位的 HTML 元素不会受到 top、bottom、left、right 影响，即设置这些值不起任何作用。

如果不对 HTML 元素进行任何 position 定位设置，默认设置的就是静态定位 position: static。

【实例 5-1】 在网页的布局容器中设计 5 个代码模块，插入相关图片与文字，并为其设置静态定位。

采用代码编写法设计网页。

1. 打开 Dreamweaver 2021，创建站点，新建一个 HTML5 文档，保存为"Exmp-5-1 网页布局-静态定位.html"。

2. 在 \<body\>…\</body\> 中设计页面的各个布局元素框。首先插入一对 \<header\>…\</header\> 标签作为页面的顶部，水平宽度默认设置；其次插入一对 \<article\> 小米手机…\</article\> 标签作为页面主题的文字栏目，宽度设置为 85%，水平居中对齐；然后插入 \<div id="mainblock"\>\<section\>…\</section\>\</div\> 嵌套标签作为页面主体板块的布局,宽度设置为85%,水平居中对齐,紧接着在其中插入5对<div>…</div>标签作为5个代码模块,水平宽度默认设置;最后插入一对<footer>…</footer>标签作为页面的底部。

3. 输入网页文本内容。在各对标签中,输入相应的文本内容、插入图像等,完成网页的设计。

4. 测试、修改,通过后发布网页。本实例网页的核心代码如表5-3所示,完整的代码请下载课程资源浏览。

表5-3 实例5-1的核心代码(Exmp-5-1 网页布局-静态定位.html)

行	核 心 代 码
1	`<html>`
2	`<head>`
3	`<style>`
4	`header { background-color: #2E8B57; height: 150px; display: flex; }`
5	`footer { background-color: darkcyan; height: 100px; text-align: center; line-height: 100px; }`
6	`div#theme { font-size: 48px; font-family: '华文琥珀'; color: #FF0;`
7	`  display: flex; align-items: center; justify-content: center;`
8	`  flex-basis: 1; flex-grow: 1; flex-shrink: 0; }`
9	`#mainblock { background-color: #AAAAAA; position: relative; top: 0px; }`
10	`# container1 { width: 85%; margin: 0px auto; border: 1px solid # 000; position:static; }`
11	`.item { border: 1px solid # F00; margin: 3px; padding: 10px; font-size: 10px; }`
12	`.item1 { background-color: FloralWhite; position:static; }`
13	`.item2 { background-color: MistyRose; position:static; }`
14	`.item3 { background-color: Honeydew; position:static; }`
15	`.item4 { background-color: PapayaWhip; position:static; }`
16	`.item5 { background-color: AliceBlue; position:static; }`
17	`article { border: 1px solid # FF0000; width: 85%; margin: 5px auto; padding: 0px; }`
18	`</style>`
19	`</head>`
20	`<body>`
21	`  <header>`
22	`    <div><img src="Logo/MyLogo.png" width="175" height="114" alt=""/> World Wide Web</div>`
23	`    <div id="theme">Web前端开发案例剖析教程</div>`

续表

行	核 心 代 码
24	`</header>`
25	`<article>`小米手机价格实惠,性价比非常高……小米手机是人人都用得起的手机。`</article>`
26	`<div id="mainblock">`
27	`    <section id="container1">`
28	`        <div class="item  item1" ><img src="Pic-Mi/M14.jpg" width="200" height="200" alt=""/> `
29	`            小米 14 徕卡光学镜头 光影猎人 900 徕卡 75mm 长焦 骁龙 8Gen3 16+512……</div>`
30	`        <div class="item  item2" ><img src="Pic-Mi/M13pro.jpg" width="200" height="200" alt=""/> `
31	`            小米(MI)Redmi Note13Pro 新 2 亿像素第二代 1.5K 高光屏 骁龙 7s……</div>`
	`            ……`
32	`        <div class="item  item5" ><img src="Pic-Mi/M11.jpg" width="200" height="200" alt=""/> `
33	`            小米(MI)Redmi Note 11 5G 天玑 810 33W Pro 快充 5000mAh 8GB+ 256GB……</div>`
34	`    </section>`
35	`</div>`
36	`<footer>`
37	`    <div style="line-height: 1.5; display: inline-block; vertical-align: middle;">`
38	`        <span>Copyright © 2023-2024 WebStudy </span><span> All rights reserved.</span> `
39	`    </div>`
40	`</footer>`
41	`</body>`
42	`</html>`

网页的运行结果如图 5-10 所示,其中图 5-10(a)的 5 个 div 宽度默认设置,图 5-10(b)的 5 个 div 宽度设置为 200px。

【实例剖析】

1. 页首与页脚板块采用相对宽度布局法,宽度不设置,即为默认值。

2. 页面主体板块采用相对宽度布局法,宽度值设置为 85%,其中的 5 个元素框采用静态定位进行布局。

3. 在网页设计中,如果没有对 HTML 元素进行属性设置,则均按默认规则进行处理。

4. 在 5 个 div 框中分别插入<img>元素、
元素与文本元素。文本元素在 div 框

(a) 宽度默认设置　　　　　　(b) 宽度设置为200px

图 5-10　页面静态定位布局效果图

中从左到右逐个依次填充，如果触碰到 div 框的右边界放置不下去，则自动换行，div 框的高度自动增加一个换行的高度。div 框的高度是<img>元素与文本元素的高度之和。在默认设置下，图文不会溢出到 div 框外(每行仅有一个<img>元素开始的情况有可能出现例外)。

5. 在默认设置下，div 框的宽度与父容器 section 框保持一致，高度随着图文元素填充区域高度的变化而变化，即在高度方向上 div 框底边始终紧贴着图文元素的底部。如果给 div 框设置了固定的宽度和高度值，图文元素在水平方向上的填充规律不变，在高度方向上填充满后可以溢出 div 框的底边。在一般情况下对网页进行布局，就是要给 div 框设置合适的宽度(或宽度与高度)，保证图文元素不溢出 div 框的边界。

6. <body>…</body>容器与浏览器窗口之间默认有几像素的空白间隙，使得页面在渲染时美观。如果想去掉这些默认值，需要自定义，一般在样式表的最开始写下代码 *{ margin: 0; padding: 0; }即可。

5.4.2　固定定位

固定定位即 fixed 定位，定义 HTML 元素在页面中的位置相对于浏览器窗口是固定的，即使窗口是滚动的，它也不会移动。

HTML 元素固定定位的属性设置方法是：

```
position: fixed;
```

HTML 元素固定定位，元素的位置与文档流无关，元素脱离文档流单独显示。

因此，固定定位的元素会与其他元素重叠，设计时应该设置 top、left、right 或 bottom 值，将其放在合适的位置。有时可能还需要设置 z-index 值，将其置放在其他元素层的前面，保证其不被遮挡。

【**实例 5-2**】 在实例 5-1 的基础上,将<header>…</header>容器设置为固定定位。

操作过程较为简单,省略不写。完整的代码请下载课程资源浏览。图 5-11 是固定定位的效果图,其中图 5-11(a)为滚动前截图,图 5-11(b)为滚动后的截图。

注意:如果 HTML 元素未设置宽度值而采用默认值,当为其设置固定定位属性后,元素框的右边就会紧贴着其中的图文元素,在水平宽度方向上发生紧缩现象。

(a) 滚动前

(b) 滚动后

图 5-11　面固定定位布局效果图

【**思考题**】

在网页设计中,<header>…</header>应用固定定位与<div>…</div>应用固定定位有什么不同?

5.4.3　黏性定位

黏性定位即 sticky 定位,定义 HTML 元素在页面中的位置依赖于用户的滚动,当页面滚动超出设定的目标区域时,它的表现就像固定定位,固定在目标位置不动。

HTML 元素黏性定位的属性设置方法是:

```
position: sticky;
```

HTML 元素黏性定位,元素不脱离文档流,元素的位置遵循正常的文档流。

请注意,元素黏性定位表现为在跨越特定阈值前为相对定位,之后为固定定位。这个特定阈值指的是 top、right、bottom 或 left 之一。换言之,指定 top、right、bottom 或 left 四个阈值其中之一,才可使黏性定位生效,否则其行为与相对定位相同。

【实例 5-3】 在实例 5-1 的基础上,将＜article＞…＜/ article＞容器设置为黏性定位。

操作过程较为简单,省略不写。完整的代码请下载课程资源浏览。图 5-12 是黏性定位的效果图,其中图 5-12(a)为滚动前截图,图 5-12(b)为滚动后截图。

(a) 滚动前

(b) 滚动后

图 5-12 页面黏性定位布局效果图

【✿延伸阅读✿】

黏性定位的规则如下:①父元素不能设置 overflow:hidden 或者 overflow:auto 属性;②必须指定 top、bottom、left、right 4 个值之一,不然只会处于相对定位;③父元素的高度不能低于 sticky 元素的高度;④sticky 元素仅在其父元素内生效;⑤sticky 元素不脱离文档流。

5.4.4 相对定位

相对定位即 relative 定位,定义 HTML 元素在页面中相对元素自身在父容器中原始位置的偏移位置。HTML 元素相对定位的属性设置方法是：

`position: relative;`

HTML 元素相对定位，元素不脱离正常的文档流。

HTML 元素进行相对定位，可以设置 top、left、right 或 bottom 值，表示该元素离开其在普通流中原始位置的偏移距离，该元素在新的指定位置显示，并且该元素原始位置的空间保留，不被其他元素占据。

如果不设置 top、left、right 或 bottom 值，浏览器就使用默认值，HTML 元素在原始位置，不发生任何移动。因此，HTML 元素设置"position：relative；"而不设置 top、left、right 或 bottom 值，其效果与"position：static；"完全一样。

注意：HTML 元素相对定位是其对直接父元素的相对定位，定位参考点为其在父容器中原始位置的左上角。对 HTML 元素设置"position：relative；"定位属性（top、left 值默认不设置），一般应用在按照正常的文档流显示 HTML 元素的场景。

【实例 5-4】 在网页的布局容器中设计 5 个代码模块，在其中插入相关的图片与文字，并为其设置相对定位，观察效果，然后调整 top、left、right 或 bottom 值的设置，使 5 个元素框排成一行。

对实例 5-1 的代码进行修改即可。

1. 将"Exmp-5-1 网页布局-静态定位.html"另存为"Exmp-5-2 网页布局-相对定位.html"，启动 Dreamweaver 2021，打开文件进行编辑。

2. 为<div id="mainblock">设置"position：relative；top：-20px；"，为<section id="container1">设置"position：relative；top：10px；"，为<div class="item1">设置"position：relative；top：-20px；"，为<div class="item2">设置"position：relative；left：200px；"，为<div class="item5">设置"position：relative；left：200px；top：-200px；"。对比默认设置与上述设置的网页浏览效果，看看两者有哪些不同。

3. 为<div class="item">设置"width：200px；"，为". item1"至". Item5"设置不同的、恰当的 left、top 值，为<div id="mainblock">设置"position：relative；top：0px；height：280px；"，为< section id=" container1 >设置"position：relative；top：0px；height：278px；"，观察 5 个元素框排成一行的网页浏览效果。

4. 完成网页的设计，进行测试修改，通过后发布网页。本实例网页的核心代码（CSS 代码，其他代码与实例 5-1 相同）如表 5-4 所示，完整的代码请下载课程资源浏览。

表 5-4 实例 5-4 的核心代码（CSS 代码部分）（Exmp-5-2 网页布局-相对定位.html）

行	核心代码（CSS 代码部分）
1	`<style>`
2	`#mainblock { background-color: #AAAAAA;  position: relative;  top: 0px; height: 280px; }`
3	`#container1 { width: 85%;  margin: 0px auto;  border: 1px solid #000;`
4	`    position: relative;   top: 0px;  height: 278px; }`

续表

行	核心代码（CSS 代码部分）
5	.item { width: 200px; border: 1px solid #F00; margin: 3px; padding: 10px; font-size: 10px; }
6	.item1 { background-color: FloralWhite; position:relative; margin: 3px; //默认 3px 的空白间隙 }
7	.item2 { background-color: MistyRose; position:relative; top: -268px; left: 230px; }
8	.item3 { background-color: Honeydew; position:relative; top: -536px; left: 460px; }
9	.item4 { background-color: PapayaWhip; position: relative; position: relative; top: -804px; left: 690px; }
10	.item5 { background-color: AliceBlue; position:relative; top: -1072px; left: 920px; }
11	</style>

【实例剖析】

1. 本实例第 2 步操作的网页效果如图 5-13（a）所示。可以看到，无论＜div id＝"mainblock"＞与＜section id＝"container1"＞怎样改变在网页中的位置，div 框相对定位是针对其父容器＜section id＝"container1"＞的位置偏移；通过偏移可以将 5 个 div 框排成一行；div 框移动后留下的空间没有其他 HTML 元素去替补占据；div 框右移触碰到父容器边界后，其宽度并未缩小，而是产生溢出现象；第 5 个 div 框上移后，其父容器＜section id＝"container1"＞的高度并没有缩小。

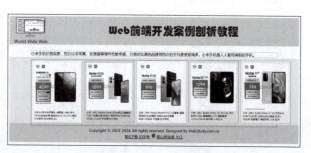

(a) 第2步　　　　　　　　　　　(b) 第3步

图 5-13　页面相对定位布局效果图（Chrome、Edge 测试通过）

2. 本实例第 3 步操作的网页效果如图 5-13(b)所示。可以看到,通过调整元素框的位置和大小(包括调整父容器的高度),能够达到最佳布局效果。但是,对于父容器采用弹性宽度布局的情况,在某分辨率下是正确的,当分辨率变大或变小都会产生不佳的布局效果,如图 5-14 所示。

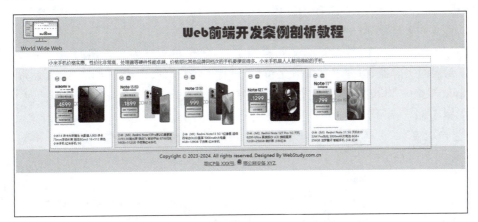

(a) 缩小

(b) 放大

图 5-14　页面相对定位布局效果图

3. 当网页中布局父容器宽度取固定值、容纳图文元素的 div 框设置宽度时,应用相对定位进行板块布置可获得在不同分辨率下良好的浏览效果。

5.4.5　绝对定位

绝对定位即 absolute 定位,用于定义 HTML 元素在页面中相对其父容器原点(左上角)的偏移位置。

HTML 元素绝对定位的属性设置方法是:

```
position: absolute;
```

HTML 元素绝对定位,元素脱离正常的文档流。

绝对定位可以使该元素脱离普通流的布局(其位置由后面的元素替补占据),独立地在页面的指定位置上显示。

HTML 元素进行绝对定位时,必须设置 top、left、right 或 bottom 值,表示该元素离开父元素原点的偏移距离,该元素在新的指定位置显示,有时还要设置 z-index 值,将其显示在前面层而不被其他元素覆盖。

注意:如果不设置 top、left、right 或 bottom 值,浏览器就使用默认值,绝对定位的 HTML 元素都会重叠在一起,产生覆盖现象。

HTML 元素绝对定位,是其对父元素的定位,定位参考点为父容器的左上角。如果该 HTML 元素的父容器、祖容器都没有定位(未设置 position 属性或 position:static),则其直接对 <body>…</body> 容器定位,定位参考点为 <body>…</body> 容器的左上角。

【实例 5-5】 在网页的布局容器中设计 5 个元素框,在其中插入相关的图片与文字,并为其设置绝对定位,观察效果,然后调整 top、left、right 或 bottom 值的设置,使 5 个元素框模块排成一行。

对实例 5-4 的代码进行修改即可。

1. 将"Exmp-5-4 网页布局-相对定位.html"另存为"Exmp-5-5 网页布局-绝对定位.html",启动 Dreamweaver 2021,打开文件进行编辑。

2. 将 <div class="item1"> 至 <div class="item5"> 中的 "position:relative;" 全部改为 "position:absolute;",top 值全部改为 0px,left 值保持不变,观察 5 个元素框排成一行的效果。

3. 完成网页的设计,进行测试修改,通过后发布网页。本实例网页的核心代码(CSS 代码,其他代码与实例 5-4 相同)如表 5-5 所示,完整的代码请下载课程资源浏览。

表 5-5 实例 5-5 的核心代码(CSS 代码部分)(Exmp-5-5 网页布局-绝对定位.html)

行	核心代码(CSS 代码部分)
1	`<style>`
2	`#mainblock{ background-color: #AAAAAA;  position: relative;  top: 0px;  }`
3	`#container1{ width: 85%; height: 278px;margin: 0px auto; border: 1px solid #000; position: relative; top: 0px;}`
4	`.item{ width: 200px;  margin: 3px;  padding: 10px;  border: 1px solid #F00; font-size: 10px;  }`
5	`.item1{ background-color: FloralWhite;  margin: 3px;  position:absolute;  }`
6	`.item2{ background-color: MistyRose;  position:absolute;  top: 0px;  left: 230px;  }`
7	`.item3{ background-color: Honeydew;  position:absolute;  top: 0px;  left: 460px;  }`
8	`.item4{ background-color: PapayaWhip;  position:absolute;  top: 0px;  left: 690px;  }`
9	`.item5{ background-color: AliceBlue;  position:absolute;  top: 0px;  left: 920px;  }`
10	`article{ width: 85%;  border: 1px solid #FF0000;  margin: 5px auto;  padding: 0px;  }`
11	`</style>`

图 5-15 是绝对定位的效果图,其中图 5-15(a)为正在调整位置属性值的截图,图 5-15(b)为网页设计完成后的截图。

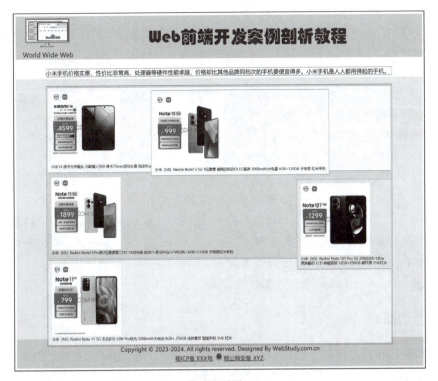

(a) 调整设置

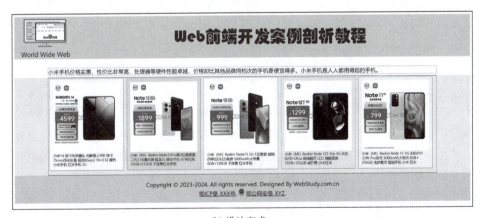

(b) 设计完成

图 5-15　页面绝对定位布局效果图(Chrome、Edge 测试通过)

【实例剖析】

1. HTML 元素绝对定位,其父容器或祖容器必须有一个设置 position 属性(不能是 position：static;),否则其直接对<body>…</body>容器定位。

2. 对未设置宽度值的 HTML 元素进行绝对定位,该元素框的右边界向内紧缩,紧贴着其中的图文元素,对设置了宽度值的,不会发生该现象。

3. 对 HTML 元素进行绝对定位,必须设置 top、left、right 或 bottom 值,将其移动到指定位置,否则会重叠在一起。当 HTML 元素(未设置宽度值与定位点)在其父容器框内时,该元素框的右边界始终不超越父容器的右边界(如果该元素框内有大尺寸图片,可能会溢出边界),遵循父子容器嵌套的默认设置规则。

4. 当 HTML 元素进行绝对定位时,文档流中就移除该元素,父容器中其他元素按照文档流进行显示,在网页中就会看到该元素的位置被其他元素所占据。

5. 当 HTML 元素进行绝对定位时,如果父容器没有设置高度值,父容器的底边界向内紧缩,紧贴着其中图文元素,如果此时父容器内的所有 HTML 元素都设置了绝对定位,那么父容器就会产生高度塌陷,父容器从一个框变成一条线。

6. 与相对定位一样,对于父容器采用弹性宽度布局的情况,HTML 元素进行绝对定位,在某分辨率下是正确的,当分辨率变大或变小都会产生不佳的布局效果。

7. 当网页中布局父容器宽度取固定值、容纳图文元素的 div 框设置宽度时,应用绝对定位进行板块布置也可获得在不同分辨率下良好的浏览效果。

【小提示】 ①只有当 position 的属性值为 absolute 或 fixed 时,定位的 HTML 元素才会脱离文档流;②当 position 的属性值为 relative、absolute 或 fixed 时,可以使用元素的偏移属性 left、top、right 和 bottom 进行精确定位;③当 position 属性为 static 时,会忽略 left、top、right、bottom 和 z-index 等相关属性的设置。

5.4.6 浮动布局

绝对定位和相对定位都必须根据元素框的实际尺寸计算,给每个元素框设置合适的 left 值和 top 值,才能使它们排成一行,或者布局到指定的位置。此外,还必须考虑元素框逐一排列时是否会触碰到布局父容器框的右边界(可以重合),既不能超出右边界,也不能与右边界有太大的间隙或不同的间隙(多行排列情形),采用绝对定位和相对定位排列板块十分不方便。应用浮动布局可以较好地解决该问题。

HTML 元素浮动布局的属性设置方法是:

```
float: left | right | none;
```

为 HTML 元素设置 float 属性,会使该元素脱离其正常的文档流,向左或向右移动,同时其他内容会环绕它。如果不希望后面的 HTML 元素受到前面浮动的影响,可以使用 clear 属性,设置方法是:

```
clear: left | right | both;
```

【实例 5-6】 在网页的布局容器中设计 5 个代码模块,在其中插入相关的图片与文字,对其进行浮动布局,使 5 个代码模块排成一行。

1. 启动 Dreamweaver 2021,在网站中新建 HTML5 文件,保存为"Exmp-5-6 网页布局-浮动布局.html"。

2. 输入如表 5-6 所示的 CSS 代码,其余代码与实例 5-1 相同。

表 5-6　实例 5-6 的核心代码（CSS 代码部分）（Exmp-5-6 网页布局-浮动布局.html）

行	核心代码（CSS 代码部分）
1	`<style>`
2	`#mainblock{ background-color: #AAAAAA;  position: relative;  top: 0px;  }`
3	`#container1{width: 85%; margin: 0px auto; border: 1px solid #000; position: relative; top: 0px; height: 278px;}`
4	`.item{ width: 200px;  border: 1px solid #F00;  padding: 10px;  font-size: 10px;  float: left;  }`
5	`.item1{ background-color: FloralWhite;  }`
6	`.item2{ background-color: MistyRose;  }`
7	`.item3{ background-color: Honeydew;  }`
8	`.item4{ background-color: PapayaWhip;  }`
9	`.item5{ background-color: AliceBlue;  float: right;  }`
10	`article{ width: 85%;  border: 1px solid #FF0000;  margin: 5px auto;  padding: 0px;  }`
11	`</style>`

3. 完成网页的设计，进行测试修改，通过后发布网页。本实例网页的完整代码请下载课程资源浏览。

图 5-16 是浮动布局的效果图。图 5-16（a）为正在调整属性值设置的截图，其中第 2、5 个 div 设置了浮动属性，其余 div 均未设置浮动属性。图 5-16（b）为网页设计完成后的截图，5 个 div 框均设置了宽度值 200px，父容器 section 框设置了高度值 278px。

【实例剖析】

1. 对布局容器中的第一个 HTML 元素设置浮动属性后，该元素框的右边界（float：left；）或左边界（float：right；）向内紧缩，紧贴着其中的图文元素，在该行后面或前面腾出空间，留给其他 HTML 元素排列使用。

2. HTML 元素设置浮动属性后，该元素的左边界（float：left；）或右边界（float：right；）与布局父容器边界接触，没有间隙存在。该 HTML 元素后面的第二个 HTML 元素受到其影响，也产生浮动效应，与其排成一行，两者边框接触，没有间隙存在，顶端对齐，第二个元素的原始位置被后面的第三个元素所占据。如果一行空间排列不下，不发生溢出而是换行显示。如果第二个 HTML 元素也设置了浮动属性，这种浮动效应就会传递下去，影响后面的 HTML 元素；如果想终止浮动效应，不想浮动的 HTML 元素必须设置 clear 属性。

3. 如果布局父容器没有设置高度值，容器内的 HTML 元素产生浮动后，容器的高度会自动减小，容器框的底边始终紧贴着其中的图文元素；如果此时容器内的 HTML 元素全部产生浮动，那么父容器就会产生高度塌陷，父容器从一个框变成一条线。

4. 当网页中布局父容器宽度取固定值或取相对值（百分比）、容纳图文元素的 div 框设置宽度时，应用浮动布局进行板块布置均可以获得在不同分辨率下良好的浏览效果。

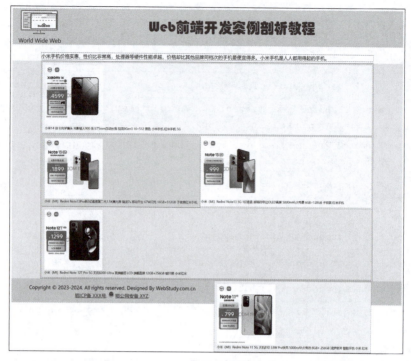

(a) 调整属性值

(b) 设计完成

图 5-16　页面浮动布局效果图（Chrome，Edge 测试通过）

5. 采用浮动布局，不需要计算 div 框的位置，也不用担心 div 框跑到父容器的边界外。

但必须注意的是，使用浮动排版时，父容器内的各子 div 框的高度必须一致，否则会发生卡位现象，如图 5-17 所示。如果剩余的空间宽度不能容纳下一个 div 框，该 div 框的顶边会先紧贴着前面一个 div 框的底边，然后再向左或向右浮动。

【思考题】

在网页中，对一些 HTML 元素设置了浮动属性，而后面的 HTML 元素不想再使用浮动属性，在哪些地方可用应用 clear 属性进行清除？试结合一个具体的实例说明。

图 5-17　页面浮动布局发生的卡位现象

5.5　弹 性 布 局

弹性布局是指布局容器内的 HTML 框能够在宽度方向（或宽度与高度方向）上自由伸缩，HTML 框排列时，布局容器框始终与其内部的 HTML 框保持边界接触或边界距离。

弹性布局提供一种有效的方式来对一个容器中的子元素进行排列、对齐和分配空白空间。

弹性布局与浮动布局的一个主要区别是，当使用 float 样式属性时，需要对容器中每一个元素指定样式属性，而当使用 flex 样式属性时，只需对容器元素指定样式属性。

5.5.1　flex 容器

采用弹性布局的元素，称为 flex 容器（flex container），简称"容器"。它的所有子元素自动成为容器成员，称为 flex 项目（flex item），简称"项目"。

容器默认存在两根轴：主轴（main axis）和垂直的交叉轴（cross axis）。主轴的开始位置（与边框的交叉点）叫作 main start，结束位置叫作 main end；交叉轴的开始位置叫作 cross start，结束位置叫作 cross end，如图 5-18 所示。

项目默认沿主轴排列。单个项目占据的主轴空间叫作 main size，单个项目占据的交叉轴空间叫作 cross size。

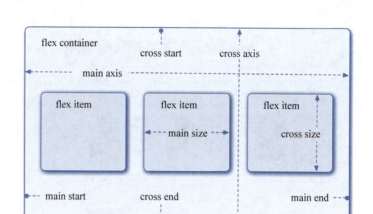

图 5-18 容器与项目示意图

任何一个容器都可以指定为弹性布局,语法格式如下:

.box{ display: flex; }

行内元素也可以使用弹性布局,语法格式如下:

.box{ display: inline-flex; }

WebKit 内核的浏览器,必须加上-webkit 前缀,语法格式如下:

.box{ display: -webkit-flex;   /* Safari */ display: flex; }

元素设为弹性布局以后,其子元素的 float、clear 和 vertical-align 属性将失效。

5.5.2 容器的属性

容器有 6 个属性,即 flex-direction、flex-wrap、flex-flow、justify-content、align-items、align-content,它们设置在容器上。容器的属性及其描述见表 5-7。

表 5-7 容器的属性及其描述

属　　性	描　　述
flex-direction	在弹性容器中设置,指定了弹性容器中子元素的排列方式(主轴的方向)
flex-wrap	在弹性容器中设置,设置弹性容器的子元素超出父容器时是否换行
flex-flow	在弹性容器中设置,flex-direction 和 flex-wrap 的简写
justify-content	在弹性容器中设置,定义弹性容器的子元素在主轴方向上的对齐方式
align-items	在弹性容器中设置,定义弹性容器的子元素在交叉轴方向上的对齐方式
align-content	在弹性容器中设置,用于进一步修改 flex-wrap 属性的行为,类似于 align-items,但它不是设置弹性子元素的对齐,而是设置各行的对齐

1. flex-direction 属性

flex-direction 属性决定主轴的方向(即项目的排列方向),语法格式如下:

```
.box{ flex-direction: row|row-reverse | column|column-reverse; }
```

该属性有 4 个取值。

(1) row(默认值)：主轴为水平方向，起点在左端。
(2) row-reverse：主轴为水平方向，起点在右端。
(3) column：主轴为垂直方向，起点在上沿。
(4) column-reverse：主轴为垂直方向，起点在下沿。

2. flex-wrap 属性

默认情况下，项目都排在一条线(又称"轴线")上。flex-wrap 属性用于定义当一条轴线排不下时如何换行。语法格式如下：

```
.box{ flex-wrap: nowrap | wrap|wrap-reverse; }
```

该属性有 3 个取值。

(1) nowrap(默认)：不换行。
(2) wrap：换行，第一行在上方。
(3) wrap-reverse：换行，第一行在下方。

图 5-19 表示了设置 flex-wrap：wrap 后，项目主轴总尺寸超出容器时换行，第一行在上方。图 5-20 表示了设置 flex-wrap：wrap-reverse 后，项目主轴总尺寸超出容器时换行，第一行在下方。

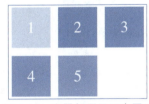
图 5-19　容器与项目示意图 1

图 5-20　容器与项目示意图 2

3. flex-flow 属性

flex-flow 属性是 flex-direction 属性和 flex-wrap 属性的简写形式。语法格式如下：

```
.box{ flex-flow: <flex-direction> || <flex-wrap>; }
```

默认值为 row nowrap，是将 flex-direction 属性和 flex-wrap 属性写在一起。

4. justify-content 属性

justify-content 属性定义了项目在主轴上的对齐方式。语法格式如下：

```
.box{ justify-content: flex-start|flex-end|center | space-between |space-around; }
```

该属性有 5 个取值，具体对齐方式与轴的方向有关，下面假设主轴为从左到右。

(1) flex-start(默认值)：左对齐。
(2) flex-end：右对齐。

（3）center：居中。

（4）space-between：两端对齐,项目之间的间隔都相等。

（5）space-around：每个项目两侧的间隔相等。故项目之间的间隔比项目与边框的间隔大一倍。

5. align-items 属性

align-items 属性定义项目在交叉轴上如何对齐。语法格式如下：

`.box{ align-items: flex-start|flex-end|center | baseline|stretch; }`

该属性有 5 个取值。具体的对齐方式与交叉轴的方向有关,下面假设交叉轴为从上到下。

（1）stretch（默认值）：如果项目未设置高度或设为 auto,将占满整个容器的高度。

（2）flex-start：交叉轴的起点对齐。

（3）flex-end：交叉轴的终点对齐。

（4）center：交叉轴的中点对齐。

（5）baseline：项目的第一行文字的基线对齐。

默认值为 stretch,即如果项目未设置高度或者设为 auto,将占满整个容器的高度。

假设在容器高度设置为 100px,而项目都没有设置高度的情况下,则项目的高度也为 100px。图 5-21 表示了设置 align-items：flex-start 时交叉轴的起点对齐方式。

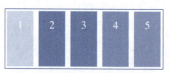

图 5-21　容器与项目示意图 3

假设容器高度设置为 100px,而项目分别为 20px、40px、60px、80px、100px,图 5-22 表示了设置 align-items：flex-start 时交叉轴的起点对齐方式。

图 5-23 表示了设置 align-items：flex-end 时交叉轴的起点对齐方式。图 5-24 表示了设置 align-items：center 时交叉轴的起点对齐方式。

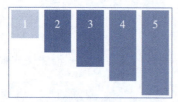

图 5-22　容器与项目示意图 4

图 5-23　容器与项目示意图 5

图 5-25 表示了设置 align-items：baseline 时交叉轴的起点对齐方式。项目的第一行文字的基线对齐。以文字的底部为主,仔细看图可以理解。

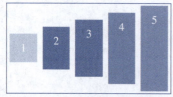

图 5-24　容器与项目示意图 6

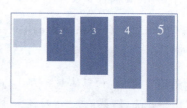

图 5-25　容器与项目示意图 7

6. align-content 属性

align-content 属性定义了多根轴线在交叉轴方向上的对齐方式。如果项目只有一根轴线,该属性不起作用。语法格式如下:

> .box{ align-content: flex-start|flex-end|center | space-between|space-around| stretch; }

该属性有 6 个取值,具体如下。
(1) stretch(默认值):轴线占满整个交叉轴。
(2) flex-start:与交叉轴的起点对齐。
(3) flex-end:与交叉轴的终点对齐。
(4) center:与交叉轴的中点对齐。
(5) space-between:与交叉轴两端对齐,轴线之间的间隔平均分布。
(6) space-around:每根轴线两侧的间隔都相等。故轴线之间的间隔比轴线与边框的间隔大一倍。

【实例 5-7】 align-content 属性不太好理解,这里具体举例说明。

如图 5-26 所示,在第一个容器里主轴为水平方向,即"flex-direction:row;",5 朵花不需要换行,但需要在交叉轴上对齐,设置"align-items:flex-end;",花朵底端对齐。

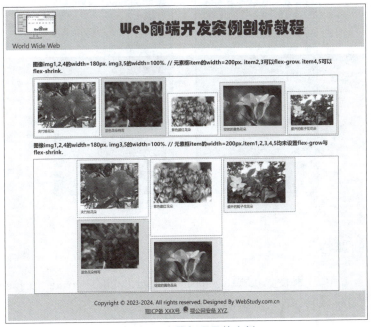

图 5-26 容器与项目的实例

在第二个容器里主轴为垂直方向,即"flex-direction:column;";在交叉轴上 5 朵花靠左对齐从上往下排列,即"align-items:flex-start;";高度有限需要换行,即"flex-wrap:wrap;";换行产生 3 根交叉轴,需要将它们居中对齐,即"align-content:center;"。当 align-content 默认值为 stretch 时,3 根交叉轴平分容器的水平方向上的空间。

当属性值为 flex-start、flex-end 和 center 时的效果如图 5-27 所示。

图 5-27　容器与项目示意图 8

当属性值为 space-between 和 space-around 时的效果如图 5-28 所示。从图中可以看出，space-between 表示三个水平轴线在垂直方向上两端对齐，它们之间的间隔相等，即剩余空间等分成间隙；space-around 表示每个水平轴线两侧的间隔相等，所以三个水平轴线之间的间隔比上下两个轴水平线到边缘的间隔大一倍。

图 5-28　容器与项目示意图 9

5.5.3　项目的属性

项目有 6 个属性，分别是 order、flex-basis、flex-grow、flex-shrink、flex、align-self，它们设置在项目上。flex 项目属性及其描述见表 5-8。

表 5-8　flex 项目属性及其描述

属　　性	描　　述
order	在弹性子元素上使用，定义子元素的排列顺序。默认值是 0
flex-basis	在弹性子元素上使用，规定子元素的初始长度，用长度单位或者百分比表示，用于设置或检索弹性盒伸缩基准值。默认值是 auto 注意：如果元素不是弹性盒子的子元素，则 flex-basis 属性不起作用

属　性	描　述
flex-grow	在弹性子元素上使用,规定该子元素将相对于其他子元素进行扩展的量,用于设置或检索弹性盒子的扩展比率。默认值是 0 注意：如果元素不是弹性盒子的子元素,则 flex-grow 属性不起作用
flex-shrink	在弹性子元素上使用,规定该子元素将相对于其他子元素进行收缩的量。默认值是 1 flex-shrink 属性指定了 flex 元素的收缩规则,弹性子元素仅在默认宽度之和大于容器的时候才会发生收缩,其收缩的大小是依据 flex-shrink 的值 注意：如果元素不是弹性盒子的子元素,则 flex-shrink 属性不起作用
flex	在弹性子元素上使用,用于设置或检索弹性盒子子元素如何分配空间 flex 属性是 flex-grow、flex-shrink 和 flex-basis 属性的简写属性。默认值是 0、1、auto 注意：如果元素不是弹性盒子的子元素,则 flex 属性不起作用
align-self	在弹性子元素上使用,覆盖容器(弹性盒子)设置的 align-items 属性,显示该子元素的 align-self 属性。默认值是 auto

1. order 属性

order 属性定义项目在容器中的排列顺序,数值越小,排列越靠前。语法格式如下：

.item { order: <integer>; }

默认值为 0。

如图 5-29 所示,在 HTML 结构中,虽然 −2、−1 的 item 排在后面,但是由于分别设置了 order,它们便能够排到最前面。

图 5-29　项目属性示意图 1

2. flex-basis 属性

flex-basis 属性定义了在分配多余空间之前,项目占据的主轴空间(main size)。浏览器根据这个属性,计算主轴是否有多余空间。语法格式如下：

.item { flex-basis: number | auto | initial | inherit; }

该属性有 4 个取值,具体如下。

(1) number：一个长度单位或者一个百分比,规定项目的初始长度。
(2) auto：默认值。长度等于项目的长度。如果该项目未指定长度,则长度将根据内容决定。
(3) initial：设置该属性为它的默认值。
(4) inherit：从父元素继承该属性。

当主轴为水平方向时,如果设置了 flex-basis 值,项目的宽度设置值就会失效；如果 flex-basis 值为 0,则该项目视为零尺寸。

flex-basis 需要跟 flex-grow 和 flex-shrink 配合使用才能发挥效果。

3. flex-grow 属性

flex-grow 属性定义项目的放大比例,语法格式如下：

.item { flex-grow: <number>; }

默认值为 0,表示即使容器存在剩余空间,也不将项目放大排列、充满容器。

【释例 5-1】 当所有的项目都以 flex-basis 的值进行排列后,如果容器还有剩余空间,那么此时 flex-grow 就会发挥作用了,具体如下。

如果所有项目的 flex-grow 属性都为 1,则它们将等分剩余空间;如果一个项目的 flex-grow 属性为 2,其他项目都为 1,则前者占据的剩余空间将比其他项多一倍。

当所有的项目都以 flex-basis 的值进行排列,如果发现容器空间不够用,并且 flex-wrap 设置为 nowrap 时,此时 flex-grow 不起作用,不能再使用 flex-grow 属性,而需要使用 flex-shrink 属性进行调整布局。

4. flex-shrink 属性

flex-shrink 属性定义了项目的缩小比例,语法格式如下:

```
.item {   flex-shrink: <number>; }
```

默认值为 1,表示将项目缩小。负值对该属性无效。

图 5-30 表示容器的宽度为 200px,里面有 6 个项目,每个项目的宽度为 50px,当 flex-shrink 设置为 1 时,每个项目都缩小一半,容器就能够容纳下这 6 个项目。

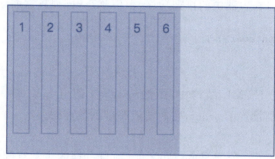

图 5-30　项目属性示意图 2

【释例 5-2】 使用 flex-shrink 属性的规则如下。

如果所有项目的 flex-shrink 属性都为 1,当容器空间不足时,都将等比例缩小;如果一个项目的 flex-shrink 属性为 0,其他项目都为 1,则日期空间不足时,前者不缩小,后者都缩小。

5. flex 属性

flex 属性是 flex-grow、flex-shrink 和 flex-basis 的简写,语法格式如下:

```
.item{ flex: none | [ <'flex-grow'> <'flex-shrink'>? || <'flex-basis'> ] }
```

flex 的默认值是以上三个属性值的组合。假设以上三个属性同样取默认值,则 flex 的默认值是 0、1、auto。其他快捷值为 auto (1 1 auto) 和 none (0 0 auto)。

【释例 5-3】 项目的 flex 属性设置比较复杂,总结一下其规律。

1. 容器属性设置为 flex-wrap:wrap | wrap-reverse 的情形

当 flex-wrap 为 wrap | wrap-reverse,且项目宽度之和不及容器宽度时,flex-grow 会起作用,项目会根据 flex-grow 设定的值放大(flex-grow 为 0 的项不放大)。

当 flex-wrap 为 wrap | wrap-reverse,且项目宽度之和超过容器宽度时,一定会换行,换行后每一行的右端都可能会有剩余空间,这时 flex-grow 会起作用。如果当前行所有项目的

flex-grow 都为 0,则剩余空间保留;如果当前行存在一个项目的 flex-grow 不为 0,则剩余空间会被 flex-grow 不为 0 的项目占据。

2. 容器属性设置为 flex-wrap: nowrap 的情形

当 flex-wrap 为 nowrap,且项目宽度之和不及容器宽度时,flex-grow 会起作用,项目会根据 flex-grow 设定的值放大(flex-grow 为 0 的项不放大)。

当 flex-wrap 为 nowrap,且项目宽度之和超过容器宽度时,flex-shrink 会起作用,项目会根据 flex-shrink 设定的值进行缩小(flex-shrink 为 0 的项不缩小)。

这里有一个较为特殊的情况,就是当某一行所有项目的 flex-shrink 都为 0 时,也就是说所有的项目都不能缩小,就会出现横向滚动条。

6. align-self 属性

align-self 属性定义为项目单独设置对齐属性,允许单个项目有与其他项目不一样的对齐方式,即单个项目可以覆盖 align-items 定义的属性,语法格式如下:

```
.item {  align-self: auto | flex-start | flex-end | center | baseline | stretch; }
```

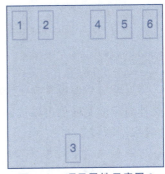

图 5-31 项目属性示意图 3

默认值为 auto,表示继承父元素的 align-items 属性,如果没有父元素,则等同于 stretch。

align-self 属性和 align-items 属性的区别是,align-self 是对单个项目生效的,而 align-items 则是对容器下的所有项目生效的,如图 5-31 所示。

【实例 5-8】 应用 flex 弹性布局,对实例 5-1 进行修改设计。

网页设计如下。

1. 启动 Dreamweaver 2021,在网站中新建 HTML5 文件,保存为"Exmp-5-8 网页布局-Flex.html"。

2. 输入如表 5-9 所示的 CSS 代码,其余代码与实例 5-1 相同(将#container1 块的代码复制 2 份,增加#container2 块和#container3 块,进行效果对比)。

3. 完成网页的设计,进行测试修改,通过后发布网页。本实例网页的完整代码请下载课程资源浏览。

表 5-9 实例 5-8 的核心代码(CSS 代码部分)(Exmp-5-8 网页布局-Flex.html)

行	核心代码(CSS 代码部分)
1	`<style>`
2	`  header { background-color: rgba(0, 139, 139, 0.2); height: 120px; display: flex; }`
3	`  footer { background-color: rgba(0, 139, 139, 0.2); height: 80px; text-align: center; line-height: 80px; }`
4	`  div#theme { font-size: 48px; font-family: '华文琥珀'; color: #00F;`
5	`    display: flex; align-items: center; justify-content: center;`
6	`    flex-basis: 1; flex-grow: 1; flex-shrink: 0; }`

续表

行	核心代码（CSS代码部分）
7	`#mainblock { background-color: rgba(255, 204, 0, 0.02); position: relative; top: 0px; }`
8	`h4 { width: 91.5%; margin: 0px auto; padding: 10px 0px; font-size: 12px; }`
9	`#container1, #container2, #container3 { width: 91.5%; margin: 0px auto; border: 1px solid #000; }`
10	`display: flex; align-items: flex-start; }`
11	`#container3 { flex-wrap: nowrap; }`
12	`.item { width: 200px; background-color: antiquewhite; border: 1px solid #F00; padding: 10px; font-size: 10px; }`
13	`.item1 { background-color: FloralWhite; }`
14	`.item2 { background-color: MistyRose; flex-basis: 1; flex-grow: 2; }`
15	`.item3 { background-color: Honeydew; flex-basis: 1; flex-grow: 2; }`
16	`.item4 { background-color: PapayaWhip; flex-basis: 1; flex-shrink: 1; }`
17	`.item5 { background-color: AliceBlue; flex-basis: 1; flex-shrink: 1; }`
18	`</style>`

将屏幕分辨率设置为1280×768px，网页的浏览效果图5-32所示（在其他分辨率下改变浏览器窗口的宽度也可以达到同样效果）。

【实例剖析】

1. 弹性布局是指布局容器内的HTML元素框能够在宽度方向（或宽度与高度方向）上自由伸缩，HTML元素框排列时，布局容器框始终与其内部的HTML元素框保持边界接触或边界距离。

2. 在本实例中，布局容器＜section＞…＜/section＞采用相对宽度布局法（具有弹性），其内的子容器div框设置固定宽度值，第3、5个div框内的＜img＞图像元素设置相对宽度值100%，具有弹性或伸缩性。

作为效果对比，本实例设计了3组＜section＞…＜/section＞容器。在屏幕分辨率为1280×768px下，3组＜section＞…＜/section＞容器的浏览效果基本一致，如图5-32所示。

3. 当浏览器缩小显示网页（升高屏幕分辨率）时，浏览器宽度像素值增多。

在第1组＜section＞…＜/section＞容器中，第3个图像元素的宽度与高度设置相对值100%具有弹性，第3个div框设置了"flex-grow：2；"属性，故图像与div框一起增大；第2个div框亦设置了"flex-grow：2；"属性，但第2个图像元素设置固定值200px，故div框增大而图像保持大小不变；第4、5个div框设置的"flex-shrink：1；"属性在网页缩小显示时不起作用。

在第2组和第3组＜section＞…＜/section＞容器中，5个div框均未设置"flex-grow"属性，故5个div框均不能增大，此时的浏览效果与使用float相同，如图5-33(a)所示。

图 5-32　应用 Flex 布局网页的浏览效果

4. 当浏览器放大显示网页(降低屏幕分辨率)时,浏览器宽度像素值减少。

在第 1 组＜section＞…＜/section＞容器中,第 3、5 个图像元素的宽度与高度设置相对值 100％具有弹性,div 框可以与图像一起减小;第 2 个 div 框没有设置"flex-shrink：1;"属性,其内图像元素设置固定值 200px,故 div 框不能减小;第 4 个 div 框虽然设置了"flex-shrink：1;"属性,其内图像元素设置固定值 200px,故 div 框亦不能减小。

在第 2 组＜section＞…＜/section＞容器中,5 个 div 框均未设置"flex-shrink"属性,但第 3、5 个图像元素的宽度与高度设置相对值 100％具有弹性,故 div 框可以与图像一起减小。

在第 3 组＜section＞…＜/section＞容器中,5 个 div 框均未设置"flex-shrink"属性,且 5 个图像元素均设置固定值 200px,＜section＞…＜/section＞容器未设置"flex-wrap：wrap"属性,故后面的 div 框溢出容器,如图 5-33(b)所示。

5. 在父容器中设置"display：flex;"属性,可以将其内的子元素框排成一行。在默认设置下,一行排不下自动折行排列。如果父容器设置了"flex-wrap：nowrap"属性,且有子元素设置"flex-grow"属性或"flex-shrink"属性,可以实现弹性布局效果。但需要注意的是,子元素的"flex-shrink"属性起作用时,其本身要具备可伸缩性(例如其内的图像宽度、高度尺寸设置为百分比)。

(a) 网页缩小显示　　　　　　　　　　　　　　(b) 网页放大显示

图 5-33　网页的浏览效果

5.6　本章小结

网页的页面由页首、主体、页脚等多个板块组成。

从尺寸（宽度）这个基本面考虑，页面的布局方法可以分为绝对宽度布局、相对宽度布局、响应式布局三个基本方法。弹性布局则允许元素在容器中以灵活的方式对齐、排列和分布空间，提供了更强大的对齐和尺寸控制功能，非常适合构建复杂的响应式布局。

在网页的布局设计中，HTML 元素的定位有静态定位、相对定位、绝对定位、固定定位、黏性定位五种定位方式，应用元素框的相对定位法和绝对定位法，能够精确控制元素在页面上的位置，实现复杂的布局效果。

浮动布局法，也可以准确地称为元素浮动排列。应用 float 属性，使元素浮（动）起来，向左或向右移动，其他内容则围绕它，实现文本的环绕效果。浮动元素会脱离正常的文档流，会影响其周围元素的位置。

弹性布局法提供了一种高效、灵活的布局方式，能够轻松应对各种复杂的页面布局需求。

习　　题

一、单项选择题

1. div 框 overflow（溢出属性）的属性值要设置为"超出范围的内容将被剪裁切掉"，应该使用（　　）属性值。

　　A. visible　　　　B. hidden　　　　C. scroll　　　　D. auto

2. （　　）不属于 list-style-type 属性的取值选项。

A. disc B. circle C. square D. inside

3. 在 CSS 中，position 属性用来控制网页中 HTML 元素的位置，其定位方式有 3 种，除了（　　）。

A. 绝对定位 B. 相对定位 C. 动态定位 D. 静态定位

4. 在 CSS 中，float 属性用来设置元素是否浮动以及浮动后的位置，（　　）不可能是它的取值。

A. left B. right C. none D. center

5. （　　）属性选项表示隐藏元素。

A. display:false; B. display:hidden; C. display:block; D. display:none;

6. （　　）方式会使 HTML 元素脱离标准文档流。

A. 绝对定位 B. 相对定位 C. 默认定位 D. 静态定位

7. （　　）是默认的定位设置。

A. 绝对定位 B. 相对定位 C. 默认定位 D. 静态定位

8. 在页面布局中可以放到页首的板块是（　　）。

A. <section> B. <nav> C. <main> D. <footer>

9. 在页面布局中一般用作主体的容器是（　　）。

A. <main> B. <section> C. <header> D. <footer>

10. 在 flex 布局中，属于项目属性的是（　　）。

A. flex-grow B. flex-wrap
C. justify-content D. align-items

二、判断题

1. 如果想控制 div 框里的内容溢出时用滚动方式来显示，应设置 text-overflow：auto。（　　）
2. 在网页布局设计时，应用绝对定位方式比相对定位方式要好。（　　）
3. 在网页布局设计时，网页宽度设置可以采用绝对像素值。（　　）
4. 在网页布局设计时，网页宽度设置可以采用相对百分比。（　　）
5. 对 3 个 div 元素应用左浮动布局方式，第 1 个 div 可以省略左浮动属性设置。（　　）

三、问答题

1. div {margin：0 auto} 表示什么含义？
2. 简述行内元素与块级元素在网页布局中的显示效果。
3. 如何设置一张图片在容器中的位置？

第 6 章

JavaScript 语言基础

JavaScript 是一种基于对象和事件驱动、具有相对安全性、广泛用于客户端的脚本语言，是互联网上最流行的脚本语言，是一种轻量级的编程语言。JavaScript 是一种脚本语言，需要嵌入 HTML 文档中运行。当用户在浏览器中浏览该页面时，浏览器会解释并执行其中的 JavaScript 脚本。JavaScript 广泛用于 Web 开发，常用来给 HTML 网页添加动态功能，响应用户的各种操作。它的解释器被称为 JavaScript 引擎，是浏览器的一部分。

从事 Web 前端开发，必须学习和掌握 JavaScript 语言，这样才能更好地理解 JavaScript 如何与 HTML 和 CSS 一起工作。

6.1 案例 10 打字竞赛游戏编程

【案例描述】

试用 JavaScript 编程，实现利用 2 个模拟打字的程序进行打字竞赛，将文本信息逐一输出在浏览器的窗口中。

【软件环境】

Windows 10，Dreamweaver 2021，Photoshop，Fireworks，IE，Edge，Chrome。

【案例解答】

打开 Dreamweaver 2021，打开"模板"站点，打开"Web 网页设计模板.html"文件，另存为"Case-10-打字竞赛游戏编程.html"，在其中输入以下核心代码，如表 6-1 所示。完整的代码请下载课程资源浏览。

表 6-1 案例 10 的核心代码（Case-10-打字竞赛游戏编程.html）

行	核心代码
1	`<html>`
2	`<head>`
3	`<style>`
4	`section { background-color: FloralWhite;   margin: auto;   padding: 10px;   width: 1600px;`
5	`display: flex;   justify-content: space-between;   font-size: 24px;   }`

行	核 心 代 码
6	article { width: 780px; border: 1px solid red; }
7	</style>
8	</head>
9	<body>
10	<h1>打字竞赛</h1><hr>
11	<section>
12	<article>
13	<div id="TypeOne">TypeOne 打字</div>
14	<script>
15	var msgA = "2023年8月2日,财富中文网:2023年《财富》世界500强… ";
16	var lenA = msgA.length;
17	var pntA = 1;
18	var speedA = 50;
19	function typeA() {
20	document.getElementById("TypeOne").innerHTML = msgA.substring(0, pntA);
21	pntA++;
22	if(pntA > lenA) clearInterval(myTypes);
23	}
24	var myTypes = setInterval ("typeA()", speedA);
25	</script>
26	</article>
27	<article>
28	<div id="TypeTwo">TypeTwo 打字</div>
29	<script>
30	var msgB = "2023年8月2日,财富中文网:2023年《财富》世界500强… ";
31	var lenB = msgB.length;
32	var pntB = 1;
33	var speedB = 50;
34	var Times;
35	function typeB() {

续表

行	核 心 代 码
36	`document.getElementById("TypeTwo").innerHTML = msgB.substring(0, pntB);`
37	`if(pntB < lenB){`
38	`pntB++;`
39	`Times = setTimeout("typeB()", speedB);`
40	`}`
41	`else`
42	`clearTimeout(Times);`
43	`}`
44	`window.onload = typeB();    //window.onload = typeB;`
45	`</script>`
46	`</article>`
47	`</section>`
48	`</body>`
49	`</html>`

完成网页的设计,进行测试修改,通过后发布网页。网页的浏览效果如图 6-1 所示。

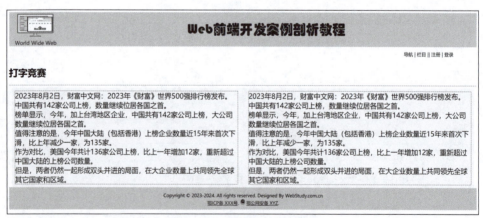

图 6-1 打字竞赛游戏浏览效果

【问题思考】

1. 在本案例中,将第 44 行代码"window.onload = typeB();"换成代码"window.onload = typeB;",程序是否可以运行?

2. 应用 setTimeout()与 setInterval()进行间隔重复动作,如何有效停止动作?

【案例剖析】

1. 在本案例中,应用 var myTypes = setInterval ("typeA()", speedA)设置定时器,启动一个在指定的时间间隔后被重复调用的函数 typeA(),实现打字功能,终止定时器的动作必须在函数 typeA() 内执行。

2. 应用 Times = setTimeout("typeB()", speedB) 设置定时器,启动一个在指定的时间间隔后被调用 1 次的函数 typeB(),实现打字功能,重复定时器的动作需要使用函数 typeB() 进行递归调用,故 Times = setTimeout("typeB()", speedB) 必须放在函数 typeB() 内部,并在函数内部设置终止条件 if(pntB < lenB) 结束递归调用,但函数的初始启动必须放在外面。

3. window.onload = typeB() 会立即执行 typeB 函数,并将返回值(如果有的话)赋给 window.onload。

4. window.onload = typeB 会将 typeB 函数引用赋给 window.onload,当页面加载完成时,浏览器会调用这个函数。

5. 函数 typeA() 与 typeB() 被定时器启动后,交替运行,实现打字竞赛的效果。

【案例学习目标】

1. 掌握在 HTML 中应用 JavaScript 脚本语言编程的基本方法;
2. 掌握 JavaScript 脚本语言的基本语法。

6.2 JavaScript 概述

6.2.1 JavaScript 与 Java

JavaScript 由 Brendan Eich 发明。1995 年 12 月,Sun 公司和网景(Netscape)通信公司一起引入 JavaScript。1996 年 3 月,微软将 JavaScript 应用于 IE 3.0。1997 年 6 月,JavaScript 被 ECMA(European Computer Manufactures Association,欧洲计算机制造商协会)采纳,命名为 ECMAScript,即 ECMAScript 是由 ECMA 以 JavaScript 为基础制定的标准脚本语言。使用广泛的 ECMAScript 262,是 JavaScript 5.0 版本,ECMAScript 6 称为 ECMAScript 2015,ECMAScript 7 称为 ECMAScript 2016。ECMAScript 各种版本如表 6-2 所示。

表 6-2 ECMAScript 版本

年 份	名 称	描 述
1997	ECMAScript 1	第一个版本
1998	ECMAScript 2	版本变更
1999	ECMAScript 3	添加正则表达式,添加 try/catch
--	ECMAScript 4	没有发布
2009	ECMAScript 5	添加 "strict mode",严格模式,添加 JSON 支持
2011	ECMAScript 5.1	版本变更
2015	ECMAScript 6	添加类和模块
2016	ECMAScript 7	增加指数运算符(**),增加 Array.prototype.includes

Java 语言由 Sun 公司发明,是更复杂的、面向对象的编程语言。JavaScript 与 Java 是两种完全不同的语言。

6.2.2 JavaScript 的作用

JavaScript 具有处理 HTML 文档内容的强大功能,下面列出了常见的 8 项功能。请注意,document.getElementById("id")这个方法是在 HTML DOM 中定义的,详细用法见后面的介绍。

1. JavaScript 能够改变 HTML 元素内容

应用 JavaScript 代码可以动态改变网页文档中 HTML 元素的文本内容与显示结果。

【实例 6-1】 试分析下列代码的运行结果。

```
<div id="demo" >Web 前端开发</div>
<script>
    document.getElementById("demo").innerHTML = "Hello JavaScript!";
    //或者
    x=document.getElementById("demo");          //查找元素
    x.innerHTML="Hello JavaScript!";            //改变内容
</script>
```

在本实例中,JavaScript 采用 getElementById()方法来"查找"网页文档中 id="demo"的 HTML 元素,并把该元素的文本内容(innerHTML)更改为 "Hello JavaScript",同时将结果显示在屏幕上。

请注意,JavaScript 同时接受双引号和单引号,本实例也可以写成

```
document.getElementById("demo").innerHTML = 'Hello JavaScript';
```

2. JavaScript 能够改变 HTML 元素属性

应用 JavaScript 代码可以动态改变网页文档中 HTML 元素的属性与渲染效果。

【实例 6-2】 试分析下列代码的运行结果。

```
<img id="myImg" onclick="changeImg()" src="bulboff.gif" width="100" height="180">
<script>
    function changeImg(){
        element=document.getElementById('myImg');
        element.src="bulbon.gif";
    }
</script>
```

在本实例中,JavaScript 通过动态地改变<img>标签的 src 属性值,在用户单击"bulboff.gif"图像时,将其变换为新的"bulbon.gif"图像,并渲染在屏幕上。

请注意,JavaScript 能够改变任意 HTML 元素的大多数属性,而不仅仅是图片。

3. JavaScript 能够改变 HTML 元素 CSS 样式

应用 JavaScript 代码改变 HTML 元素的样式,是改变 HTML 属性的另一种方式。

【实例 6-3】 试分析下列代码的运行结果。

```
<div id="demo">Web前端开发</div>
<script>
   document.getElementById("demo").style.color="#ff0000";
   //或者
   x=document.getElementById("demo")         //找到元素
   x.style.color="#ff0000";                  //改变样式
</script>
```

在本实例中，JavaScript 采用 getElementById()方法来"查找"网页文档中 id="demo"的 HTML 元素，把该元素的字体颜色设置为红色，并将结果渲染在屏幕上。

4. JavaScript 能够隐藏 HTML 元素

应用 JavaScript 代码可通过改变 display 样式来隐藏 HTML 元素。

【实例 6-4】 试分析下列代码的运行结果。

```
<div id="demo">Web前端开发</div>
<script>
   document.getElementById("demo").style.display="none";
</script>
```

在本实例中，JavaScript 采用 getElementById()方法来"查找"网页文档中 id="demo"的 HTML 元素，并把该元素设置为隐藏状态，该元素不再显示在屏幕上。

5. JavaScript 能够显示 HTML 元素

应用 JavaScript 可通过改变 display 样式来显示隐藏的 HTML 元素。

【实例 6-5】 试分析下列代码的运行结果。

```
<div id="demo">Web前端开发</div>
<script>
   document.getElementById("demo").style.display="none";
   document.getElementById("demo").style.display="block";
</script>
```

在本实例中，JavaScript 采用 getElementById()方法来"查找"网页文档中 id="demo"的 HTML 元素，并把该元素恢复为显示状态，该元素重新渲染在屏幕上。

6. JavaScript 可以直接写入 HTML 输出流

应用 JavaScript 可以向 HTML 文档中写入 HTML 输出流，动态地改变 HTML 文档的显示内容。

【实例 6-6】 试分析下列代码的运行结果。

```
<script>
   document.write("<h1>这是一个标题</h1>");
   document.write("<p>这是一个段落。</p>");
</script>
<div id="demo">Web前端开发</div>
```

在本实例中,JavaScript 可以直接向文档中直接写入 HTML 输出流:"<h1>这是一个标题</h1>"和"<p>这是一个段落。</p>",动态地改变 HTML 文档的显示内容(即在文档中动态地增加两端文本)。

7. JavaScript 响应发生的事件

应用 JavaScript 可以响应网页运行中发生的事件,并作出相应的处理。

【实例 6-7】 试分析下列代码的运行结果。

```
<button type="button" onclick = "alert('欢迎学习 JavaScript 语言!')" >点我!</button>
<div id="demo" >Web 前端开发</div>
```

在本实例中,如果单击 button 按钮,就会发生 onclick 事件,JavaScript 调用 alert()函数,弹出窗口,显示"欢迎学习 JavaScript 语言!"。

8. JavaScript 可以验证输入数据

应用 JavaScript 可以验证用户在表单中的输入数据是否正确。

【实例 6-8】 试分析下列代码的运行结果。

```
<script>
    var x = '1a2';           //模拟表单键入数据
    if(isNaN(x) == true){   alert("不是数字");   }
    else{   alert("是数字");   }
</script>
<div id="demo" >Web 前端开发</div>
```

在本实例中,如果变量 x 的值不是数字时,JavaScript 弹出对话框,显示"不是数字";当变量 x 的值是数字时,JavaScript 弹出对话框,显示"是数字"。

6.3 在网页中插入 JavaScript 的方式

将 JavaScript 嵌入 HTML 文档中,有内部嵌入、外部链接和行内嵌入三种方式。

6.3.1 内部嵌入

内部嵌入方式是指在 HTML 文档中应用<script>…</script>标签嵌入 JavaScript 脚本程序。

在 HTML 文档中嵌入 JavaScript 代码,其语法格式如下:

```
<script>
    JavaScript 语句;
    JavaScript 函数;
    …
</script>
```

具体说明如下:

（1）HTML 中的 JavaScript 脚本必须嵌套在＜script＞与＜/script＞标签中使用，＜script＞和＜/script＞会告诉 JavaScript 在何处开始和结束。

（2）＜script＞和＜/script＞之间的代码可包含 JavaScript 语句和 JavaScript 函数。

（3）JavaScript 脚本可被放置在 HTML 页面的＜body＞…＜/body＞和＜head＞…＜/head＞中间的适当位置。

（4）＜script＞…＜/script＞在页面中的位置决定了在什么时间加载脚本，如果希望在其他所有内容之前加载脚本，就要确保脚本在页面的＜head＞…＜/head＞之间。

【小提示】 旧的 JavaScript 实例可能会在＜script＞标签中使用属性 type＝"text/javascript"。现在已经不必这样做，type 属性不是必需的。JavaScript 是所有现代浏览器以及 HTML5 中的默认脚本语言。

【实例 6-9】 试分析将 JavaScript 代码嵌入 HTML 的 head 中的简单网页的运行结果，核心代码如表 6-3 所示。

表 6-3 实例 6-9 的核心代码（Exmp-6-9 head 嵌入 JavaScript 代码.html）

行	核 心 代 码
1	`<!DOCTYPE html>`
2	`<html>`
3	`<head>`
4	`  <script>`
5	`  alert("JavaScript 代码是嵌入在 head 标签中的");`
6	`  </script>`
7	`</head>`
8	`<body>`
9	`</body>`
10	`</html>`

在本实例中，运行该网页，JavaScript 会在页面加载时弹出警告框，显示"JavaScript 代码是嵌入 head 标签中的"。

【实例 6-10】 试分析一个将 JavaScript 代码嵌入 HTML 的 body 中的简单网页的运行结果，核心代码如表 6-4 所示。

表 6-4 实例 6-10 的核心代码（Exmp-6-10 body 嵌入 JavaScript 代码.html）

行	核 心 代 码
1	`<!DOCTYPE html>`
2	`<html>`
3	`<head>`
4	`</head>`

行	核心代码
5	`<body>`
6	`    <script>`
7	`        document.write("<h1> JavaScript 代码是嵌入 body 标签中的</h1>");`
8	`    </script>`
9	`</body>`
10	`</html>`

在本实例中,运行该网页,JavaScript 会在页面加载时在 HTML 的页面中写文本"JavaScript 代码是嵌入 body 标签中的"。

可以在 HTML 文档中的<body>…</body>和<head>…</head>部分放入不限数量的 JavaScript 脚本,脚本可以同时存在于两部分中。通常的做法是把函数放入<head>…</head>中,或者放在页面底部,即把它们安置到同一位置,这样就不干扰页面的内容。

把脚本置于<body>元素的底部,可改善显示速度,因为脚本编译会拖慢显示。

实例 6-10 中的 JavaScript 语句会在页面加载时执行。如果需要在某个事件发生时执行代码,例如当用户单击按钮时,就应该把 JavaScript 代码放入函数中,这样在事件发生时才会调用该函数。

【实例 6-11】 试分析一个在 HTML 中嵌入 JavaScript 函数交互时运行的简单网页的运行结果,核心代码如表 6-5 所示。

表 6-5 实例 6-11 的核心代码(Exmp-6-11 JavaScript 动态交互.html)

行	核心代码
1	`<!DOCTYPE html>`
2	`<html>`
3	`<head>`
4	`    <script>`
5	`    function myFunction(){`
6	`        document.getElementById("demo").innerHTML="…嵌入 JavaScript 函数交互时运行";`
7	`    }`
8	`    </script>`
9	`</head>`
10	`<body>`
11	`    <div id="demo"></div>`
12	`    <button type="button" value="点击一下" onclick = "myFunction()" ></button>`

第 6 章　JavaScript 语言基础

续表

行	核 心 代 码
13	`</body>`
14	`</html>`

在本实例中,运行该网页,在页面中会出现一个"点击一下"按钮。如果浏览者单击这个按钮,＜head＞…＜/head＞中的 JavaScript 函数就会运行,在按钮的上方显示文本"在 HTML 中嵌入 JavaScript 函数交互时运行"。注意,JavaScript 函数需要用户点击按钮进行交互、产生鼠标点击事件后才能被执行。

6.3.2　外部链接

外部链接方式是指把 JavaScript 脚本保存到外部文件中,然后通过＜script＞标签将其链接到 HTML 文档中。外部 JavaScript 文件的文件扩展名是 .js。

在 HTML 文档中应用外部链接,其语法格式如下:

```
<script src="JavaScript 脚本文件名.js" ></script>
```

使用外部脚本,应在＜script＞标签的 src(source)属性中设置脚本的文件名称和路径。

【实例 6-12】　试分析一个链接外部 JavaScript 代码的简单网页的运行结果,HTML 代码如表 6-6 所示,JavaScript 代码如表 6-7 所示。

表 6-6　实例 6-12 的 HTML 代码(Exmp-6-12 链接外部 js.html)

行	核 心 代 码
1	`<!DOCTYPE html>`
2	`<html>`
3	`<head>`
4	`  <script src="Exmp-6-12-myScript.js"> </script>`
5	`</head>`
6	`<body>`
7	`  <div id="demo"></div>`
8	`  <script>`
9	`    myFunction();`
10	`  </script>`
11	`</body>`
12	`</html>`

表 6-7　实例 6-12 的 JavaScript 代码（Exmp-6-12-myScript.js）

行	核心代码
1	`function myFunction(){`
2	`　　document.getElementById("demo").innerHTML=" JavaScript 函数是写在外部文件中的";`
3	`}`

在本实例中,运行该网页,在页面中会出现"JavaScript 函数是写在外部文件中的"。注意在外部脚本文件中不能包含＜script＞标签。

可以在＜head＞或＜body＞中放置外部脚本引用,这两种引用方式脚本的表现与 JavaScript 代码被置于＜script＞标签中是一样的。

【释例 6-1】　观察下列代码。

```
<body>
    <script src="myScript.js"></script>
</body>
```

上述代码表示在＜body＞中引用外部脚本。

如果相同的脚本被用于许多不同的网页,就可以编写外部 js 文件。

在外部文件中放置脚本,具有下面 3 种优势。

(1) 分离了 HTML 和 JavaScript 代码,使 HTML 和 JavaScript 更易于阅读和维护；

(2) 已缓存的 JavaScript 文件可加速页面加载；

(3) 外部文件被多个网页使用,会减少代码的冗余。

如果向一个页面添加多个脚本文件,则需要使用多个＜script＞标签。

【释例 6-2】　观察下列代码。

```
<script src="myScript1.js"></script>
<script src="myScript2.js"></script>
```

上述代码表示在一个 HTML 文档中,引用了 2 个外部 js 文件。

外部引用可通过相对于当前网页的路径或完整的 URL 来引用,上面的例子使用的都是位于当前网站上指定文件夹中的脚本。

【释例 6-3】　观察下列代码。

```
<script src="https://www.w3school.com.cn/js/myScript1.js"></script>
```

上述代码表示使用完整的 URL 来链接至脚本。

6.3.3　行内嵌入

对于简短的 JavaScript 语句,可以在标签内嵌入该 JavaScript 脚本。

【实例 6-13】　试分析一个标签内嵌入 JavaScript 代码的简单网页的运行结果,代码如表 6-8 所示。

表 6-8 实例 6-13 的核心代码（Exmp-6-13 在标签内嵌入 js.html）

行	核 心 代 码
1	`<html>`
2	`<head>`
3	`</head>`
4	`<body>`
5	在标签内嵌入简短的 JavaScript 代码
6	`<hr>`
7	`<div><img src="Pics/cbdd.jpg"  onclick = "alert('你点击了图片')"  alt=""/></div>`
8	`<div><a href = "javascript: alert('你点击了文本');">文本</a></div>`
9	`<button type="button" value="按钮"  onclick = "javascript: alert('点击按钮');"></button>`
10	`</body>`
11	`</html>`

【实例剖析】

1. 在本实例中，运行该网页，在页面中第一行显示"在标签内嵌入简短的 JavaScript 代码"，在第二行显示水平线，在第三行显示图片，在第四行显示"文本"，在第五行显示按钮。

2. 点击图片，弹出警告框，显示"你点击了图片"；点击文本，弹出警告框，显示"你点击了文本"；点击按钮，弹出警告框，显示"你点击了按钮"。

3. 单击浏览器窗口上的关闭按钮，关闭网页和 JavaScript 程序。

6.4 基 本 语 法

6.4.1 标识符

标识符(identifier)用来命名变量、函数或循环中的标签。JavaScript 语言的标识符命名规范如下。

（1）标识符由字母、数字、下画线(_)、美元符号($)组成，不能包括空格、"＋"、"－"、"，"或其他特殊符号；

（2）标识符第一个字母必须是字母、下画线或美元符号；

（3）标识符区分字母的大小写，推荐使用小写形式或骆驼命名法；

（4）标识符不能与 JavaScript 中的关键字相同。

【释例 6-4】 下列代码是标识符的命名示例。

varStudentName、_varStudentNumber、var_Student_age、_3Students 、$varStudent 是合法的标识符；
var Student name、5varStudent 、a＊b、a-b、a+b、a#b 是非法的标识符。

需要强调的是，JavaScript 对大小写是敏感的。例如，函数 getElementById 与 getElementbyID 是不同的；同样地，变量 myVariable 与 MyVariable 也是不同的。当编写 JavaScript 语句时，请留意大小写切换键的状态。

6.4.2 关键字

关键字（reserved words）是指 JavaScript 中预先定义的、有特别意义的标识符，保留关键字是指一些关键字在当前的语言版本中并没有使用，但在以后 JavaScript 扩展中会用到。表 6-9 列出了 JavaScript 中最重要的保留字（按字母顺序）。

表 6-9 关键字和保留字

abstract	else	instanceof	super	delete
boolean	enum	int	switch	do
break	export	interface	synchronized	double
byte	extends	let	this	implements
case	false	long	throw	import
catch	final	native	throws	in
char	finally	new	transient	return
class	float	null	true	short
const	for	package	try	static
continue	function	private	typeof	volatile
debugger	goto	protected	var	while
default	if	public	void	with

注意，关键字或保留关键字都不能用作标识符（包括变量名、函数名等）。

6.4.3 数据类型

在 JavaScript 中，数据类型划分为 2 大类，值类型（基本类型）与引用数据类型（对象类型）。

值类型包括字符串（String）、数字（Number）、布尔（Boolean）、空（Null）、未定义（Undefined）、Symbol，值类型及其描述见表 6-10。

表 6-10 值类型（基本类型）及其描述

数 据 类 型	描　　　述
Number	数值类型可以是 32 位的整数，也可以是 64 位的浮点数 整数可以是十进制、八进制或十六进制等形式
String	字符串是由双引号(")或单引号(')括起来的 0~n 个字符
Boolean	布尔类型包括 true 和 false 两个值

续表

数 据 类 型	描　　述
Undefined	当声明的变量未初始化时，默认值是 undefined
Null	表明某个变量的值为 null
Symbol	Symbol 是 ES6 引入的一种新的原始数据类型，表示独一无二的值

引用数据类型包括对象(Object)、数组(Array)、函数(Function)，以及两个特殊的对象：正则(RegExp)和日期(Date)，它们将在后面详细介绍。

JavaScript 的常用基本数据类型如下。

(1) Number(数值)类型。

可分为整数和浮点数。在 JavaScript 程序中并没有把整数和实数分开，这两种数据可在程序中自由转换。

整数可以为正数、零或者负数。

浮点数可以包含小数点，也可以包含一个"e"(大小写均可，表示 10 的幂)，或者同时包含这两项。

(2) String(字符)类型。

字符是用单引号或双引号来说明的。

(3) Boolean(布尔)类型。

布尔型的值为 true 或 false。

(4) Undefined(未定义)类型。

在 JavaScript 中还有一个特殊的数据类型 Undefined(未定义)，Undefined 类型是指一个变量被创建后，没有赋予任何初始值，这时该变量是没有类型的，被称为未定义的，在程序中直接使用它会发生错误。

(5) Null(空)类型。

Undefined 这个值表示变量不含有值，可以通过将变量的值设置为 null 来清空变量。

6.4.4　常量

常量通常又称为字面常量，它是不能被改变的数据。

1. 基本常量

(1) 字符型常量。

使用单引号或双引号括起来的一个或几个字符，例如 "123"、'abcd'和"JavaScript language"等。

(2) 数值型常量。

整型常量：整型常量可以使用十进制、十六进制、八进制表示其值。

实型常量：实型常量由整数部分加小数部分表示，例如 12.32、193.98。

(3) 布尔型常量。

布尔常量只有两个值：True 或 False。它主要用来说明或代表一种状态或标志，以说明操作流程。

2. 特殊常量

（1）空值。

JavaScript 中有一个空值 null，表示变量的内容为空。可用于初始化变量，或者清空已赋值的变量。

（2）控制字符。

与 C/C++ 语言一样，JavaScript 中同样有以反斜杠"\"开头的、不可显示的特殊字符，如表 6-11 所示。

表 6-11 控制字符及其含义

字 符	含 义	字 符	含 义	字 符	含 义
\b	退格	\f	换页	\n	换行
\r	回车	\t	Tab 符号	\'	单引号
\"	双引号	\\	反斜杠		

6.4.5 变量

变量用来存放程序运行过程中的临时值，是程序存储数据的基本单位，在程序中需要用这个临时值的位置就可以用变量来代表。

使用变量时必须明确变量的命名、类型及其作用域。

1. 变量命名

变量名是标识符中的一种，应遵循标识符的命名规范。

JavaScript 变量在使用前应先作声明（并可赋值）。通过使用 var 关键字对变量作声明。对变量作声明的最大好处就是能及时发现代码中的错误，因为 JavaScript 是采用动态编译的，而动态编译不易发现代码中的错误，特别是在变量命名方面。

变量的声明和赋值语句的语法为

var 变量1名称 [= 初始值1]，变量2名称 [= 初始值2], … ;

其中，一个 var 可以声明多个变量，其间用","分隔。

【释例 6-5】 下列代码是变量命名示例。

```
var new_Student;
var new_Name;
var Student, name, age;
```

2. 变量类型

JavaScript 是一种对变量数据类型要求不太严格的语言，其中的变量是弱数据类型，在声明变量时不需要指明变量的数据类型，所以不必声明每一个变量的类型。但在使用变量之前先进行声明是一种好的习惯。在 JavaScript 中，可以使用关键词 new 声明其类型。

【释例 6-6】 下列代码是变量声明示例。

```
var car_name = new String;
var x = new Number;
var results = new Boolean;
var cars = new Array;
var persons = new Object;
```

在 JavaScript 程序中,变量的类型有数值型、字符型、布尔型。在变量的使用过程中,变量的类型可以动态改变,类型由所赋值的类型来确定。因此往往可以一次完成对变量的命名和赋值(初始化)。

【释例 6-7】 下列代码是变量赋值示例。

```
var numbers = 2024;
var type = "student";
```

可以通过 typeof 运算符或 typeof( )函数来获得变量的当前数据类型。

【释例 6-8】 下列代码是获取数据类型示例。

```
<script >
    var x=30;
    alert(typeof(x));              //弹出提示信息框
    x="JavaScript";                //对变量重新赋值
    alert(typeof(x));
</script>
```

3. 变量的作用域

变量的作用域是指变量的有效范围,根据作用域变量可分为全局变量和局部变量。

(1) 全局变量。

全局变量是指定义在所有函数体之外的变量,其作用范围是全部函数。

【释例 6-9】 下列代码是变量的作用域示例。

```
<script>
var name = "湖北省"
    //函数的定义:
    function test(){
        name = name+"武汉市";
        address = "黄鹤楼";
    }
    //函数的调用
    test();
    alert("名称:"+name+", 地址:"+address);
    alert(tel);                              //报错
</script>
```

(2) 局部变量。

局部变量是指在函数内部声明变量,定义在函数体之内,仅对当前函数体有效,而对其他函数不可见。

【释例 6-10】 下列代码是变量的作用域示例。

```
<script>
    var name="全局变量";                    //定义全局变量
    //函数的定义：
    function test(){
        var name="局部变量";                //定义局部变量
        alert(name);                       //弹出信息为"局部变量"
    }
    //调用函数
    test();
    alert(name);                           //弹出信息为"全局变量"
</script>
```

在上例中，当 test()函数内部的局部变量 name 与全局变量 name 重名时，该函数中的变量 name 将覆盖全局变量 name，弹出信息为"局部变量"；而外部的"alert(name);"语句则弹出信息"全局变量"。

6.4.6 注释

在 JavaScript 中，使用注释可以提高代码的可读性，其本身只是用于提示，而注释的内容是不会被执行的。在 JavaScript 中，注释分为单行注释和多行注释两种形式。

1. 单行注释

在 JavaScript 中，单行注释使用双斜线"//"符号进行标识，斜线后面的文字内容不会被解释执行。单行注释可以在一行代码的后面，也可以独立成行。

【释例 6-11】 下列代码是注释示例。

```
var stu_age = 18;                          //定义年龄.
//定义专业：
var stu_major = "大数据专业";
```

2. 多行注释

在 JavaScript 中，多行注释使用"/* ... */"进行标识，其中的文字部分同样不会被解释执行。

【释例 6-12】 下列代码是注释示例。

```
/*工资统计函数
* base:基本工资
* bonus:奖金
*/
function count_Salary(base, bonus){...}
```

6.4.7 分号

在 JavaScript 中，分号用于分隔 JavaScript 语句，通常在每条可执行的语句结尾添加分号。使用分号的另一用处是在一行中编写多条语句。很多编程语言（例如 C、Java 和 Perl 等）都要求每句代码结尾使用分号表示结束。

JavaScript 的语法规则对此比较宽松，如果一行代码结尾没有分号也是可以被正确执行的。

6.4.8 运算符

运算符是完成数据操作的一系列符号。在 JavaScript 中有算术运算符、字符串运算符、比较运算符、布尔运算符等。此外还有双目运算符，由两个操作数和一个运算符组成。

1. 赋值运算符

赋值运算符用于对变量进行赋值，在 JavaScript 中使用等号（＝）进行赋值。

【释例 6-13】 下列代码是赋值运算符示例。

```
<script>
   var student_Name = "张三";              //定义变量时进行赋值
   var product_Address;                    //定义变量后进行赋值
   product_Address = "武汉";
   var tPrice = kPrice = dPrice = 100;    //同时定义多变量并赋值
   var price = tPrice * 0.8;              //将表达式的值赋给变量
</script>
```

赋值运算符还可以与算术运算符、位运算符结合使用，构成复合运算符。常见的复合赋值运算符及实例描述如表 6-12 所示。

表 6-12　复合赋值运算符及实例描述

运算符	实例描述	运算符	实例描述
＋＝	x＋＝y 即 x＝x＋y	｜＝	x｜＝y 即 x＝x｜y
－＝	x－＝y 即 x＝x－y	^＝	x^＝y 即 x＝x^y
*＝	x*＝y 即 x＝x*y	<<＝	X<<＝Y 即 X＝X<<Y
/＝	x/＝y 即 x＝x/y	>>＝	X>>＝Y 即 X＝X>>Y
%＝	x%＝y 即 x＝x%y	>>>＝	X>>>＝Y 即 X＝X>>>Y
&＝	x&＝y 即 x＝x&y		

2. 算术运算符

在 JavaScript 中的算术运算符有单目运算符和双目运算符。

单目运算符：＋＋（递加 1）、－－（递减 1）。

双目运算符：＋（加）、－（减）、*（乘）、/（除）、%（取模）。

【释例 6-14】 下列代码是算术运算符示例。

```
var x = 7/2;     var y = 7%2;     i++;     j--;
```

3. 字符串运算符

字符串运算符"＋"用于连接两个字符串。

【释例 6-15】 下列代码是字符串运算符示例。

```
var s = "abc"+"123";
```

4. 比较运算符

比较运算符先对操作数进行比较,然后再返回一个 true 或 false 值。共有 8 个比较运算符:＜(小于)、＜＝(小于或等于)、＞(大于)、＞＝(大于或等于)、＝＝(等于)、!＝(不等于)、＝＝＝(严格等于)、!＝＝(严格不等于)。

【释例 6-16】 下列代码是比较运算符示例。

```
if ( x === y ) { document.write("严格相等");}
if ( x !== y ) { document.write("严格不相等");}
```

5. 逻辑运算符

逻辑运算符用于对布尔类型的变量(或常量)进行操作,有与、或、非三种。
与(&&):两个操作数同时为 true 时,结果为 true;否则为 false。
或(||):两个操作数中同时为 false,结果为 false;否则为 true。
非(!):只有一个操作数,操作数为 true,结果为 false;否则为 true。

【释例 6-17】 下列代码是逻辑运算符示例。

```
if( x && y ) { document.write("x && y");}
```

6. 位运算符

位运算符分为位逻辑运算符和位移动运算符。
(1) 位逻辑运算符。
位逻辑运算符包括 &(位与)、|(位或)、^(位异或)、!(位取反)、~(位取补)。

【释例 6-18】 下列代码是位运算符示例。

```
var z = x & y;
```

(2) 位移动运算符。
位移动运算符包括＜＜(左移)、＞＞(右移)、＞＞＞(右移,零填充)。

【释例 6-19】 下列代码是位运算符示例。

```
x <<= y;
```

在 JavaScript 中增加了 3 个布尔逻辑运算符:&＝(与之后赋值)、|＝(或之后赋值)、^＝(异或之后赋值)。

【释例 6-20】 下列代码是布尔逻辑运算符示例。

```
x &= y;
```

7. 三元运算符

在 JavaScript 中,三元运算符的语法格式如下。

```
expression ? value1 : value2;
```

其中,expression 表达式可以是关系表达式或逻辑表达式,其值必须是 boolean(布尔)类型;当 expression 表达式值为 true 时,返回第一项 value1;当 expression 表达式值为 false 时,返回第二项 value2。

【释例 6-21】 下列代码是三元运算符示例。

```
<script>
    document.write( 99=='99' ? "相等" : "不相等");
</script>
```

8. 运算符的优先顺序

表达式的运算是按运算符的优先级进行的,下列运算符按其优先顺序由高到低排列。
算术运算符:++、--、*、/、%、+、-。
字符串运算符:+。
位移动运算符:<<、>>、>>>。
位逻辑运算符:&、|、^、-、~。
比较运算符:<、<=、>、>=、==、!=。
布尔运算符:!、&=、&、|=、|、^=、^、?:、||、==、|=。

6.4.9 表达式

表达式是由常量、变量和运算符组成的式子,可以分为算术表达式、字符串表达式和逻辑表达式。

【释例 6-22】 下列代码是表达式示例。

```
var radius; var length;
if( radius >= 0 ){                                          //if 里面的表达式
    s = Math.PI * radius * radius + length * length;        //表达式
}
```

6.5 程 序 结 构

6.5.1 顺序结构

在 JavaScript 中,由表达式、函数等组成语句,一个语句用分号结束。由一条一条语句组成程序代码,程序执行时按照这些语句的顺序执行,这样的程序代码结构就是顺序结构。

1. 赋值语句

在 JavaScript 中,赋值语句的功能是把右边表达式赋值给左边的变量。
赋值语句的语法格式为

```
变量名 = 表达式 ;
```

【释例6-23】 下列代码是赋值语句示例。

```
var s = Math.PI * 100 * 100+ 50 * 200;
```

2. 输出字符串语句

在 JavaScript 中，常用的输出字符串的方法是用 document 对象的 write()方法和 window 对象的 alert()方法。

（1）用 document 对象的 write()方法输出字符串。

document 对象的 write()方法的功能是向页面内写文本。

应用 write()方法的语法格式为

document.write(字符串1，字符串2，…);

（2）用 window 对象的 alert()方法输出字符串。

window 对象的 alert()方法的功能是弹出提示对话框。

应用 alert()方法的语法格式为

alert(字符串);

3. 输入字符串语句

（1）用 window 对象的 prompt()方法输入字符串。

window 对象的 prompt()方法的功能是弹出对话框，让用户输入文本。

应用 prompt()方法的语法格式为

prompt(提示字符串，默认值字符串);

（2）用文本框输入字符串。

使用 Blur 事件和 onBlur 事件处理程序，可以得到在文本框中输入的字符串。Blur 事件和 onBlur 事件的具体解释可参考本书后面章的相关内容。

6.5.2 分支结构

通常在写代码时，会遇到根据不同条件执行不同的动作的情况，这时可以在代码中使用分支结构来完成该任务。分支结构是指根据条件表达式的成立与否，决定是否执行流程的相应分支结构。

在 JavaScript 中的分支结构有以下两种：if 条件语句和 switch 多分支语句。

【释例6-24】 分支结构的语句如下。

```
if 语句：                    只有当指定条件为 true 时，使用该语句来执行代码；
if...else 语句：             当条件为 true 时执行代码，当条件为 false 时执行其他代码；
if...else if....else 语句：  使用该语句来选择多个代码块之一执行；
switch 语句：                使用该语句来选择多个代码块之一执行。
```

1. if 语句

if 语句是最基本的条件语句，它的格式与 C++ 一样，其语法格式如下：

```
if (condition){
    当条件为 true 时执行的代码
}
```

其中,condition 是一个关系表达式,用来实现判断,condition 要用括号括起来。如果 condition 的值为 true,则执行"{ }"里面的语句,否则跳过 if 语句执行后面的语句。

2. if...else 语句

当判断条件成立与否都需要有对应的处理时,可以使用 if-else 语句。其语法格式如下:

```
if (condition){
    当条件为 true 时执行的代码
}else{
    当条件不为 true 时执行的代码
}
```

如果条件成立,则执行紧跟 if 语句的代码部分,否则执行跟在 else 语句后面的代码部分。这些代码均可以是单行语句,也可以是一段代码块。

3. if...else if...else 语句

使用 if....else if...else 语句来选择多个代码块之一执行。其语法格式如下:

```
if (condition1)
{
    当条件 1 为 true 时执行的代码
}else if (condition2)
{
    当条件 2 为 true 时执行的代码
}else
{
    当条件 1 和 条件 2 都不为 true 时执行的代码
}
```

条件语句可以嵌套使用。

【**实例 6-14**】 试编写一段应用 if....else if...else 语句的实例。

本实例代码如下。

```
<script>
    var times;
    times = new Date();
    times = times.getHours();
    if (times>5 && times<8){
        document.write("<b>早上好!</b>");
    }
    else if (times>=8 && times<18){
        if (times <12){
            document.write("<b>上午好!!</b>");
```

```
        }
        else{
            document.write("<b>下午好!!!</b>");
        }
    }
    else{
        document.write("<b>晚上好!</b>");
    }
</script>
```

4. switch 语句

switch 语句用于基于不同的条件来执行不同的动作。switch 语句由控制表达式和 case 标签共同构成。其中,控制表达式的数据类型可以是字符串、整型、对象类型等任意类型。

switch 语句的语法格式如下:

```
switch(n){
    case 值 1:
        执行代码块 1
        break;
    case 值 2:
        执行代码块 2
        break;
    ……
    case 值 n:
        执行代码块 n
        break;
    [ default:
        以上条件均不符合时的执行代码块 ]
}
```

可以使用 switch 语句来选择要执行的多个代码块之一。先设置表达式 n(通常是一个变量),随后表达式的值会与结构中的每个 case 的值做比较。如果存在匹配,则与该 case 关联的代码块会被执行。使用 break 来阻止代码自动地向下一个 case 运行。

【实例 6-15】 试编写一段应用 switch 语句的实例。

本实例代码如下。

```
var d=new Date().getDay();
switch (d)
{
  case 0:x="今天是星期日";
  break;
  case 1:x="今天是星期一";    break;
  case 2:x="今天是星期二";    break;
  case 3:x="今天是星期三";    break;
  case 4:x="今天是星期四";    break;
  case 5:x="今天是星期五";    break;
```

```
  case 6:x="今天是星期六";   break;
}
document.write(x);
```

6.5.3 循环结构

循环可以将代码块执行指定的次数。如果一遍又一遍地运行相同的代码,应该使用循环语句。JavaScript 支持不同类型的循环。

```
for: 按照指定的次数循环执行代码块;
for-in: 循环遍历对象的属性;
while: 当条件为 true 时循环执行代码块;
do-while: 与 while 循环类似,只不过是先执行代码块再检测条件是否为 true。
```

1. for 循环语句

for 循环语句的语法结构如下:

```
for (语句 1; 语句 2; 语句 3)
{
    被执行的代码块;
}
```

for 循环语句的规则说明如下。

(1) 语句 1:(代码块)开始前执行。

通常使用语句 1 初始化循环中所用的变量(例如,var i=0),可以在语句 1 中初始化任意(或者多个)值。语句 1 是可选的,即不使用语句 1 也可以。

(2) 语句 2:定义运行循环(代码块)的条件。

语句 2 通常用于评估初始变量的条件。如果语句 2 返回 true,则循环再次开始,如果返回 false,则循环结束。

语句 2 同样是可选的。如果省略了语句 2,那么必须在循环内提供 break,否则循环就无法停下来,这样有可能令浏览器崩溃。

(3) 语句 3:在循环(代码块)已被执行之后执行。

通常语句 3 会增加初始变量的值。语句 3 有多种用法,增量可以是正数,也可以是负数(例如,i−−)。

语句 3 也可以省略(例如,当循环内部有相应的代码,且能够改变初始变量的值时)。

【实例 6-16】 试分析下列代码的运行过程。

```
var msg = "";
for( var i = 0; i<10; i++ ){  msg += "第" + i + "行\n";  }
alert(msg);
```

上述代码表示从变量 i=0 开始执行 for 循环,每次执行前判断变量 i 是否小于 10,如果满足条件则执行 for 循环内部的代码块,然后令变量 i 自增 1。直到变量 i 不再小于 10,则终止该循环语句。

将上述代码改写为

```
var i = 0;
for( ; i<10; i++ ){   msg += "第" + i + "行\n";   }
alert(msg);
```

运行效果完全相同。这说明语句 1 是声明循环所需使用的变量初始值，可以在 for 循环之前声明完成。

2. for-in 循环语句

在 JavaScript 中，for-in 循环可以用于遍历对象的所有属性和方法。

其语法结构如下：

```
for( x in object )
{
    代码块；
}
```

其中，x 是变量，每次循环将按照顺序获取对象中的一个属性或方法名；object 指的是被遍历的对象。

【实例 6-17】 试应用 for-in 循环语句编写一段代码。

编写的程序如下：

```
var msg = "";
var people = new Object();
people.name = "Mary";
people.age = 20;
people.major = "Computer Science";
for( x in people ){
    msg += people[x];
}
alert(msg);
```

其中，变量 x 指的是 people 对象中的属性名称，而 people[x] 指的是对应的属性值。

3. while 循环语句

while 循环又被称为前测试循环，它必须先检测表达式的条件是否满足，如果符合条件才开始执行循环内部的代码块。

其语法结构如下：

```
while(条件表达式)
{
    代码块；
}
```

4. do-while 循环语句

do-while 循环又被称为后测试循环，不论是否符合条件都先执行一次循环内的代码块，然后再判断是否满足表达式的条件,如果符合条件则进入下一次循环,否则将终止循环。

其语法结构如下:

```
do
{
    代码块;
} while(条件表达式)
```

5. break 语句

break 语句的功能是无条件跳出循环结构或 switch 语句。

在 switch 结构中,遇到 break 语句时,就会跳出 switch 分支结构。

在循环结构中,遇到 break 语句时,立即退出循环,不再执行循环体中的任何代码。如果该循环体之后还有代码,则会继续执行该循环体之后的代码。

break 语句一般是单独使用的,有时也可在其后面加一个语句标号,以表明跳出该标号所指定的循环体,然后执行循环体后面的代码。

【实例 6-18】 试应用循环语句及 break 语句编写一段代码。

编写的程序如下:

```
for ( i=0; i<10; i++ )
{
    if ( i == 3 ) {  break;  }
    document.write("The number is " + i + "<br>");
}
```

当 i = 3 时,循环就不再执行了,跳到循环体的外面(后面)。

6. continue 语句

当程序执行过程中遇到 continue 时,仅仅退出当前轮次循环,跳转到循环的开始处,然后判断是否满足继续下一次循环的条件,如果满足就开始下一轮的循环。

continue 可以单独使用,也可以与语句标号一起使用。

【实例 6-19】 试应用循环语句及 continue 语句编写一段代码。

编写的程序如下:

```
for ( i=0; i<10; i++ )
{
    if ( i == 3 ) {  continue;  }
    document.write("The number is " + i + "<br>");
}
```

当执行到 i = 3 时,不继续执行后面的代码"document.write("The number is " + i + "<br>");",而是跳转到循环的开始处,继续执行 i++,i = 4,直至执行到 i = 9 结束。

从上面两端代码可以看出,continue 语句用于中断本次循环,然后会继续运行下一次循环语句,而 break 则是结束整个循环。

6.6 函　　数

函数是由事件驱动的或者当它被调用时执行的、可重复使用的代码块。在编写 JavaScript 代码时，如果有一段能够实现特定功能的代码需要经常使用，就可以编写一个函数来实现这个功能。

6.6.1 函数定义

函数由函数定义和函数调用两部分组成。在使用函数时，应先定义函数，然后再进行调用。

在 JavaScript 中，目前支持的函数定义方式有命名函数、匿名函数、对象函数和自调用函数 4 种。

1. 命名函数

命名函数定义的语法格式如下：

```
function 函数名([参数 1, 参数 2, …, 参数 n ])
{
    JavaScript 语句；
    …
    [ return 表达式；]                    //return 语句指明被返回的值
}
```

函数是由关键词 function、函数名、小括号内的一组可选参数以及大括号内的待执行代码块组成的。

函数名是调用函数时引用的名称，一般用能够描述函数实现功能的单词来命名，也可以用多个单词的组合命名。

参数是调用函数时接收传入数据的变量名，可以是常量、变量或表达式，是可选的。

返回值是将函数执行的结果返回给调用的变量。返回值是可选的。

【释例 6-25】 观察下面代码。

```
function welcome(){
  alert("Welcome to JavaScript World.");
}
```

上述代码定义了一个名称为 welcome 的函数，该函数的参数个数为 0；在待执行的代码部分只有一句 alert()方法，用于在浏览器上弹出对话框并显示双引号内的文本内容。

【小提示】　①完成函数的定义后，函数并不会自动执行，只有通过事件或脚本调用时才会执行；②在同一个<script></script>标签中，函数的调用可以在函数定义之前，也可以在函数定义之后；③在不同的<script></script>标签中时，函数的定义必须在函数的调用用之前，否则调用无效。

2. 匿名函数

匿名函数是网页前端设计者经常使用的一种函数形式,通过表达式的形式来定义一个函数。匿名函数定义的语法格式如下:

```
function ([参数 1, 参数 2, …, 参数 n ])
{
    JavaScript 语句;
    …
    [ return 表达式; ]
};
```

匿名函数的定义格式与命名函数基本相同,只是没有提供函数的名称,且在函数结束位置以分号结束。

由于没有函数名称,所以需要使用变量对匿名函数进行接收,方便后面函数的调用。

【释例 6-26】 观察下面代码。

```
<script>
    var study = function( username ){
        alert("欢迎" + username + "学习JavaScript!");
    }
    study ("admin");
</script>
```

上述代码定义了一个匿名函数,并把它赋值给了变量 study,由 study 进行调用。

3. 对象函数

在 JavaScript 中提供了 Function 类,用于定义对象函数。对象函数定义的语法格式为

```
var funcName = new Function(
    [ parameters ],
    statements;
);
```

其中:

(1) Function 是用来定义函数的关键字,首字母必须大写;

(2) parameters 参数可选,当参数是一系列的字符串时,参数之间用逗号隔开;

(3) statements 参数是字符串格式,也是函数的执行体,其中的语句以分号隔开。

【释例 6-27】 观察下面代码。

```
<script >
    var show_Name = new Function(
        "name", "age",
        "alert('数据处理中……'); " +
        "return( '姓名:' + name + ',年龄:' + age ); " );
    alert( show_Name( "张三", 22 ) );
</script>
```

上述代码定义了一个对象函数,并把它赋值给了变量 show_Name,由 show_Name 进行调用。

4. 自调用函数

在 JavaScript 中提供了一种自调用函数,将函数的定义与调用一并实现。函数本身不会自动执行,只有调用时才会被执行。自调用函数定义的语法格式为

```
( function( [parameters] ){
    statementes;
    [ return 表达式 ];
}) ( [ params ] );
```

其中:

(1) 自调用函数是指将函数的定义用小括号括起来,说明此部分是一个函数表达式;
(2) 函数表达式后紧跟一对小括号,表示该函数即将被自动调用;
(3) parameters 参数为可选(形参),参数之间使用逗号隔开;
(4) params 为实参,在函数调用时传入具体数据。

【释例 6-28】 观察下面代码。

```
<script >
    var userName = "admin";
    (function( userData ){
        alert( "欢迎" + userData + "!" );
    })( userName );
</script>
```

上述代码定义了一个自调用函数,实参为 userName,形参为 userData。

6.6.2 函数返回值

相比 Java 而言,JavaScript 函数更加简便,无须特别声明返回值类型。

如果 JavaScript 函数存在返回值,直接在大括号内的代码块中使用 return 关键词,后面紧跟需要返回的值即可。

【释例 6-29】 观察下面代码。

```
function sum( num1,  num2 ){
    return  num1+num2;
}
var result = sum(8,10);
alert(result);
```

上述代码定义了函数 sum,对两个数字进行求和运算,使用变量 result 获取函数 sum 的返回值。

函数也可以带有多个 return 语句。

【释例 6-30】 观察下面代码。

```
function maxNum( num1,  num2){
    if( num1 > num2 )   return  num1;
    else  return  num2;
}
var result = maxNum(99,100);
alert(result);
```

上述代码对两个数字进行了大小比较运算,然后返回其中较大的数值。使用变量 result 获取 maxNum 函数的返回值。

单独使用 return 语句可随时终止函数代码的运行。函数在执行到 return 语句时就直接退出函数代码块,即使后续还有代码也不会被执行。

【实例 6-20】 测试数值是否为偶数,如果是奇数则不提示,是偶数则弹出对话框。试编写代码。

编写的核心代码如下:

```
function testEven( num ){
    if( num % 2 != 0 )   return;
    alert( num + "是偶数!" );
}
testEven (99);
testEven (100);
```

本例中如果参数为奇数才能符合 if 条件,然后触发 return 语句,因此函数代码块中后续的 alert()方法不会被执行,从而做到只有在参数为偶数时才显示对话框。

6.6.3 函数调用

1. 无返回值的调用

如果函数没有返回值或调用程序不关心函数的返回值,可以通过使用函数名称的方法直接调用。

可以用下面的格式调用定义的函数:

函数名(传递给函数的参数 1,传递给函数的参数 2,…);

2. 有返回值的调用

如果调用程序需要函数的返回结果,则要用下面的格式调用定义的函数:

变量名 = 函数名(传递给函数的参数 1,传递给函数的参数 2,…);

3. 在超链接标记中调用函数

当单击超链接时,可以触发调用函数。有两种方法。
(1) 使用＜a＞标记的 onClick 属性调用函数,其语法格式为:

```
<a  href = "#" onClick = "函数名(参数表)" > 热点文本 </a>
```

(2) 使用＜a＞标记的 href 属性调用函数,其语法格式为:

```
<a href = "javascript:函数名(参数表)" > 热点文本 </a>
```

4. 在装载网页时调用函数

有时需要在装载(执行)一个网页时仅执行一次 JavaScript 代码,这时可使用＜body＞元素的 onLoad 属性。

【释例 6-31】 应用 onLoad 在装载网页时调用函数,代码如下。

```
<head>
  <script>
    function 函数名(参数表) {
      当网页装载完成后执行的代码;
    }
  </script>
</head>
<body onLoad = "函数名(参数表);" >
  …
</body>
```

5. 在触发事件时调用函数

函数可以在 JavaScript 代码的任意位置进行调用,也可以在指定的事件发生时调用。

【释例 6-32】 在指定的事件发生时调用函数,例如,在按钮的点击事件中调用函数,代码如下。

```
<button onclick = "welcome()" > 点击按钮调用函数 </button>
```

上述代码中的 onclick 属性表示元素被鼠标点击事件发生后,会调用等号右边的 welcome()函数。

6.7 对　　象

Java 是面向对象(object-oriented)的编程语言,而 JavaScript 则是基于对象(object-based)的脚本语言。

基于对象的编程语言没有提供像抽象、继承、重载等有关面向对象语言的许多功能,而是把所创建的复杂对象统一起来,形成一个非常强大的对象系统,以供使用。基于对象的编程语言还是具有一些面向对象的基本特征,它可以根据需要创建自己的对象,从而进一步扩大语言的应用范围,增强编写功能强大的 Web 文档。

6.7.1 JavaScript 对象类型

在 JavaScript 中,对象类型分为自定义对象、内部对象(本地对象、内置对象)和宿主对象三种。

(1) 本地对象(native object)是 ECMAScript 定义的引用类型;

(2) 内置对象(built-in object)指的是无须实例化使可直接使用的对象,也是特殊的本地对象;

(3) 宿主对象(host object)指的是用户的机器环境,包括 DOM 和 BOM,见第 7 章内容。

6.7.2 自定义对象

在 JavaScript 中可以使用内置对象,也可以创建用户自定义对象,但必须为该对象创建一个实例。这个实例就是一个新对象,它具有对象定义中的基本特征。下面介绍两种自定义对象的方法。

1. 初始化对象

这是一种通过初始化对象的值来建立自定义对象的方法。初始化对象的一般格式为:

```
对象名 = { 属性 1:属性值 1; 属性 2:属性值 2; …; 属性 n:属性值 n};
```

2. 定义对象的构造函数

这种方法的一般格式为:

```
function 对象名(属性 1, 属性 2, …, 属性 n){
    this.属性 1 = 属性值 1;
    …
    this.属性 n = 属性值 n;
    this.方法 1 = 函数名 1;
    …
    this.方法 m = 函数名 m;
}
```

【实例 6-21】 试分析表 6-13 中的代码运行结果。

表 6-13 实例 6-21 的核心代码(Exmp-6-21 自定义对象.html)

行	核 心 代 码
1	`<!doctype html>`
2	`<html>`
3	`<head>`
4	`    <meta charset="utf-8">`
5	`    <title>学生对象</title>`
6	`    <script>`
7	`        function student(No, name, sex, grade){`
8	`            this.No = No;`
9	`            this.name = name;`

续表

行	核心代码
10	`    this.sex = sex;`
11	`    this.grade = grade;`
12	`    this.study = function(){`
13	`        if( this.grade <100 )`
14	`            this.grade += 1;`
15	`    }`
16	`}`
17	`</script>`
18	`</head>`
19	`<body>`
20	`<script type >`
21	`    var stuA = new student(2023001, "张三", true, 95);`
22	`    document.write("grade before study: "+stuA.grade);`
23	`    document.write(" ");`
24	`    stuA.study();`
25	`    document.write("grade after study: "+stuA["grade"]);`
26	`    document.write(" ");`
27	`    stuA.study();`
28	`    for(var x in stuA){`
29	`        document.write(stuA[x]);`
30	`        document.write(" ");`
31	`    }`
32	`</script>`
33	`</body>`
34	`</html>`

在表 6-13 中，代码第 7～16 行自定义了一个学生对象 student，代码第 21 行对对象进行实例化，第 22 行用"对象名.属性名"的方式引用对象的属性，第 24 行和第 27 行引用对象的方法，第 25 行用"对象[字符串]"的方式引用对象的属性，第 28～31 行用 for…in 语句遍历对象的属性。自定义对象程序的运行结果如图 6-2 所示。

6.7.3 对象的使用

在 JavaScript 代码中，要使用一个对象，有下面 3 种方法：

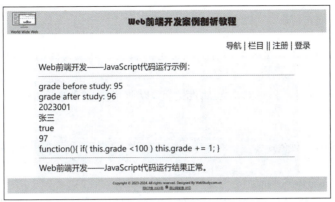

图 6-2　自定义对象程序的运行结果

（1）引用 JavaScript 内置对象；
（2）由浏览器环境提供；
（3）创建新对象。
一个对象在被引用之前必须已经存在。
在 JavaScript 中，提供了几个用于操作对象的语句、关键字和运算符。

1. for…in 语句
使用 for…in 语句的语法格式如下：

```
for( 变量 in 对象 ){
    代码块；
}
```

2. with 语句
使用 with 语句的语法格式如下：

```
with( 对象 ){
    代码块；
}
```

3. this 关键字
this 用于将对象指定为当前对象。

4. new 关键字
使用 new 可以创建指定对象的一个实例。其创建对象实例的格式如下：

```
对象实例名 = new 对象名(参数表);
```

5. delete 操作符
delete 操作符可以删除一个对象的实例。
其语法格式如下：

```
delete 对象名;
```

6.7.4 对象属性引用

在 JavaScript 中，每一种对象都有一组特定的属性。对象属性的引用有 2 种方式。

1. 点运算符

把点放在对象实例名和它对应的属性之间，以此指向一个唯一的属性。属性的使用格式如下：

```
对象名.属性名 = 属性值；
```

2. 通过字符串的形式实现

通过"对象[字符串]"的格式实现对象的访问。例如：

```
person["sex"]="female";
person["name"]="Jane";
person["age"]=23;
```

6.7.5 对象的事件

事件是预先定义好的、能够被对象识别的动作，例如单击（click）事件、双击（dblClick）事件、装载（load）事件、鼠标移动（mousemove）事件等。不同的对象能够识别不同的事件。通过事件可以调用对象的方法，以产生不同的执行动作。有关 JavaScript 的事件，后面将详细介绍。

6.7.6 对象方法引用

JavaScript 的方法是函数，例如 Window 对象的关闭（close）方法、打开（open）方法等。在 JavaScript 中，对象方法的引用非常简单，只须在对象名和方法之间用点分隔就可指明该对象的某一种方法，并加以引用。

应用对象方法的语法格式如下：

```
对象名.方法()
```

【释例 6-33】 引用 person 对象中已存在的一个方法 helloworld()，则可使用下列代码：

```
document.write( person.helloworld() );
```

【实例 6-22】 试编写一段应用数学函数的实例代码。

编写的程序核心代码如下：

```
<script>
    document.write("PI: "+Math.PI+"<br>");
    document.write("sin30<sup>.</sup>: "+Math.sin(30*Math.PI/180)+"<br>");
    document.write("sin75<sup>.</sup>: "+Math.sin(75*Math.PI/180)+"<br>");
    document.write("sin90<sup>.</sup>: "+Math.sin(90*Math.PI/180)+"<br>");
```

```
    document.write("cos60<sup>.</sup>: "+Math.cos(60 * Math.PI/180)+"<br>");
</script>
<hr>
<script>
    with(Math){
        document.write("PI: "+PI+"<br>");
        document.write("sin30<sup>.</sup>: "+sin(30 * Math.PI/180)+"<br>");
        document.write("sin75<sup>.</sup>: "+sin(75 * Math.PI/180)+"<br>");
        document.write("sin90<sup>.</sup>: "+sin(90 * Math.PI/180)+"<br>");
        document.write("cos60<sup>.</sup>: "+cos(60 * Math.PI/180)+"<br>");
    }
</script>
```

6.8 内部对象

6.8.1 本地对象

1. 数组 Array

（1）一维数组。

在 JavaScript 中可以使用数组 Array 存储一系列（类型相同）的值。

【释例 6-34】 观察下列代码。

```
var stuName = new Array();
var stuName [0] = "张三";
var stuName [1] = "李四";
var stuName [2] = "王五";
```

上述代码存储的是学生的名字。

数组是从 0 开始计数的，因此第一个元素的下标是[0]，后面每新增一个元素下标加 1。使用 Array 类型存储数组的特点是无须在一开始声明数组的具体元素数量（数组长度），可以在后续代码中陆续新增数组元素。

如果一开始就可以确定数组的长度，即其中的元素不需要后续动态加入，可直接写成：

```
var stuName = new Array("张三", "李四", "王五");
```

或

```
var stuName = ["张三", "李四", "王五"];
```

此时数组元素之间使用逗号隔开。

Array 对象还包含了 length 属性，可以用于获取当前数组的长度，即数组中的元素个数。如果当前数组中没有包含元素，则 length 值为 0。

【释例 6-35】 获取当前数组长度的代码如下。

```
var stuName = ["张三", "李四", "王五"];
var x = stuName.length;                    //这里 x 值为 3
```

(2) 二维数组。

在 JavaScript 中，将数组的元素定义为一维数组，该数组即为二维数组。

【实例 6-23】 试分析表 6-14 中的代码运行结果。

表 6-14　实例 6-23 的核心代码（Exmp-6-23 二维数组.html）

行	核 心 代 码
1	`<!doctype html>`
2	`<html>`
3	`  <head>`
4	`    <title>Array</title>`
5	`    <script>`
6	`      var students = new Array(5);`
7	`      students[0] = new Array("name", "sex", "grade");`
8	`      students[1] = new Array("张三", true, 85);`
9	`      students[2] = new Array("李四", true, 70);`
10	`      students[3] = new Array("王五", false, 95);`
11	`      students[4] = new Array("周六", false, 95);`
12	`      document.write(students[0][0] + " " + students[0][1] + " " + students[0][2] );`
13	`      document.write(" ");`
14	`      for(var i = 1; i <= 3;  i++){`
15	`        for(var j = 0;  j <= 2;  j++){`
16	`          document.write(students[i][j] + "  ");`
17	`        }`
18	`        document.write(" ");`
19	`      }`
20	`      document.write(students[4]);`
21	`    </script>`
22	`  </head>`
23	`  <body>`
24	`  </body>`
25	`</html>`

在表 6-14 中，第 6 行代码定义了一个有 5 个元素的数组 students，第 7 行代码将一个有

3个元素的数组 Array("name","sex","grade")赋值给数组 students 的第 1 个元素 students[0],由此可以确定数组 students 为二维数组。第 8 行代码定义了数组 students 的第 2 个元素 students[1],以此类推。第 12 行代码以数组元素[i][j]的方式输出 students[0],第 29 行代码将数组 students 的第 5 个元素 students[4]直接输出。在 JavaScript 中,数组元素的个数和类型可以不相同。

数组 Array 的属性见表 6-15。

表 6-15 数组 Array 的属性

属性	描述
constructor	返回创建数组对象的原型函数
length	设置或返回数组元素的个数
prototype	允许用户向数组对象添加属性或方法

数组 Array 的方法见表 6-16。

表 6-16 数组 Array 的方法(部分)

方法	描述
concat()	连接两个或更多的数组,并返回结果
fill()	使用一个固定值来填充数组
find()	返回符合传入测试(函数)条件的数组元素
findIndex()	返回符合传入测试(函数)条件的数组元素索引
forEach()	数组每个元素都执行一次回调函数
isArray()	判断对象是否为数组
join()	把数组的所有元素放入一个字符串
lastIndexOf()	搜索数组中的元素,并返回它最后出现的位置
pop()	删除数组的最后一个元素并返回删除的元素
push()	向数组的末尾添加一个或更多元素,并返回新的长度
reverse()	反转数组的元素顺序
shift()	删除并返回数组的第一个元素
slice()	选取数组的一部分,并返回一个新数组
sort()	对数组的元素进行排序
splice()	从数组中添加或删除元素
toString()	把数组转换为字符串,并返回结果
unshift()	向数组的开头添加一个或更多元素,并返回新的长度
valueOf()	返回数组对象的原始值

2. 日期 Date

在 JavaScript 中，使用 Date 对象处理时间日期有关内容，有四种初始化方式。

（1）表示获取当前的日期与时间。

```
new Date();
```

（2）使用表示日期时间的字符串定义时间。

```
new Date(dateString);
```

例如，输入"May 10，2023 12:00:00"。

（3）使用从 1970 年 1 月 1 日到指定日期的毫秒数定义时间。

```
new Date(milliseconds);
```

例如，输入 1709769600000。

（4）自定义年、月、日、时、分、秒和毫秒。

```
new Date(year, monthIndex [, day [, hours [, minutes [, seconds [, milliseconds]]]]]);
```

时、分、秒和毫秒参数缺省情况默认为 0。

例如，输入 2023，12，31，12，0，0。

【实例 6-24】 试编写一个应用日期对象 Date() 的实例。

编写的程序代码如下。

```
<script>
    var date = new Date();
    document.write("<h1> new Date()</h1>"+date);
    var date = new Date();
    document.write("<h1> new Date().getDate()</h1>"+date.getDate());
    document.write("<h1> new Date().getDay()</h1>"+date.getDay());
    var date = new Date("March 7, 2024 00:00:00");
    document.write("<h1> new Date('March 7, 2024 00:00:00')</h1>"+date);
    document.write("<h1> new Date('March 7, 2024 00:00:00')</h1>"+date.getTime());
    var date = new Date(1709769600000);
    document.write("<h1> new Date(1709769600000)</h1>"+date);
    var date = Date.parse("March 7, 2024");
    document.write("<h1> new Date('March 7, 2024')</h1>"+date);
    var date = new Date(2023,12,31,12,0,0,0);
    document.write("<h1> new Date(2023,12,31,12,0,0,0)</h1>"+date);
</script>
```

可以用 Date 对象一系列方法分别获取指定的内容，Date 对象的常见方法如表 6-17 所示。

第 6 章　JavaScript 语言基础

表 6-17　Date 对象的常见方法（部分）

方　　法	描　　述
getDate()	从 Date 对象返回一个月中的某一天（1～31）
getDay()	从 Date 对象返回一周中的某一天（0～6）
getFullYear()	从 Date 对象以四位数字返回年份
getHours()	返回 Date 对象的小时（0～23）
getMilliseconds()	返回 Date 对象的毫秒（0～999）
getMinutes()	返回 Date 对象的分钟（0～59）
getMonth()	从 Date 对象返回月份（0～11）
getSeconds()	返回 Date 对象的秒数（0～59）
getTime()	返回 1970 年 1 月 1 日至今的毫秒数
getUTCDate()	根据世界标准时间从 Date 对象返回月中的一天（1～31）
getUTCDay()	根据世界标准时间从 Date 对象返回周中的一天（0～6）
getUTCFullYear()	根据世界标准时间从 Date 对象返回四位数的年份
getUTCMonth()	根据世界标准时间从 Date 对象返回月份（0～11）
getUTCSeconds()	根据世界标准时间返回 Date 对象的秒钟（0～59）
parse()	返回 1970 年 1 月 1 日午夜到指定日期（字符串）的毫秒数
setDate()	设置 Date 对象中月的某一天（1～31）
setTime()	setTime()方法以毫秒设置 Date 对象
setUTCDate()	根据世界标准时间设置 Date 对象中月份的一天（1～31）
toDateString()	把 Date 对象的日期部分转换为字符串
toJSON()	以 JSON 数据格式返回日期字符串
toLocaleDateString()	根据本地时间格式，把 Date 对象的日期部分转换为字符串
toLocaleTimeString()	根据本地时间格式，把 Date 对象的时间部分转换为字符串
toLocaleString()	根据本地时间格式，把 Date 对象转换为字符串
toString()	把 Date 对象转换为字符串
toTimeString()	把 Date 对象的时间部分转换为字符串
toUTCString()	根据世界标准时间，把 Date 对象转换为字符串
UTC()	根据世界标准时间返回 1970 年 1 月 1 日 到指定日期的毫秒数
valueOf()	返回 Date 对象的原始值

3. 字符串 String

String 对象用于处理文本（字符串）。

创建 String 对象的语法格式为

```
new String(s);
```

或

```
String(s);
```

其中:

(1) 参数 s 是要存储在 String 对象中或转换成原始字符串的值。

(2) 返回值:当 String() 和运算符 new 一起作为构造函数使用时,它返回一个新创建的 String 对象,存放的是字符串 s 或 s 的字符串表示。当不用 new 运算符调用 String() 时,它只把 s 转换成原始的字符串,并返回转换后的值。

字符串变量可以看作对象。通常 JavaScript 字符串是原始值,可以使用字符创建:

```
var firstName = "John"
```

但也可以使用 new 关键字将字符串定义为一个对象:

```
var firstName = new String("John")
```

【释例 6-36】 观察下面的代码。

```
var x = "John";
var y = new String("John");
typeof x ;                    //返回 String
typeof y;                     //返回 Object
(x === y) ? true : false;     //结果为 false,因为 x 是字符串,y 是对象
```

上述代码表示了字符串变量和字符串对象之间的区别。

String 对象的属性及其描述见表 6-18,String 对象的方法及其描述见表 6-19。

表 6-18 String 对象的属性及其描述

属性	描述
constructor	对创建该对象的函数的引用
length	字符串的长度
prototype	允许用户向对象添加属性和方法

表 6-19 String 对象的方法及其描述(部分)

方法	描述
anchor()	创建 HTML 锚
bold()	使用粗体显示字符串
charAt()	返回在指定位置的字符
concat()	连接字符串

续表

方　　法	描　　述
fontcolor()	使用指定的颜色来显示字符串
fontsize()	使用指定的尺寸来显示字符串
indexOf()	检索字符串
italics()	使用斜体显示字符串
lastIndexOf()	从后向前搜索字符串
link()	将字符串显示为链接
match()	找到一个或多个正则表达式的匹配
replace()	替换与正则表达式匹配的子串
search()	检索与正则表达式相匹配的值
slice()	提取字符串的片断,并在新的字符串中返回被提取的部分
split()	把字符串分割为字符串数组
substr()	从起始索引号提取字符串中指定数目的字符
substring()	提取字符串中两个指定的索引号之间的字符
toLocaleUpperCase()	把字符串转换为大写
toLowerCase()	把字符串转换为小写
toString()	返回字符串
valueOf()	返回某个字符串对象的原始值

【**实例 6-25**】 试编写 JavaScript 代码,实现在字符串中查找指定的字符串,在字符串中内容匹配。

编写的程序代码如下。

```
<script>
    var str1 = "Hello world, welcome to the universe.";
    var n = str1.indexOf("welcome");
    document.write("<h1>welcome 字符首次出现的位置是:</h1>" + n + "<br>");
    var str2 = "Hello world!";
    document.write("<h1>查找 Hello:</h1>" +str2.match("Hello") + "<br>");
    document.write("<h1>查找 World:</h1>" +str2.match("World") + "<br>");
    document.write("<h1>查找 world!:</h1>" +str2.match("world!"));
</script>
```

使用 indexOf()来定位字符串中某一个指定的字符或子字符串首次出现的位置,如果没找到对应的字符函数返回−1。

使用 match()函数来查找字符串中特定的字符,如果找到,则返回这个字符,否则返回 null。

4. 正则表达式 RegExp

正则表达式(regular expression)是应用单个字符串来描述、匹配一系列符合某个句法规则的字符串的搜索模式。这种搜索模式可用于所有文本搜索和文本替换的操作。例如，当用户在文本中搜索数据时，可以用搜索模式来描述要查询的内容。

（1）语法格式。

正则表达式可以是一个简单的字符，或者一个更复杂的模式。复杂的模式包括了更多的字符。正则表达式语法格式为

> **var patt = new RegExp(pattern, modifiers);**

或

> **var patt = /pattern / modifiers;**

其中，模式（pattern）描述了一个表达式模型，用于规定正则表达式的匹配规则。修饰符（modifiers）是可选参数，可包含属性值 g、i 或者 m，分别表示全局匹配、区分大小写、匹配与多行匹配等。

【释例 6-37】 观察下面的代码。

> var patt = /runoobcom/i

上述代码中，/runoobcom/i 是一个正则表达式；runoobcom 是一个正则表达式主体（用于检索）；i 是一个修饰符（表示搜索不区分大小写）。

（2）search()和 replace()方法。

在 JavaScript 中，字符串有 search() 和 replace()两个方法。

search()方法用于检索字符串中指定的子字符串，或检索与正则表达式相匹配的子字符串，并返回子串的起始位置。

replace()方法用于在字符串中用一些字符替换另一些字符，或替换一个与正则表达式匹配的子串。

表 6-20 给出了这两种方法使用正则表达式与字符串参数的代码对比情况，它们运行的结果一样。

表 6-20 search()方法与 replace()方法使用正则表达式与字符串参数的代码对比

search()方法使用正则表达式	search()方法使用字符串
var str = "Visit Runoob!"; var n = str.search(/Runoob/i);	var str = "Visit Runoob!"; var n = str.search("Runoob");
replace() 方法使用正则表达式	replace() 方法使用字符串

<div id="demo">www. Microsoft.com</div>
<script>
var str = document.getElementById("demo").innerHTML;
var txt = str.replace(/Microsoft/i, "Runoob");
	<div id="demo">www. Microsoft.com</div>
	<script>
	var str = document.getElementById("demo").innerHTML;
	var txt = str.replace("Microsoft","Runoob");
	</script>

</script>	

(3)正则表达式规则。

正则表达式的模式包括方括号、元字符和量词三部分。方括号用于查找某个范围内的字符；元字符是拥有特殊含义的字符；量词表示重复的数量，具体含义见表 6-21、表 6-22 和表 6-23。

表 6-21　方括号及其描述

表 达 式	描 述
[abc]	查找方括号之间的任何字符
[0-9]	查找任何从 0 至 9 的数字
(x|y)	查找任何以 | 分隔的选项

表 6-22　元字符及其描述

元 字 符	描 述
.	查找单个字符，除了换行和行结束符
\w	查找单词字符
\W	查找非单词字符
\d	查找数字
\D	查找非数字字符
\s	查找空白字符
\S	查找非空白字符
\b	匹配单词边界
\B	匹配非单词边界
\0	查找 NUL 字符
\n	查找换行符
\f	查找换页符
\r	查找回车符
\t	查找制表符
\v	查找垂直制表符
\xxx	查找以八进制数 xxx 规定的字符
\xdd	查找以十六进制数 dd 规定的字符
\uxxxx	查找以十六进制数 xxxx 规定的 Unicode 字符

表 6-23　量词及其描述

量 词	描 述
^	匹配开头，在多行检测中，会匹配一行的开头
$	匹配结尾，在多行检测中，会匹配一行的结尾

续表

量　词	描　述
n+	匹配任何包含至少一个 n 的字符串
n*	匹配任何包含零个或多个 n 的字符串
n?	匹配任何包含零个或一个 n 的字符串
n{X}	匹配包含 X 个 n 的序列的字符串
n{X,Y}	匹配包含 X 至 Y 个 n 的序列的字符串
n{X}	匹配包含至少 X 个 n 的序列的字符串
n$	匹配任何结尾为 n 的字符串
^n	匹配任何开头为 n 的字符串
?=n	匹配任何其后紧接指定字符串 n 的字符串
?!n	匹配任何其后没有紧接指定字符串 n 的字符串

正则表达式的修饰符及其描述见表 6-24。

表 6-24　正则表达式的修饰符及其描述

修　饰　符	描　述
i	执行对大小写不敏感的匹配
g	执行全局匹配(查找所有匹配而非在找到第一个匹配后停止)
m	执行多行匹配

【释例 6-38】　观察下面的代码。

```
var pattern = new RegExp( [0-9],  g);
```

上述代码声明了一个用于全局检索文本中是否包含数字 0～9 任意字符的正则表达式。该正则表达式语法格式的简写形式如下：

```
var pattern = /[0-9]/g;
```

【释例 6-39】　观察下面的代码。

```
var str = "Is this all there is?";
var patt1 = /is/gi;
```

上述代码表示正则表达式是全文查找和不区分大小写搜索 "is"。

(4) 正则表达式应用。

在 JavaScript 中，RegExp 对象是一个预定义了属性和方法的正则表达式对象。因此可以使用这些方法和属性。

test()方法是一个正则表达式方法，用于检测一个字符串是否匹配某个模式，如果字符串中含有匹配的文本,则返回 true,否则返回 false。

【释例 6-40】 观察下面的代码。

```
var patt1 = new RegExp("e");
document.write( patt1.test( "The best things in life are free") );
```

上述代码表示在"The best things in life are free"中搜索字符 "e",由于该字符串中存在字母 "e",输出将是 true。

exec()方法是另一个正则表达式方法,用于检索字符串中的正则表达式的匹配。该函数返回一个数组,其中存放匹配的结果。如果未找到匹配,则返回值为 null。

【释例 6-41】 观察下面的代码。

```
var patt2 = new RegExp("e");
document.write( patt2.exec( "The best things in life are free" ) );
```

上述代码表示在字符串"The best things in life are free"中搜索字符 "e",由于该字符串中存在字母 "e",输出将是 e。

【释例 6-42】 给出一些常用正则表达式的代码如下。

[abc]:查找方括号内任意一个字符;
[^abc]:查找不在方括号内的字符;
[0-9]:查找 0～9 的数字,即查找数字;
[a-z]:查找 a～z 的字符,即查找小写字母;
[A-Z]:查找 A～Z 的字符,即查找大写字母;
[A-z]:查找 A～z 的字符,即查找所有大小写的字母;
^匹配一个输入或一行的开头,/^a/匹配"an A",而不匹配"An a";
$匹配一个输入或一行的结尾,/a$/匹配"An a",而不匹配"an A";
匹配前面元字符 0 次或多次,/ba/将匹配 b,ba,baa,baaa;
+匹配前面元字符 1 次或多次,/ba*/将匹配 ba,baa,baaa;
? 匹配前面元字符 0 次或 1 次,/ba*/将匹配 b,ba;
x|y 匹配 x 或 y;
{n}精确匹配 n 次;
{n,}匹配 n 次以上;
{n,m}匹配 n-m 次;
(x)匹配 x 保存 x 在名为 $1...$9 的变量中;
匹配由 26 个英文字母组成的字符串:^[A-Za-z]+$;
匹配由 26 个英文字母的大写组成的字符串:^[A-Z]+$;
匹配由 26 个英文字母的小写组成的字符串:^[a-z]+$;
匹配由数字和 26 个英文字母组成的字符串:^[A-Za-z0-9]+$;
匹配正整数:^[1-9]d*$;
匹配负整数:^-[1-9]d*$;
匹配整数:^-?[1-9]d*$;

匹配 ip 地址：d+.d+.d+.d；

匹配网址 URL 的正则表达式：[a-zA-Z]+://[^s]*；

匹配国内电话号码：d{3}-d{8}|d{4}-d{7}；

匹配中国邮政编码：[1-9]d{5}(?! d)。

6.8.2 内置对象

1. Gobal 对象

在 JavaScript 中，Gobal 对象又称为全局对象，其中包含的属性和函数可以用于所有的本地 JavaScript 对象。

2. Math 对象

在 JavaScript 中，Math 对象用于数学计算，无须初始化创建，可以直接使用关键词 Math 调用其所有的属性和方法。

【小提示】 Math 对象并不像 Date 和 String 那样是对象的类，因此没有构造函数 Math()。像 Math.sin() 这样的函数只是函数，不是某个对象的方法。用户无须创建它，通过把 Math 作为对象使用就可以调用其所有属性和方法。

Math 对象属性和方法及其描述分别如表 6-25 和表 6-26 所示。

表 6-25 Math 对象属性及其描述（部分）

属 性	描 述
E	返回算术常量 e，即自然对数的底数（约等于 2.718）
PI	返回圆周率（约等于 3.14159）

表 6-26 Math 对象方法及其描述（部分）

方 法	描 述
abs(x)	返回数的绝对值
acos(x)	返回数的反余弦值
atan2(y,x)	返回从 x 轴到点 (x,y) 的角度（介于 -PI/2 与 PI/2 弧度之间）
ceil(x)	对数进行上舍入
cos(x)	返回数的余弦
exp(x)	返回 e 的指数
floor(x)	对数进行下舍入
log(x)	返回数的自然对数（底为 e）
max(x,y)	返回 x 和 y 中的最高值
min(x,y)	返回 x 和 y 中的最低值
pow(x,y)	返回 x 的 y 次幂

续表

方　　法	描　　述
random()	返回 0 ～ 1 的随机数
round(x)	把数四舍五入为最接近的整数
sin(x)	返回数的正弦
sqrt(x)	返回数的平方根
valueOf()	返回 Math 对象的原始值

6.9　全局函数和属性

全局对象是预定义的对象，作为 JavaScript 的全局函数和全局属性的占位符。通过使用全局对象，可以访问其他所有预定义的对象、函数和属性。全局对象不是任何对象的属性，所以它没有名称。全局对象只是一个对象，而不是类。既没有构造函数，也无法实例化一个新的全局对象。

表 6-27 和表 6-28 给出了全局函数和全局属性的具体含义及其描述。

表 6-27　全局函数及其描述

函　　数	描　　述
decodeURI()	解码某个编码的 URI
decodeURIComponent()	解码一个编码的 URI 组件
encodeURI()	把字符串编码为 URI
encodeURIComponent()	把字符串编码为 URI 组件
escape()	对字符串进行编码
eval()	计算 JavaScript 字符串，并把它作为脚本代码来执行
getClass()	返回一个 JavaObject 的 JavaClass
isFinite()	检查某个值是否为有穷大的数
isNaN()	检查某个值是否是数字
Number()	把对象的值转换为数字
parseFloat()	解析一个字符串并返回一个浮点数
parseInt()	解析一个字符串并返回一个整数
String()	把对象的值转换为字符串
unescape()	对由 escape() 编码的字符串进行解码

表 6-28 全局属性及其描述

属　　性	描　　述
Infinity	代表正的无穷大的数值
java	代表 java.* 包层级的一个 JavaPackage
NaN	指示某个值是不是数字值
Packages	根 JavaPackage 对象
undefined	指示未定义的值

6.10　本章小结

　　JavaScript 不仅可以增强网页的交互性,还能为网页添加动态效果,从而提升用户体验。

　　JavaScript 在网页中的插入方式通常包括在 HTML 文件的＜script＞标签中直接编写代码,以及通过外部文件引入 JavaScript 代码。

　　JavaScript 的基本语法包括变量、数据类型、运算符、顺序结构、条件语句、循环语句等。这些基础知识是编写任何 JavaScript 程序的基础,也是理解更高级概念的前提。

　　函数是 JavaScript 中组织代码的重要工具,通过函数可以将重复的代码块封装起来,提高代码的可读性和可维护性。

　　对象在 JavaScript 中扮演着至关重要的角色,通过对象来组织和封装数据和方法。

　　JavaScript 中的内建对象,例如 Array、Date 等,这些对象提供了许多实用的方法和属性,例如操作数组、处理字符串、进行数学运算等。掌握这些内建对象和函数的使用方法,能够大大提高编程效率。

　　JavaScript 的全局函数和属性,这些函数和属性可以直接在全局作用域中使用,无须任何引用或调用,提供了许多实用的功能,例如编码解码 URL、处理时间等。

习　　题

一、单项选择题

1. 在网页中输出"Hello JavaScript"的 JavaScript 语句是(　　)。
   A. .write("Hello JavaScript");　　　　B. response.write("Hello JavaScript");
   C. ("Hello JavaScript");　　　　　　　D. document.write("Hello JavaScript");
2. JavaScript 代码开始和结束的标签是(　　)。
   A. 以＜java＞开始,以＜/java＞结束　　B. 以＜script＞开始,以＜/script＞结束
   C. 以＜style＞开始,以＜/style＞结束　　D. 以＜js＞开始,以＜/js＞结束
3. 在 HTML 文档中,引用名为"MyJavaScript.js"的外部脚本时,正确的代码是(　　)。
   A. ＜script src="MyJavaScript.js"＞　　B. ＜script href="MyJavaScript.js"＞
   C. ＜script name="MyJavaScript.js"＞　D. ＜script target="MyJavaScript.js"＞

4. 单词( )不属于 JavaScript 的保留字。
   A. with   B. parent   C. class   D. void
5. 要创建名为 myFun 的函数,应该选择( )。
   A. function：myFun(){}   B. function myFun(){}
   C. function＝myFun(){}   D. function myFun{}
6. 要在 JavaScript 中添加注释,正确的语句是( )。
   A. 'This is a comment   B. // This is a comment
   C. <comment>   D. <! -- This is a comment-->
7. 要把 3.14 四舍五入为最接近的整数,应该选择( )。
   A. round(3.14)   B. rnd(3.14)
   C. Math.round(3.14)   D. Math.rnd(3.14)
8. 欲求 3 和 5 中最大的数,应该选择( )。
   A. Math.ceil(3,5)   B. Math.max(3,5)
   C. ceil(3,5)   D. floor(3,5)
9. 定义 JavaScript 数组正确的语句是( )。
   A. var name＝ Array("Tom","Mary","Jc")
   B. var name＝new Array("Tom","Mary","Jc")
   C. var name＝ "Tom","Mary","Jc"
   D. var name＝ Array(1："Tom",2："Mary",3："Jc")
10. 下列表达式结果为真的是( )。
    A. null instanceof Object   B. null＝＝＝undefined
    C. null＝＝undefined   D. NaN＝＝NaN
11. 要编写当 i 不等于 5 时执行某些语句的条件语句是( )。
    A. if =！5 then   B. if <> 5   C. if(I <> 5)   D. if(I！＝5)
12. 在 HTML 中,JavaScript 代码要写在( )标签中。
    A. <script>…</script>   B. <style>…</style>
    C. <link>…</link>   D. <head>…</head>
13. JavaScript 中用于输出到控制台的语句是( )。
    A. echo()   B. print()   C. console.log()   D. output()
14. ( )正确地声明了一个函数。
    A. function myFunction = { ... }   B. var myFunction = function() { ... }
    C. myFunction() { ... }   D. myFunction { ... }
15. 在 JavaScript 中,( )用于获取字符串长度的属性。
    A. length   B. size   C. count   D. length()
16. 在 JavaScript 中,( )用于连接两个或多个字符串。
    A. concat()   B. join()   C. append()   D. add()
17. 在 JavaScript 中,( )是正确声明全局变量的方式。
    A. var myVariable = "Hello, world!";
    B. let myVariable = "Hello, world!";

C. myVariable = "Hello，world!";

D. const myVariable = "Hello，world!";

18. JavaScript 中，(　　)是调用函数的正确方式。

  A. myFunction()   B. myFunction.call()

  C. this.myFunction()   D. 所有选项都可以

19. 在 JavaScript 中，(　　)用于检查变量是否为 null 或 undefined 的严格比较。

  A. if (myVariable == null)

  B. if (myVariable === null || myVariable === undefined)

  C. if (myVariable == undefined)

  D. if (! myVariable)

20. 在 JavaScript 中，(　　)是创建对象字面量的正确方式。

  A. var obj = {key: "value"};   B. var obj = new Object();

  C. var obj = Object.create({});   D. 所有选项都可以

二、判断题

1. 在 JavaScript 中，逻辑运算返回结果的值为 0 或 1。　　　　　　　　　　(　　)

2. JavaScript 是一种解释性的脚本语言。　　　　　　　　　　　　　　　　(　　)

3. JavaScript 是一种基于对象的脚本编程语言。　　　　　　　　　　　　　(　　)

4. 在网页中，JavaScript 用于搭建页面结构。　　　　　　　　　　　　　　(　　)

5. JavaScript 的变量名严格区分大小写，MyName 和 myName 代表两个不同的变量。

                      (　　)

三、问答题

1. 简述一个 HTML 文档的基本结构。

2. 简述 JavaScript 变量命名的规则？

3. 外部脚本文件中包含＜script＞…＜/script＞吗？

4. setTimeOut("MyFun()"，500)表示什么意思？

第 7 章

BOM 与 DOM 编程

浏览器对象模型(browser object model,BOM)和文档对象模型(document object model,DOM)是两个核心概念,它们共同构成了 Web 页面与 JavaScript 等客户端脚本语言交互的基础。BOM 提供了与浏览器窗口和浏览器窗口的脚本环境进行交互的对象和方法,而 DOM 则定义了一种方式,使得程序和脚本能够动态地访问和更新文档的内容、结构和样式。

7.1 案例 11 模拟考试网页设计

【案例描述】

试用 DOM 编程,实现一个模拟考试的训练网页。对于选择题,提交答案后就可以看到参考答案,并动态地显示在答题按钮的下面。对于改错题,在行号文本框中输入错误内容的行号,再在内容文本框中输入正确的内容,单击修改按钮,就可以将原来错误的内容修改正确。

【软件环境】

Windows 10,Dreamweaver 2021,Photoshop,Fireworks,IE,Edge,Chrome。

【案例解答】

打开 Dreamweaver 2021,打开"模板"站点,打开"Web 网页设计模板.html"文件,另存为"Case-11-模拟考试网页设计.html",在其中输入以下核心代码,如表 7-1 所示。完整的代码请下载课程资源浏览。

表 7-1 案例 11 的核心代码(Case-11-模拟考试网页设计.html)

行	核 心 代 码
1	`<html>`
2	`<head>`
3	`<script src="js/jquery-3.2.1.min.js" type="text/javascript"></script>`
4	`<style>`
5	`    section { background-color: FloralWhite;  margin: auto;  padding: 10px;         width: 80%;  }`
6	`</style>`

续表

行	核心代码
7	`<script>   var ans = false; </script>`
8	`</head>`
9	`<body>`
10	`    <section>`
11	`        <h1>模拟考试题</h1><hr>`
12	`        <h3>单项选择题(提交答案后方可查看答案)</h3>`
13	`        <form id="frm1"  action="JavaScript:{ans=true;}"  method="post">`
14	`            <span>1.下面哪个标签是单标签?(    )</span> `
15	`            <input type="radio" name="mark" value="A"/> [A] span 标签`
16	`            <input type="radio" name="mark" value="B"/> [B] img 标签`
17	`            <input type="radio" name="mark" value="C"/> [C] p 标签`
18	`            <input type="radio" name="mark" value="D"/> [D] div 标签     `
19	`            <input type="submit" name="btn11" value="提交答案" id="btn11" />`
20	`            <input type="reset" name="btn12" value="重写答案" id="btn12" />`
21	`            <input type="button" name="btn13" value="查看答案" id="btn13"             onClick= "ans1()" />  `
22	`            <span id="A1"></span>`
23	`            <script>`
24	`                function ans1(){`
25	`                    if(ans==true) document.getElementById("A1").innerHTML="The                          answer is [B]";`
26	`                    ans=false; }`
27	`            </script>   `
28	`        </form>`
	`            ……`
29	`        <hr><h3>多项选择题(提交答案后方可查看答案)</h3>`
30	`        <form id="frm3" action="JavaScript:{ans=true;}" method="post">`
	`            ……`
31	`        </form>`
	`            ……`
32	`        <hr><h3>改错题</h3>`
33	`        <form id="frm5" action="" method="post">`

续表

行	核 心 代 码
34	`<div id="d1" class="titles">登鹳雀楼</div>`
35	`<div id="d2" class="titles">王涣之</div>`
36	`<div id="d3" class="passages">白日依山尽,黄河入海流。</div>`
37	`<div id="d4" class="passages">欲穷千里目,更上一层楼。</div>`
38	`<div>请输入错句的行号:<input type="text" value="d2" id="txt1"/>(阿拉伯…)</div>`
39	`<div>请输入正确的内容:<input type="text" value="王之涣" id="txt2"/></div>`
40	`<div>输入完成点击按钮修改:<input type="button" value="修改" onclick="Updt()" /></div>`
41	` `
42	`<script>`
43	`function Updt(){`
44	`var x=document.getElementById("txt1");`
45	`var y= document.getElementById("txt2")`
46	`document.getElementById(x.value).innerHTML=y.value;`
47	`}`
48	`</script>`
49	`</form>`
50	`</section>`
51	`</body>`
52	`</html>`

完成网页的设计,进行测试修改,通过后发布网页。网页的浏览效果如图 7-1 所示。

【问题思考】

1. 在本案例中,查看参考答案后如果想动态清除参考答案,如何编程实现?
2. 在本案例中,还有其他查看参考答案的设计方法吗?

【案例剖析】

1. 在本案例中,设计了选择题与改错题两大题型,展示出应用 DOM 进行编程的方法。

2. 对于单项选择题第 1 题(见第 13~28 行代码),设计了提交答案、重写答案、查看答案三个按钮,在按钮的下面设计了一个空容器`<span id="A1"></span>`(见第 22 行代码),用来显示参考答案。

3. 单击"提交答案"按钮后,执行表 7-1 中第 13 行代码的 action="JavaScript:{ans=true;}",将 ans 赋值 true,为查看答案做好准备。

4. 单击"查看答案"按钮后,执行表 7-1 中第 21 行代码的 onClick= "ans1()",第 24~26

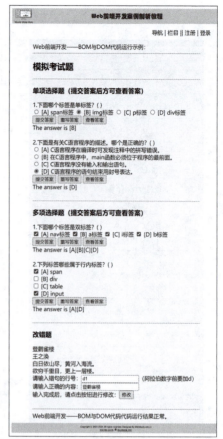

图 7-1　模拟考试训练（左图未答题，右图已答题）

行是其具体代码，由第 25 行的代码将参考答案"The answer is [B]"送到空容器＜span id＝"A1"＞＜/span＞中进行显示。

5. 对于改错题（见第 33~49 行代码），给诗歌的每一行编上 id 号码，便于查找句子。在行号文本框中输入行号，其值便存放到 id＝"txt1"的 value 变量中；在内容文本框中输入正确内容，其值便存放到 id＝"txt2"的 value 变量中；单击"修改"按钮，执行第 40 行代码中的 onclick＝"Updt()"，由第 44~46 行代码实现将正确内容（txt2.value）送给有错误的那一行（txt1.value），进行覆盖显示。

【案例学习目标】

1. 掌握在 HTML 中应用 DOM 编程的基本方法；
2. 深刻理解 DOM 动态节点的变化过程；
3. 深刻理解应用 JavaScript 脚本语言实现动态交互网页的原理。

7.2　浏览器对象 BOM

7.2.1　BOM 模型

BOM 定义了 JavaScript 操作浏览器的接口，允许 JavaScript 与浏览器进行交互和对话。例如，获取浏览器窗口的大小、屏幕的宽度和高度、浏览器的相关信息、当前页面 URL 的信息以及访问历史记录等。

如图 7-2 所示，BOM 描述了浏览器对象与对象之间的层次关系，window 对象是 BOM 模型中的顶层对象，其他对象都是该对象的子对象。浏览器会为每一个页面自动创建 window、document、location、navigator 和 history 对象。

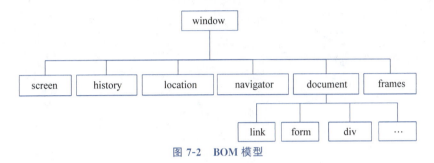

图 7-2　BOM 模型

在 HTML5 中，W3C 正式将 BOM 纳入其规范之中。

7.2.2　window 对象

在 JavaScript 中，window 对象表示浏览器窗口，即 window 对象与文档窗口相对应。当页面中包含 frame 或 iframe 元素时，浏览器为整个 HTML 文档创建一个 window 对象，然后再为每个框架对应的页面创建一个单独的 window 对象。

所有浏览器都支持 window 对象。所有 JavaScript 全局对象、函数以及变量均自动成为 window 对象的成员。

在 BOM 中，全局变量是 window 对象的属性，全局函数是 window 对象的方法。在使用窗口的属性或方法时，允许以全局变量或系统函数的方式进行使用。例如，window.document 可以简写成 document 形式。

window 对象提供了处理窗口的方法和属性，具体见表 7-2 和表 7-3。

表 7-2　window 对象的方法及其描述

方　　法	描　　述
open()	打开一个新的浏览器窗口或查找一个已命名的窗口
close()	关闭浏览器窗口
setTimeout(code,millisec)	在指定的毫秒数后调用函数或计算表达式，仅执行一次
setInterval(code,millisec)	按照指定的周期（以毫秒计）来调用函数或计算表达式
clearTimeout()	取消由 setTimeout() 方法设置的计时器
clearInterval()	取消由 setInterval() 设置的计时器

表 7-3   window 对象的属性及其描述

属　　性	描　　述
closed	只读,返回窗口是否已被关闭
defaultStatus	可返回或设置窗口状态栏中的缺省内容
innerWidth	只读,窗口的文档显示区的宽度(单位像素)
innerHeight	只读,窗口的文档显示区的高度(单位像素)
name	当前窗口的名称
opener	可返回对创建该窗口的 window 对象的引用
parent	如果当前窗口有父窗口,表示当前窗口的父窗口对象
self	只读,对窗口自身的引用
top	当前窗口的最顶层窗口对象
status	可返回或设置窗口状态栏中显示的内容

1. open()方法

window 对象的 open()方法用于打开一个新窗口。其语法格式如下:

```
var targetWindow = window.open(url, name, features, replace)
```

其中,参数 features 用于设置窗口在创建时所具有的特征,例如标题栏、菜单栏、状态栏、是否全屏显示等,具体参见表 7-4。

表 7-4   窗口特征及其描述

窗口特征	描　　述
channelmode	是否使用 channel 模式显示窗口,取值范围 yes|no|1|0,默认为 no
directories	是否添加目录按钮,取值范围 yes|no|1|0,默认为 yes
fullscreen	是否使用全屏模式显示浏览器,取值范围 yes|no|1|0,默认为 no
location	是否显示地址栏,取值范围 yes|no|1|0,默认为 yes
menubar	是否显示菜单栏,取值范围 yes|no|1|0,默认为 yes
resizable	窗口是否可调节尺寸,取值范围 yes|no|1|0,默认为 yes
scrollbars	是否显示滚动条,取值范围 yes|no|1|0,默认为 yes
status	是否添加状态栏,取值范围 yes|no|1|0,默认为 yes
titlebar	是否显示标题栏,取值范围 yes|no|1|0,默认为 yes
toolbar	是否显示浏览器的工具栏,取值范围 yes|no|1|0,默认为 yes
width	窗口显示区的宽度,单位是像素
height	窗口显示区的高度,单位是像素
left	窗口的 y 坐标,单位是像素
top	窗口的 x 坐标,单位是像素

【实例 7-1】 试分析表 7-5 中代码的运行结果。

表 7-5 实例 7-1 的核心代码（Exmp-7-1 在网页中打开新窗口.html）

行	核 心 代 码
1	`<!doctype html>`
2	`<html>`
3	`<head>`
4	`    <meta charset="utf-8">`
5	`    <title> </title>`
6	`    <script>`
7	`        var winLogin;`
8	`        function Login(){`
9	`            winLogin=window.open("Case-07.html", "_blank", "width=500, height=600, left=430, top=120");`
10	`        }`
11	`    </script>`
12	`</head>`
13	`<body>`
14	`    <form>`
15	`        <input type="button" value="关闭注册窗口" onClick=" winLogin.close()" />`
16	`        <input type="button" value="打开注册窗口" onClick="Login()" />`
17	`    </form>`
18	`</body>`
19	`</html>`

本实例的运行结果分析如下。

1. 网页打开后，显示"打开注册窗口"和"关闭注册窗口"两个按钮；

2. 单击"打开注册窗口"，会弹出一个新窗口，该窗口对象保存到全局变量 winLogin 中，窗口 URL 定位到" Case-07.html "，窗口大小为 width＝500px、height＝600px，窗口位置为 left＝430px、top＝120px。

3. 单击"关闭注册窗口"，弹出的新窗口 winLogin 会关闭。

请注意在第 15 行代码中，"winLogin.close()"表示关闭窗口 winLogin。打开新窗口的网页效果如图 7-3 所示。

2. close()方法

window 对象的 close()方法用于关闭指定的浏览器窗口。其语法格式如下：

`targetWindow.close()`

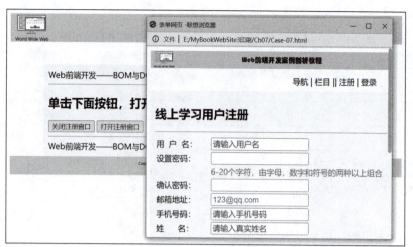

图 7-3 打开新窗口的效果

其中,当关闭当前页面中所打开的新窗口时,参数 targetWindow 为目标窗口对象。参数 targetWindow 也可以是 window 对象,此时可省略对象名称 window。

3. alert()方法

在 JavaScript 中可以创建三种消息框(JavaScript 弹窗):警告框、确认框和提示框。
window 对象的 alert()方法会弹出警告框,经常用于确保用户可以得到或看到某些信息。当警告框出现后,用户需要单击"确定"按钮才能继续进行操作。
alert()方法的语法格式如下:

```
window.alert("sometext");
```

window.alert()方法可以不带上 window 对象名,直接使用 alert()方法。

【实例 7-2】 试分析下列代码的运行结果。

```
<html>
<head>
<script>
    function myFunction(){ alert("你好,我是一个警告框!"); }
</script>
</head>
<body>
    <input type="button" onclick="myFunction()" value="显示警告框">
</body>
</html>
```

打开网页,单击网页中的"显示警告框"按钮,弹出警告框,显示"你好,我是一个警告框!",单击"确定"按钮关闭警告框,最后再关闭网页。
在本实例中,使用 window 对象的 alert()方法,弹出警告框。

4. confirm()方法

window 对象的 confirm()方法会弹出确认框,通常用于验证是否接受用户操作。当确认框弹出时,用户可以单击"确认"或者"取消"来确定用户操作。

如果单击"确认",确认框返回 true;如果单击"取消",确认框返回 false。

confirm()方法的语法格式如下:

```
window.confirm("sometext");
```

注意,window.confirm()方法可以不带上 window 对象名,直接使用 confirm()方法。

【实例 7-3】 试编写一段代码,使用 window 对象的 confirm()方法,弹出确认框。

编写的核心代码如下:

```
<script>
    var r = confirm("请选择按钮点击");
    if (r == true){   x = "你按下了\"确定\"按钮!";   document.write(x, r); }
    else{   x="你按下了\"取消\"按钮!";           document.write(x, r); }
</script>
```

5. prompt()方法

window 对象的 confirm()方法会弹出提示框,经常用于提示用户在进入页面前输入某个值。当提示框出现后,用户需要输入某个值,然后单击确认或取消按钮才能继续操作。

如果用户单击确认,那么返回值为输入的值;如果用户单击取消,那么返回值为 null。

confirm()方法的语法格式如下:

```
window.prompt("sometext","defaultvalue");
```

注意,window.prompt()方法可以不带上 window 对象名,直接使用 prompt()方法。

【实例 7-4】 试编写一段代码,使用 window 对象的 prompt()方法,弹出提示框。

编写的核心代码如下:

```
<div id = "demo">在此处显示名字</div>
<script>
    var person = prompt("请输入你的名字","Alice");
    if (person != null && person != ""){
        x = "你好," + person + "!";
        document.getElementById("demo").innerHTML = x;
    }
</script>
<script>document.write("欢迎光临!");</script>
```

【小提示】 ①在文档流的加载过程中,文档流是可写的,此时用 document.write()方法可以向文档流中写入内容,不用调用 open()和 close()方法打开和关闭输出流。②当文档加载完毕后,文档流不再可写了。如果此时向文档流中写入内容,则需要用 open 方法打开输出流(通常 open()方法会在调用 document.write()方法时自动调用),但在打开输出流时会清除当前文档中的所有内容(包括 HTML、CSS 和 JavaScript 代码)。

6. setTimeout()方法

setTimeout()方法用于设置一个计时器,在指定的时间间隔后调用函数或计算表达式,且仅执行一次。

setTimeout()方法语法格式为

var id_Of_timeout = setTimeout(code, millisec)

其中：
(1) 参数 code 必需，表示被调用的函数或需要执行的 JavaScript 代码串；
(2) 参数 millisec 必需，表示在执行代码前需等待的时间(以毫秒计)；
(3) code 代码仅被执行一次；
(4) setTimeout()方法返回一个计时器的 ID。

7. clearTimeout()方法

clearTimeout()方法用于取消由 setTimeout()方法所设置的计时器。

clearTimeout()方法语法格式如下：

clearTimeout(id_Of_timeout)

其中，参数 id_Of_timeout 表示由 setInterval()方法返回的定时器 ID。

【实例 7-5】 试分析表 7-6 中应用 Timeout()函数移动窗口代码的运行结果。

表 7-6　实例 7-5-应用 Timeout()函数移动窗口.html 的核心代码

行号	代　　码
1	`<script>`
2	`    function openWin(){`
3	`        myWindow = window.open(' ', ' ', 'width = 200, height = 100');`
4	`        myWindow.document.write("This is 'myWindow'");`
5	`    }`
6	`    function moveWin(){`
7	`        x=100;`
8	`        y=100;`
9	`        myWindow.moveBy(x, y);`
10	`        timer = setTimeout("moveWin()", 1000);`
11	`    }`
12	`    function stopMove(){`
13	`        clearTimeout(timer);`
14	`    }`
15	`    function closeWin(){`
16	`        myWindow.close();`
17	`    }`
18	`</script>`

续表

行号	代码
19	……
20	`<h1>应用 Timeout()函数移动窗口</h1>`
21	`<form>`
22	`    <input type="button" onclick="openWin()" value="打开窗口"> `
23	`    <input type="button" onclick="moveWin()" value="移动窗口"> `
24	`    <input type="button" onclick="stopMove()" value="停止移动"> `
25	`    <input type="button" onclick="closeWin()" value="关闭窗口"> `
26	`</form>`

本实例运行结果分析如下。

打开网页,在网页中单击"打开窗口"按钮,JavaScript 创建一个新窗口 myWindow;在网页中单击"移动窗口"按钮,myWindow 窗口每隔一秒就移动一次;在网页中单击"停止移动"按钮,myWindow 窗口停止移动;在网页中单击"关闭窗口"按钮,myWindow 窗口被关闭,如图 7-4 所示。

(a) 单击前

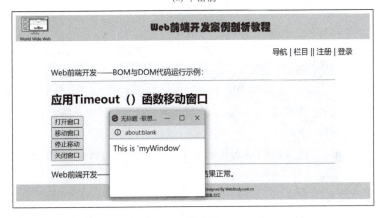

(b) 单击后

图 7-4 单击"移动窗口"按钮前后的效果

单击"移动窗口"按钮后，moveWin()函数开始运行(见第 6 行代码)，当执行第 10 行代码时，由于在第 10 行代码中设置了 1000ms 的延时，要等待 1000ms 的时间后才执行 setTimeout 中调用的函数 moveWin()，但该函数就是第 6 行的 moveWin()函数本身，属于递归调用，于是能够看到窗口每隔一秒就移动一下，不停地进行下去。只有在网页中单击"停止移动"按钮，stopMove()函数才会立刻终止窗口的移动。

8. setInterval()方法

setInterval()方法用于设置一个定时器，按照指定的周期(以毫秒计)调用函数或计算表达式。

setInterval()方法语法格式为

```
var id_Of_Interval=setInterval(code,millisec)
```

其中：

（1）参数 code 必需，表示被调用的函数名或需要执行的 JavaScript 代码串；
（2）参数 millisec 必需，表示调用 code 代码的时间间隔(以毫秒计)；
（3）setInterval()方法返回一个定时器的 ID；
（4）setInterval()方法会不停地调用 code 代码，直到定时器被 clearInterval()方法取消或窗口被关闭。

9. clearInterval()方法

clearInterval()方法用于取消由 setInterval()方法所设置的定时器。

clearInterval()方法语法格式如下：

```
clearInterval(id_Of_Interval)
```

其中，参数 id_Of_Interval 表示由 setInterval()方法返回的定时器 ID。

【问题思考】

如何应用 setInterval()函数实现实例 7-5 中网页的动态效果？实现的效果是否能够完全一致？

7.2.3 screen 对象

在 JavaScript 中，screen 对象包含有关用户屏幕的信息。window.screen 对象在编写时可以不使用 window 这个前缀。

screen 对象有 screen.availWidth 和 screen.availHeight 两个属性，其中，screen.availWidth 表示可用的屏幕宽度；screen.availHeight 表示可用的屏幕高度。

1. Window 屏幕可用宽度

screen.availWidth 属性返回访问者屏幕的宽度，减去界面特性，例如窗口任务栏。以像素为单位。

2. Window 屏幕可用高度

screen.availHeight 属性返回访问者屏幕的高度，减去界面特性，例如窗口任务栏。以像素为单位。

【实例 7-6】 试分析表 7-7 中代码的运行结果。

表 7-7 实例 7-6 的核心代码（Exmp-7-6 浏览器窗口的宽度与高度.html）

行	核 心 代 码
1	`<!DOCTYPE html>`
2	`<html>`
3	`<head>`
4	`    <meta charset="utf-8">`
5	`    <title>Screen</title>`
6	`    <script>`
7	`        document.write(" ");`
8	`        document.write("屏幕可用宽度： " + screen.availWidth);`
9	`        document.write(" ");`
10	`        document.write("屏幕可用高度： " + screen.availHeight);`
11	`        document.write("  ");`
12	`        document.write("window可用宽度： " + window.innerWidth);`
13	`        document.write(" ");`
14	`        document.write("window可用高度： " + window.innerHeight);`
15	`    </script>`
16	`</head>`
17	`<body>`
18	`</body>`
19	`</html>`

本实例运行结果分析如下：

1. 作为对比，在网页中同时显示屏幕尺寸和窗口尺寸。

2. 在屏幕分辨率设置为 1920×1080 像素的条件下，应用 Chrome 浏览器进行浏览，窗口大小设置不一样，得到的尺寸也不一样，如图 7-5 所示。

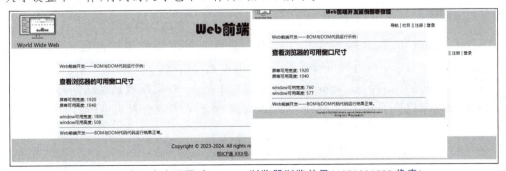

图 7-5 窗口大小不同时 Chrome 浏览器浏览效果（1920×1080 像素）

3. 在屏幕分辨率设置为 2560×1600 像素的条件下，应用 Chrome 浏览器进行浏览，窗口大小设置不一样，得到的尺寸也不一样，如图 7-6 所示。

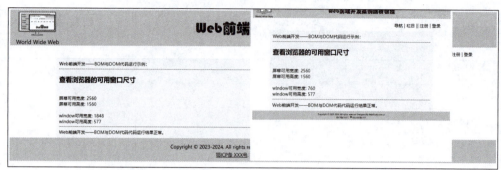

图 7-6　窗口大小不同时 Chrome 浏览器浏览效果（2560×1600 像素）

4. 结论：屏幕可用的宽度和高度只与屏幕的分辨率有关；window 的可用宽度和高度只与窗口的大小状态、浏览器的类型有关。

7.2.4　navigator 对象

在 JavaScript 中，navigator 对象中包含浏览器的相关信息，例如浏览器名称、版本号和脱机状态等。window. navigator 对象在编写时可以不使用 window 这个前缀。

表 7-8 列出了 navigator 对象的常用方法及其描述。

表 7-8　navigator 对象的常用方法及其描述

方　　法	描　　述
appName	可返回浏览器的名称，例如 Netscape、Microsoft Internet Explorer 等
appVersion	可返回浏览器的平台和版本信息
platform	声明了运行浏览器的操作系统和（或）硬件平台，例如"Win32"、"MacPPC"等
userAgent	声明了浏览器用于 HTTP 请求的用户代理头的值，由 navigator.appCodeName 的值之后加上斜线和 navigator.appVersion 的值构成
onLine	声明了系统是否处于脱机模式
cookieEnabled	浏览器启用了 cookie 时返回 true，否则返回 false

7.2.5　history 对象

在 JavaScript 中，history 对象用于保存用户在浏览网页时所访问过的 URL 地址。window. history 对象在编写时可以不使用 window 这个前缀。

由于隐私方面的原因，JavaScript 不允许通过 history 对象获取已经访问过的 URL 地址。history 对象提供了 back()、forward() 和 go() 方法来实现针对历史访问的前进与后退功能。

表 7-9 列出了 navigator 对象的常用方法及其描述。

表 7-9 navigator 对象的常用方法及其描述

方　　法	描　　述
back()	可加载历史列表中的前一个 URL
forward()	可加载历史列表中的后一个 URL
go(n | url)	可加载历史列表中的某个具体的页面

navigator 对象的 length 属性表示访问历史记录列表中 URL 的数量。

7.2.6 location 对象

在 JavaScript 中，location 对象是 window 对象的子对象，用于提供当前窗口或指定框架的 URL 地址。window.location 对象在编写时可以不使用 window 这个前缀。

1. location 对象的属性

location 对象中包含当前页面的 URL 地址的各种信息，例如协议、主机服务器和端口号等，具体见表 7-10。

表 7-10 location 对象的属性及其描述

属　　性	描　　述
protocol	设置或返回当前 URL 的协议
host	设置或返回当前 URL 的主机名称和端口号
hostname	设置或返回当前 URL 的主机名
port	设置或返回当前 URL 的端口部分
pathname	设置或返回当前 URL 的路径部分
href	设置或返回当前显示的文档的完整 URL
hash	URL 的锚部分(从♯号开始的部分)
search	设置或返回当前 URL 的查询部分(从问号？开始的参数部分)

2. location 对象的方法

location 对象提供了 assign(url)、reload(force)和 replace(url)三个方法，用于加载或重新加载页面中的内容。

(1) assign(url)。

可加载一个新的文档，与 location.href 实现的页面导航效果相同。

(2) reload(force)。

用于重新加载当前文档。参数 force 缺省时默认为 false。

当参数 force 为 false 且文档内容发生改变时，从服务器端重新加载该文档；

当参数 force 为 false 但文档内容没有改变时，从缓存区中装载文档；

当参数 force 为 true 时，每次都从服务器端重新加载该文档。

(3) replace(url)。

使用一个新文档取代当前文档，且不会在 history 对象中生成新的记录。

7.3 文档对象 DOM

7.3.1 DOM 模型

DOM 定义了访问文档的标准。W3C DOM 是一种与平台、语言无关的接口，允许程序和脚本动态地访问或更新 HTML 或 XML 文档的内容、结构和样式，且提供了一系列的函数和对象来实现访问、添加、修改及删除操作。

W3C DOM 标准被分为 3 个不同的部分。

（1）Core DOM：所有文档类型的标准模型；

（2）XML DOM：XML 文档的标准模型；

（3）HTML DOM：HTML 文档的标准模型。

其中，HTML DOM 是 HTML 的标准对象模型和编程接口，它定义了：

（1）作为对象的 HTML 元素；

（2）所有 HTML 元素的属性；

（3）访问所有 HTML 元素的方法；

（4）所有 HTML 元素的事件。

HTML DOM 是关于如何获取、更改、添加或删除 HTML 元素的标准，本节主要介绍 HTML DOM 的内容。

在 HTML 文档中的 DOM 模型如图 7-7 所示，document 对象是 DOM 模型的根节点。

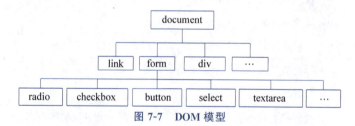

图 7-7 DOM 模型

对比前面的图 7-2 可知，DOM 属于 BOM 的一部分，用于对 BOM 中的核心对象 document 进行操作。

7.3.2 HTML DOM

当网页被加载时，浏览器会创建页面的文档对象模型，HTML DOM 模型被结构化为对象树。如图 7-8 所示，图中展示的是某页面的对象 HTML DOM 树。

在 HTML DOM 中，所有 HTML 元素都被定义为对象，能够通过 JavaScript 进行访问等操作。

HTML DOM 方法是指能够（在 HTML 元素上）执行的动作（例如，添加或删除 HTML 元素）；HTML DOM 属性是指能够设置或改变的 HTML 元素的值（例如，改变 HTML 元素的内容）。因此，通过 HTML DOM，JavaScript 能够访问和改变 HTML 文档的所有元素。

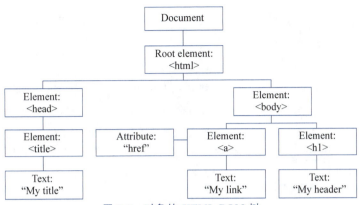

图 7-8 对象的 HTML DOM 树

（1）改变 HTML 元素的内容；
（2）改变 HTML 元素的样式（CSS）；
（3）删除已有的 HTML 元素和属性；
（4）添加新的 HTML 元素和属性；
（5）对页面中所有已有的 HTML 事件作出反应；
（6）在页面中创建新的 HTML 事件。

HTML DOM 中 Document 对象的方法及其描述见表 7-11，Document 对象的属性及其描述见表 7-12。

表 7-11 Document 对象的方法及其描述

方 法	描 述
document.addEventListener()	向文档添加句柄
document.adoptNode(node)	从另外一个文档返回 adapded 节点到当前文档
document.close()	关闭用 document.open() 方法打开的输出流，并显示选定的数据
document.createAttribute()	创建一个属性节点
document.createComment()	createComment()方法可创建注释节点
document.createDocumentFragment()	创建空的 DocumentFragment 对象，并返回此对象
document.createElement()	创建元素节点
document.createTextNode()	创建文本节点
document.getElementsByClassName()	返回文档中所有指定类名的元素集合，作为 NodeList 对象
document.getElementById()	返回对拥有指定 id 的第一个对象的引用
document.getElementsByName()	返回带有指定名称的对象集合
document.getElementsByTagName()	返回带有指定标签名的对象集合
document.importNode()	把一个节点从另一个文档复制到该文档以便应用
document.normalize()	合并相邻的文本节点并删除空的文本节点
document.normalizeDocument()	移除空文本节点，并合并相邻节点

续表

方法	描述
document.open()	打开一个流，以收集来自任何 document.write() 或 document.writeln() 方法的输出
document.querySelector()	返回文档中匹配指定的 CSS 选择器的第一元素
document.querySelectorAll()	document.querySelectorAll() 是 HTML5 中引入的新方法，返回文档中匹配的 CSS 选择器的所有元素节点列表
document.removeEventListener()	移除文档中的事件句柄（由 addEventListener() 方法添加）
document.renameNode()	重命名元素或者属性节点
document.write()	向文档写 HTML 表达式 或 JavaScript 代码
document.writeln()	等同于 write() 方法，不同的是在每个表达式之后写一个换行符

表 7-12　Document 对象的属性及其描述（部分）

属性	描述
document.anchors	返回拥有 name 属性的所有 <a> 元素
document.baseURI	返回文档的绝对基准 URI
document.body	返回 <body> 元素
document.cookie	返回文档的 cookie
document.doctype	返回文档的 doctype
document.documentElement	返回 <html> 元素
document.documentMode	返回浏览器使用的模式
document.documentURI	返回文档的 URI
document.domain	返回文档服务器的域名
document.embeds	返回所有 <embed> 元素
document.forms	返回所有 <form> 元素
document.head	返回 <head> 元素
document.images	返回所有 <img> 元素
document.implementation	返回 DOM 实现
document.inputEncoding	返回文档的编码（字符集）
document.lastModified	返回文档更新的日期和时间
document.links	返回拥有 href 属性的所有 <area> 和 <a> 元素
document.readyState	返回文档的（加载）状态
document.referrer	返回引用的 URI（链接文档）
document.scripts	返回所有 <script> 元素
document.strictErrorChecking	返回是否强制执行错误检查

属 性	描 述
document.title	返回 <title> 元素
document.URL	返回文档的完整 URL

【实例 7-7】 试分析表 7-13 中代码的运行结果。

表 7-13　实例 7-7 的核心代码(Exmp-7-7 对文档进行增删改查操作.html)

行	核 心 代 码
1	`<html>`
2	`<head> <meta charset="utf-8"> <title>用按钮实现增删改查</title> </head>`
3	`<body>`
4	`  <div id="div1">`
5	`    <h1 id="t1" class="titles">赋得古原草送别</h1>`
6	`    <h2 id="t2" class="titles">[宋代]</h2>`
7	`    <h3 id="t3" class="titles">白居易</h3>`
8	`    <p id="p1" class="passages">离离原上草,</p>`
9	`    <p id="p2" class="passages">野火烧不尽,春风吹又生。</p>`
10	`    <p id="p3" class="passages">远芳侵古道,晴翠接荒城。</p>`
11	`    <p id="p4" class="passages">又送王孙去,萋萋满别情。</p>`
12	`  </div>`
13	`  <form name="dom" action="#" method="post" id="frm1">`
14	`    <input type="button" name="add" value="增加" onClick="Adds()">`
15	`    <input type="button" name="delete" value="删除" onClick="Delete()">`
16	`    <input type="button" name="modify" value="修改" onClick="Modify()">`
17	`  </form>`
18	`  <script>`
19	`    function Adds(){`
20	`      var para=document.createElement("h3");`
21	`      var node=document.createTextNode("[唐朝]");`
22	`      para.appendChild(node);`
23	`      var ele=document.getElementById("div1");`
24	`      var beforeTag=document.getElementById("t3");`
25	`      ele.insertBefore(para, beforeTag);`
26	`    }`

续表

行	核心代码
27	`function Delete(){`
28	`    var tmp = document.getElementById("t2");`
29	`    tmp.remove();`
30	`}`
31	`function Modify(){`
32	`    var tmp = document.getElementById("p1");`
33	`    tmp.innerHTML = "离离原上草,一岁一枯荣。"`
34	`}`
35	`</script>`
36	`<div id="demo"></div>`
37	`<script> … </script>`
38	`</body>`
39	`</html>`

本实例运行结果分析如下。

打开网页(完整的代码请下载课程资源浏览),浏览效果如图 7-9(a)所示,单击图中的"增加"按钮,会在文本"[宋代]"上面增加文本"[唐朝]";单击"删除"按钮,会将文本"[宋代]"删除;单击"修改"按钮,会将"离离原上草,"修改为"离离原上草,一岁一枯荣。",如图 7-9(b)所示。

本实例实现了对 HTML 文档的增加元素、删除元素、修改元素的操作,它们是建立在查找元素基础之上的,具体代码见表 7-13 中的第 23 行、第 28 行、第 32 行代码,应用的是 document.getElementById()方法。

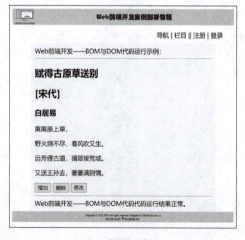
(a) 增删元素

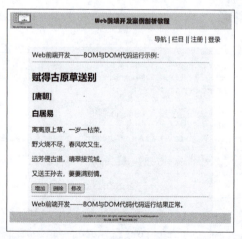
(b) 修改元素

图 7-9　对象的 HTML DOM 树

注意，查找元素的其他方法（在表 7-13 中的第 37 行预留了代码的位置）见下面的详细介绍。

7.3.3 查找 HTML 元素

如果想通过 JavaScript 操作 HTML 元素，就需要先找到这些元素。下面是使用 document 对象来访问和操作 HTML 的 5 种方法。

（1）通过 id 查找 HTML 元素；
（2）通过标签名查找 HTML 元素；
（3）通过类名查找 HTML 元素；
（4）通过 CSS 选择器查找 HTML 元素；
（5）通过 HTML 对象集合查找 HTML 元素。

1. 通过 id 查找 HTML 元素

在 DOM 中查找 HTML 元素，可以使用 document.getElementById()方法，得到的结果是唯一的。

【释例 7-1】 在上面的实例 7-7 中，第 32 行代码如下。

```
var tmp = document.getElementById("p1");
```

上述代码表示查找 id="p1" 的元素：如果元素被找到，此方法会以对象返回该元素（在 tmp 中）；如果未找到元素，tmp 将包含 null。

2. 通过标签名查找 HTML 元素

在 DOM 中查找 HTML 元素，可以使用 getElementsByTagName()方法，得到的结果是一个集合。

【释例 7-2】 在上面的实例 7-7 中，查找所有 <p> 元素的代码如下。

```
var x = document.getElementsByTagName("p");
```

【释例 7-3】 在上面的实例 7-7 中，可以先查找 id="div1" 的元素，然后再查找 "div1" 中所有 <p> 元素，其代码如下。

```
var x = document.getElementById("div1");
var y = x.getElementsByTagName("p");
```

3. 通过类名查找 HTML 元素

如果需要找到拥有相同类名的所有 HTML 元素，就要使用 getElementsByClassName()方法。

【释例 7-4】 在上面的实例 7-7 中，返回包含 class="passages" 的所有元素的列表的代码如下。

```
var x = document.getElementsByClassName("passages");
```

注意，通过类名查找元素不适用于 Internet Explorer 8 及更早版本。

4. 通过 CSS 选择器查找 HTML 元素

如果需要查找匹配指定 CSS 选择器(id、类名、类型、属性、属性值等)的所有 HTML 元素,应该使用 querySelectorAll() 方法。

【释例 7-5】 在上面的实例 7-7 中,返回包含 class="passages"的所有元素的列表的代码如下。

```
var x = document.querySelectorAll("div.passages ");
```

注意,querySelectorAll() 不适用于 Internet Explorer 8 及更早版本。

5. 通过 HTML 对象选择器查找 HTML 对象

在 DOM 中查找表单等 HTML 元素,可以使用对象选择器进行查找。

【释例 7-6】 在上面的实例 7-7 中,查找 id="frm1" 的 form 元素,然后在 forms 集合中显示所有元素值的代码可以编写如下。

```
<script>
    var x = document.forms["frm1"];
    var text = "";
    var i;
    for (i = 0; i < x.length; i++) { text += x.elements[i].value + "<br>"; }
    document.getElementById("demo").innerHTML = text;
</script>
<div id="demo"></div>
```

【✡延伸阅读✡】

(1) HTMLCollection 对象。

应用 getElementsByTagName() 方法可以返回 HTMLCollection 对象,它是类数组的 HTML 元素列表(集合)。例如,下面的代码可以选取文档中的所有 <p> 元素:

```
var x = document.getElementsByTagName("p");
```

在该集合中的元素可通过索引号进行访问。例如,如果需要访问第二个 <p> 元素,可以写为

```
y = x[1];
```

注意,索引从 0 开始。

(2) HTMLCollection 长度。

length 属性定义了 HTMLCollection 中元素的数量。例如,下面的代码选取文档中的所有 <p> 元素并在 id = "demo"的元素中显示集合中元素的个数:

```
var myCollection = document.getElementsByTagName("p");
document.getElementById("demo").innerHTML = myCollection.length;
```

length 属性在需要遍历集合中的元素时是有用的。例如,下面的代码选取文档中的所有 <p> 元素并改变所有 <p> 元素的背景色:

```
var myCollection = document.getElementsByTagName("p");
var i;
for (i = 0; i < myCollection. length; i + +) { myCollection [i]. style.
backgroundColor = "red"; }
```

注意,HTMLCollection 也许看起来像数组,能够遍历列表并通过数字引用元素(就像数组那样)。不过无法对 HTMLCollection 使用数组方法,例如 valueOf()、pop()、push() 或 join()。HTMLCollection 并非数组!

7.3.4 改变 HTML 元素的内容

HTML DOM 允许 JavaScript 改变 HTML 元素的内容。

1. 改变 HTML 输出流

应用 JavaScript 可以改变 HTML 文档的输出流。

【释例 7-7】 观察下面的代码。

```
<html>
<body>
    <script> document.write(Date()); </script>
</body>
</html>
```

上述代码表示 JavaScript 能够在页面中创建动态 HTML 内容:"Wed Jan 31 2024 12:00:00 GMT+0800(中国标准时间)"。

【小提示】 在 JavaScript 中,document.write() 可用于直接写入 HTML 输出流,但千万不要在文档加载完成后使用 document.write(),这么做会覆盖文档的初始内容。

2. 改变 HTML 内容

获取或修改 HTML 元素内容最简单的方法是使用 innerHTML 属性。

在 HTML DOM 中,innerHTML 属性可用于获取、替换、改变任何 HTML 元素,包括 <html> 和 <body> 的内容。

修改 HTML 元素的内容,其语法格式如下:

```
document.getElementById(id).innerHTML = new text
```

【释例 7-8】 在上面的实例 7-7 中,第 32 行和第 33 行代码如下。

```
var tmp = document.getElementById("p1");
tmp.innerHTML = "离离原上草,一岁一枯荣。";
```

上述代码表示 HTML 文档包含 id="p1" 的 <p> 元素;使用 HTML DOM 来获取 id="p1" 元素;JavaScript 把该元素的内容(innerHTML)更改为 "离离原上草,一岁一枯荣。"

7.3.5 改变 HTML 元素的属性

JavaScript 可以改变 HTML 元素的属性值和样式。

1. 改变 HTML 元素的属性值

修改 HTML 元素的属性值,其语法格式如下:

```
document.getElementById(id).attribute = new value
```

【释例 7-9】 观察下面的代码。

```html
<html>
<body>
    <img id="myImage" src="smiley.gif">
    <script> document.getElementById("myImage").src = "landscape.jpg";
</script>
</body>
</html>
```

上述代码表示修改了<img>元素的 src 属性的值,即在 HTML 文档中含有一个 id="myImage"的<img>元素,使用 HTML DOM 来获取 id="myImage"的元素;通过 JavaScript 把此元素的 src 属性从"smiley.gif"更改为"landscape.jpg"。

2. 改变 HTML 元素的样式

更改 HTML 元素的样式,其语法格式如下:

```
document.getElementById(id).style.property = new style
```

【释例 7-10】 观察下面的代码。

```html
<html>
<body>
    <p id="p1">Hello World!</p>
    <script> document.getElementById("p1").style.color = "blue"; </script>
    <p id="p2"> Hello World!的颜色已被脚本改变为蓝色。</p>
</body>
</html>
```

上述代码表示更改了<p id="p1">元素的样式。

改变 HTML 元素内容与属性的方法,具体可以参见表 7-14。

表 7-14 改变 HTML 元素内容和属性的方法及其描述

方法	描述
element.innerHTML = new html content	改变元素的 inner HTML
element.attribute = new value	改变 HTML 元素的属性值
element.setAttribute(attribute,value)	改变 HTML 元素的属性值
element.style.property = new style	改变 HTML 元素的样式

7.3.6 删除已有的 HTML 元素和属性

JavaScript 可以删除已的有 HTML 元素。如需删除某个 HTML 元素,需要知晓该元素的父元素,通过父元素来删除子元素。

【释例 7-11】 观察下面的代码。

```
<div id="div1">
    <p id="p1">劝君莫惜金缕衣,劝君惜取少年时。</p>
    <p id="p2">花开堪折直须折,莫待无花空折枝。</p>
</div>
<script>
    var parent = document.getElementById("div1");
    var child = document.getElementById("p1");
    parent.removeChild(child);
</script>
```

在这个 HTML 文档中,包含了一个带有两个子节点(两个<p>元素)的<div>元素,查找 id="div1" 的元素,再查找 id="p1" 的<p>元素,用父元素来删除子元素。

注意,方法 node.remove() 是在 DOM 4 规范中实现的,但是由于浏览器支持情况不同,不应该使用该方法。一种解决方法是,找到想要删除的子元素,并利用其 parentNode 属性找到父元素,再进行删除。代码如下:

```
var child = document.getElementById("p1");
child.parentNode.removeChild(child);
```

7.3.7　替换 HTML 元素

JavaScript 可以替换已的有 HTML 元素。如需替换元素,需要使用 replaceChild() 方法。

【释例 7-12】 观察下面的代码。

```
<div id="div1">
    <p id="p1">文章标题 </p>
    <p id="p2">骐骥一跃,不能十步;驽马十驾,功在不舍。</p>
</div>
<script>
    var para = document.createElement("h3");
    var node = document.createTextNode("劝学[先秦·荀子]");
    para.appendChild(node);
    var parent = document.getElementById("div1");
    var child = document.getElementById("p1");
    parent.replaceChild(para, child);
</script>
```

上述代码表示把"<p id="p1">文章标题</p>"替换为"<h3 id="p1">劝学[先秦·荀子]</h3>"后显示出来。

7.3.8　添加新的 HTML 元素和属性

JavaScript 可以创建新 HTML 元素(节点)。如需向 HTML DOM 添加新元素,必须先创建这个元素(元素节点),然后将其追加到已有元素中。

【释例 7-13】 观察下面的代码。

```
<div id="div1">
    <p id="p1">游历名著品人生,学无止境苦作舟。智慧光芒照四海,志存高远创辉煌。</p>
    <p id="p2">书山有路勤为径,学海无涯苦作舟。</p>
</div>
<script>
    var para = document.createElement("h3");
    var node = document.createTextNode("你的选择是:");
    para.appendChild(node);
    var element = document.getElementById("div1");
    element.appendChild(para);
</script>
```

上述代码表示先创建了一个新的<h3>元素,再创建其文本节点,然后向<h3>元素追加这个文本节点,最后向已有元素追加这个新元素(作为子元素)。

上面例子中的 appendChild() 方法,表示将新元素作为父元素的最后一个子元素追加进去。此外还可以使用 insertBefore() 方法。代码如下:

```
element.insertBefore(para, child);
```

添加、删除和替换 HTML 元素的常用方法及其描述见表 7-15。

表 7-15 添加、删除和替换 HTML 元素的常用方法及其描述

方　　法	描　　述
document.createElement(element)	创建 HTML 元素
document.removeChild(element)	删除 HTML 元素
document.appendChild(element)	添加 HTML 元素
document.replaceChild(element)	替换 HTML 元素
document.write(text)	写入 HTML 输出流

7.4 事件机制

在 JavaScript 中,事件是指预先定义好的、能够被对象识别的动作,即事件定义了用户与网页进行交互时产生的各种操作。例如,移动鼠标,就会发生 MouseMove 事件;当鼠标移动到某个对象的上面时,就会发生 MouseOver 事件;用鼠标单击某个对象,就会产生 Click 事件;页面加载时就会触发 Load 事件。

JavaScript 采用事件驱动的响应机制,当用户与页面进行交互操作时就会触发相应的事件。当事件发生后,系统调用 JavaScript 中指定的事件处理函数(或相应函数)进行处理并实现相应的功能。用户需要编写事件处理函数。

7.4.1 事件类型

在JavaScript中,事件分为操作事件和文档事件两大类。

1. 操作事件

操作事件是指用户在浏览器中操作所产生的事件。操作事件包括鼠标事件、键盘事件和表单事件。

常见的鼠标事件(Mouse Events)有鼠标单击、双击、按下、松开、移动、移出和悬停等事件。

常见的键盘事件(Keyboard Events)包括按下、松开、按下后又松开等事件。

表单及表单元素事件(Form & Element Events)包括表单提交、重置和表单元素的改变、选取、获得焦点、失去焦点等事件。

2. 文档事件

文档事件是指文档本身所产生的事件,例如文件加载完毕、卸载文档和文档窗口改变等。

7.4.2 事件句柄

事件句柄(event handlers)是界面对象的一个属性,存储特定事件处理函数的信息。当事件发生时,JavaScript就会找到界面对象中相应的事件句柄,调用绑定在上面的事件处理函数。一般句柄的形式就是在事件的名称前面加上前缀on,例如,Click对应事件的句柄就是onClick。

表7-16是一个属性列表,这些属性可插入HTML标签来定义事件动作。

表7-16 事件句柄属性及其描述

属　　性	描　　述	属　　性	描　　述
onabort	图像加载被中断	onmousedown	某个鼠标按键被按下
onblur	元素失去焦点	onmousemove	鼠标被移动
onchange	用户改变域的内容	onmouseout	鼠标从某元素移开
onclick	鼠标单击某个对象	onmouseover	鼠标被移到某元素之上
ondblclick	鼠标双击某个对象	onmouseup	某个鼠标按键被松开
onerror	当加载文档或图像时发生某个错误	onreset	重置按钮被单击
onfocus	元素获得焦点	onresize	窗口或框架被调整尺寸
onkeydown	某个键盘的键被按下	onselect	文本被选定
onkeypress	某个键盘的键被按下或按住	onsubmit	提交按钮被单击
onkeyup	某个键盘的键被松开	onunload	用户退出页面
onload	某个页面或图像被完成加载		

7.4.3 事件绑定

当事件发生后,系统调用 JavaScript 中指定的事件处理函数进行处理,需要事先将事件和响应函数绑定到对象上。对 HTML 元素绑定事件的方式有 HTML 元素的属性绑定和 JavaScript 脚本动态绑定两种。

1. HTML 元素的属性绑定事件

在 HTML 标签内,使用以 on 开头的某一属性(例如 onclick、onmouseover 等)为该元素绑定指定的事件处理函数。

【释例 7-14】 观察下面的代码。

```
<!--HTML 元素的属性绑定 -->
<input type = "button" onclick = "doSomething()" id = "myButton"/>
<script type = "text/javascript">
    function doSomething(){ alert('响应用户的操作'); }
</script>
```

上述代码中,onclick = "doSomething()"即为使用 HTML 元素(input type = "button")的属性绑定事件的方式。

2. JavaScript 脚本动态绑定事件

通过 JavaScript 脚本获得文档中的某一对象 Object,然后通过 Object.onXXX 方式为该元素绑定指定的事件处理函数。

【释例 7-15】 观察下面的代码。

```
<input type = "button" id = "myButton" value = "按钮" />
<script type ="text/javascript">
    //JavaScript 脚本动态绑定:
    var myButton = document.getElementById("myButton");
    myButton.onmouseover = function(){ alert('鼠标移到按钮上面'); }
    myButton.onmouseout = function(){ alert('鼠标移出按钮'); }
</script>
```

上述代码中,myButton 为 JavaScript 动态创建的按钮,myButton.onmouseover 为使用 JavaScript 脚本动态绑定事件的方式。

【实例 7-8】 试分析表 7-17 中代码的运行结果(完整的代码请下载课程资源浏览)。

表 7-17 实例 7-8 的核心代码(Exmp-7-8 线上平台评分系统)

行	核心代码
1	`<html>`
2	`<head>`
3	`    <style>`
4	`        input, select, textarea { font-size: 16px; }`
5	`        textarea { background-color: FloralWhite; }`

续表

行	核 心 代 码
6	`</style>`
7	`<script>`
8	`function An100(){`
9	`document.getElementById("textfield").value=100;`
10	`document.getElementById("textfield2").value=100;`
11	`document.getElementById("textfield3").value=100;`
12	`}`
	……
13	`function display3(){`
14	`document.getElementById("textfield").value=document.getElementById("textfield3").value;`
15	`document.getElementById("textfield2").value=document.getElementById("textfield3").value;`
16	`}`
17	`function display2(){`
18	`document.getElementById("textfield").value=document.getElementById("textfield2").value;`
19	`document.getElementById("textfield3").value=document.getElementById("textfield2").value;`
20	`}`
21	`</script>`
22	`</head>`
23	`<body>`
24	`<section>`
25	`<h1>`线上平台评分系统`</h1> <hr>`
26	`<form name="form3" action="#" method="post">`
27	`<p>`上传作业图片:`</p>`
28	`<p><input type="file"></p>  `
29	`<p><label for="textfield">`评分`</label> <input type="text" name="textfield" id="textfield" ></p>`
30	`<fieldset>`
31	`<legend>`打分方式`</legend>`
32	`<p>`快速打分:
33	`<input name="100" type="button" value="100" onClick="An100()">`

续表

行	核心代码
34	`<input name="95" type="button" value="95" onClick="An95()">`……
35	`</p>`
36	`<p>    <label for="textfield">`数值打分:`</label>`
37	`<input type="number" min="0" max="100" onChange="display2()" id="textfield2">`
38	`  `
39	`<label for="textfield">`滑块打分:`</label> 0 分`
40	`<input type="range" min="0" max="100" onChange="display3()" id="textfield3"> 100 分`
41	`</p>`
42	`</fieldset>`
43	`<p><textarea name="texts" rows="3" cols="77" placeholder="`评语`" autofocus></textarea></p>`
44	`<input type="submit" value="`提交`">`
45	`</form>`
46	`</section>`
47	`</body>`
48	`</html>`

本实例代码的运行结果分析如下(以 100 分为例)。

1. 快速打分采用按钮的方式实现。在表 7-17 中,第 33 行代码属性为 value="100",则按钮上面显示"100"。单击按钮时,产生鼠标事件 onClick="An100()",执行函数 An100()。函数 An100()的代码见表中第 8~12 行,将 id="textfield"、id="textfield2"两个文本框、id="textfield3"滑块的值设置为 100 并显示出来。

2. 数值打分可以直接输入数值,并且可以微调。表中第 37 行代码,min="0"、max="100"、step="1"、value="90"表示打分分数为 0~100 分,微调值为 1 分,默认值为 90 分。当该文本框中的数值发生改变时,触发表单事件 onChange="display2()",执行函数 display2()。函数 display2()的代码见表中第 17~20 行,将 id="textfield"文本框、id="textfield3"滑块的值设置为本文本框(id="textfield2")的值。

3. 滑块打分可以拖动滑块快速实现。表中第 40 行代码 min="0"、max="100"、step="1"、value="90"表示打分分数为 0~100 分,微调值为 1 分,默认值为 90 分。当拖动滑块时,触发表单事件 onChange="display3()",执行函数 display3()。函数 display3()的代码见表中第 13~16 行,将 id="textfield"文本框、id="textfield2"文本框的值设置为滑块(id="textfield3")的值。

4. 本实例通过 JavaScript 与事件绑定编程,实现了按钮、微调数值文本框、滑块三种打分方式。

网页的运行效果如图 7-10 所示。

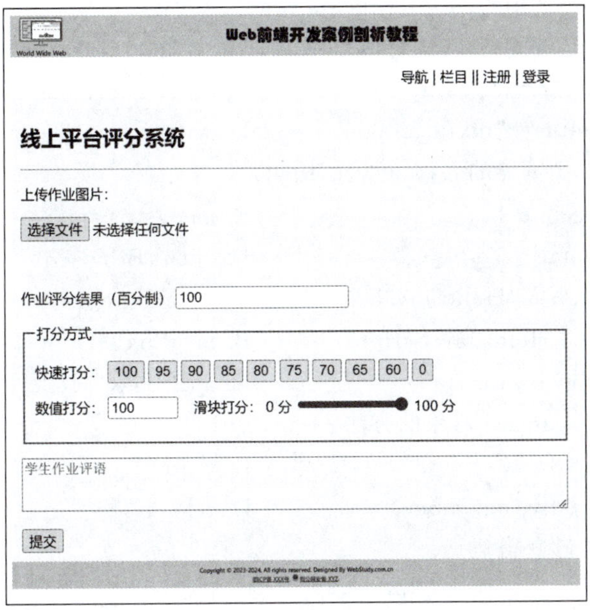

图 7-10 线上平台评分系统

7.5 本章小结

BOM 提供了与浏览器窗口进行交互的对象和方法,能够控制浏览器窗口和框架。

Window 对象是 BOM 的顶层对象,代表了浏览器窗口和文档本身。通过 Window 对象,可以控制浏览器窗口的打开、关闭、大小调整等,控制窗口显示的各种方法包括 alert()、confirm() 和 prompt() 等,还可以访问浏览器的历史记录、导航栏等。此外,BOM 还包括了 Location 对象、Navigator 对象、Screen 对象等,它们各自提供了与浏览器窗口相关的不同功能。

DOM 将 HTML 文档表示为一个由节点组成的树状结构,可以使用 JavaScript 来动态地访问和修改文档的内容、结构和样式。DOM 的主要对象包括 Document 对象、Element 对象、Attribute 对象等,提供了丰富的 API,能够轻松地操作 HTML 文档。

事件是用户与网页交互的基础,通过事件,可以响应用户的点击、滚动、输入等行为,并据此执行相应的 JavaScript 代码。

习 题

一、单项选择题

1. 打开名为 myWin 的新窗口的 JavaScript 语句是(   )。
   A. open.new("http://www.baidu.com","myWin")
   B. window.open ("http://www.baidu.com","myWin")

C. new("http://www.baidu.com","myWin")

D. new.window("http://www.baidu.com","myWin")

2. 要在浏览器状态栏中放入一条信息,正确的语句是(　　)。

　　A. statusbar="my message"　　　　B. status("my message")

　　C. window.status="my message"　　D. window.status("my message")

3. 要获得客户端浏览器的名称,正确的语句是(　　)。

　　A. client.navName　　　　　　　　B. navigator.appName

　　C. Browse.rname　　　　　　　　　D. client.Browser

4. 要在警告框中写入"Hello JavaScript",正确语句是(　　)。

　　A. alertBox=" Hello JavaScript"　　B. msgBox("Hello JavaScript")

　　C. alert("Hello JavaScript")　　　 D. alertBox("Hello JavaScript")

5. (　　)不是 document 对象的方法。

　　A. getElementById()　　　　　　　B. write()

　　C. getElementsByTagName()　　　　D. reload()

6. (　　)表示能够获得焦点。

　　A. Blur　　　B. onBlur　　　C. Focus　　　D. onFocus

7. 在 JavaScript 中,window 对象代表的是(　　)。

　　A. 当前打开的浏览器窗口或标签页　　B. 当前页面的 HTML 文档

　　C. 浏览器的整个用户界面　　　　　　D. 浏览器的历史记录

8. DOM 中的对象(　　)代表了整个 HTML 文档。

　　A. document　　B. window　　C. body　　D. html

9. (　　)不是 DOM 操作的一部分。

　　A. 修改元素的文本内容　　　　　　B. 改变元素的样式

　　C. 设置元素的 ID　　　　　　　　　D. 控制浏览器的滚动位置

10. 在 JavaScript 中,(　　)可以创建一个新的 Image 对象并设置其源地址。

　　A. var img = new Image(); img.src = "image.jpg";

　　B. var img = document.createElement("img"); img.src = "image.jpg";

　　C. var img = window.createImage(); img.src = "image.jpg";

　　D. var img = Image(); img.src = "image.jpg";

11. 在 DOM 中,(　　)可以获取一个元素内部的所有子元素。

　　A. element.childNodes　　　　　　B. element.children

　　C. element.elements　　　　　　　D. element.innerElements

12. (　　)可以通过 JavaScript 获取当前页面的滚动位置。

　　A. window.scrollPosition

　　B. window.scrollTop 和 window.scrollLeft

　　C. document.scrollPosition

　　D. document.scrollTop 和 document.scrollLeft

13. 在 DOM 中,(　　)可以改变一个元素的类名。

　　A. element.className = "newClass";

B. element.class = "newClass";

C. element.setClass("newClass");

D. element.changeClass("newClass");

14. 在 JavaScript 中,(　　)可以检查一个元素是否包含特定的类名。

A. element.hasClass("className");

B. element.containsClass("className");

C. element.classList.contains("className");

D. element.class.contains("className");

15. (　　)可以通过 JavaScript 创建一个新的<div>元素,并设置其内容。

A. var div = document.createElement("div"); div.content = "Hello";

B. var div = new Div(); div.content = "Hello";

C. var div = document.createElement("div"); div.innerHTML = "Hello";

D. var div = new Div(); div.innerHTML = "Hello";

二、判断题

1. document 对象是 BOM 模型中的最高一层。　　　　　　　　　　　　(　　)
2. 元素失去焦点会触发 focus 事件。　　　　　　　　　　　　　　　　(　　)
3. 在 document 对象的方法中,getElementById()返回的结果不是集合。　(　　)
4. 在 window 对象中,setInterval()方法设置一个按照指定周期(毫秒)来反复调用函数。

(　　)

5. 在表单对象中,submit()方法用来提交表单。　　　　　　　　　　　(　　)

三、问答题

1. DOM 和 BOM 之间的关系是什么?
2. 哪些对象在使用时可以省略 window?

第 8 章

HTML5 进阶

2014年10月,万维网联盟(W3C)完成了 HTML5 标准的制定,HTML5 增加了一些有趣的新特性。目前虽然 HTML5 仍处于完善之中,但大部分现代浏览器已经具备了某些 HTML5 支持。HTML5 简单、易学、易用。

8.1 案例 12 简单的拼图游戏设计

【案例描述】

应用 HTML5 的拖放 API,设计一个简单的拼图游戏,通过拖放操作,将杂乱无章的图片块还原成为一幅完整的图像。

【软件环境】

Windows 10,Dreamweaver 2021,Photoshop,Fireworks,IE,Edge,Chrome。

【案例解答】

打开 Dreamweaver 2021,打开"模板"站点,打开"Web 网页设计模板.html"文件,另存为"Case-12-简单的拼图游戏.html",在其中输入以下核心代码,如表 8-1 所示。完整的代码请下载课程资源浏览。

表 8-1 案例 12-简单的拼图游戏.html 核心代码

行号	核心代码
1	`<html>`
2	`<head>`
3	`<style>`
4	`section { background-color: FloralWhite; width: 900px; height: 600px; margin: 0 auto 100px;`
5	`display: grid;`
6	`grid-template-columns: repeat(3, 1fr);`
7	`grid-template-rows: repeat(2, 1fr);`
8	`gap: 1px; }`
9	`h1 { text-align: center; }`

续表

行号	核 心 代 码
10	`        div.blck img { width: 100%;   height: 100%; }`
11	`    </style>`
12	`    <script>`
13	`      function myDragStartToMove(e) {`
14	`        dragSourceElement = this;`
15	`        e.dataTransfer.effectAllowed = 'move';`
16	`        e.dataTransfer.setData('text/html', this.innerHTML);   }`
17	`      function myDragOverBlock(e) {`
18	`        if (e.preventDefault) { e.preventDefault();}`
19	`        e.dataTransfer.dropEffect = 'move';`
20	`        return false;    }`
21	`      function myDroppingAndDropped(e) {`
22	`        if (e.stopPropagation) { e.stopPropagation(); }`
23	`        if (dragSourceElement !== this) {`
24	`          dragSourceElement.innerHTML = this.innerHTML;`
25	`          this.innerHTML = e.dataTransfer.getData('text/html');   }`
26	`        return false;`
27	`      }`
28	`    </script>`
29	`</head>`
30	`<body>`
31	`<h1>拼图游戏</h1>`
32	`<section class="grid">`
33	`    <div class="blck" id="div1"><img id="drag1" src="images/A6.jpg" width="300" height="300" /></div>`
34	`    <div class="blck" id="div2"><img id="drag2" src="images/A5.jpg" width="300" height="300" /></div>`
35	`    <div class="blck" id="div3"><img id="drag3" src="images/A4.jpg" width="300" height="300" /></div>`
36	`    <div class="blck" id="div4"><img id="drag4" src="images/A3.jpg" width="300" height="300" /></div>`
37	`    <div class="blck" id="div5"><img id="drag5" src="images/A2.jpg" width="300" height="300" /></div>`

续表

行号	核 心 代 码
38	`<div class="blck" id="div6"><img id="drag6" src="images/A1.jpg" width="300" height="300" /></div>`
39	`</section>`
40	`<script>`
41	`    var dragSourceElement = null;`
42	`    var allBlocks = document.querySelectorAll('.blck');`
43	`    allBlocks.forEach ( function(cell) {`
44	`        cell.addEventListener('dragstart', myDragStartToMove, false);`
45	`        cell.addEventListener('dragover', myDragOverBlock, false);`
46	`        cell.addEventListener('drop', myDroppingAndDropped, false);`
47	`    });`
48	`</script>`
49	`</body>`
50	`</html>`

完成网页的设计,进行测试修改,通过后发布网页。网页的浏览效果截图如图 8-1 所示,图 8-1(a)表示网页打开的初始状态,图 8-1(b)表示通过拖放操作将图片块拼成一幅完整图像的状态。

(a) 初始状态　　　　　　　　　　(b) 完整状态

图 8-1　简单的拼图游戏

【问题思考】

1. 在表 8-1 中去掉第 14 行代码是否可行？为什么？

2. 在表 8-1 中去掉第 23 行代码 if (dragSourceElement！==this),会是什么浏览效果？

【案例剖析】

1. 本案例共有 6 块图片,采用"display：grid;"布局为 2 行 3 列,设置＜section＞容器的宽度与高度是图片宽度与高度的整数倍,见表 9-1 中的第 4 行代码。

2. 图片在＜div＞容器中的的宽度与高度设置为 100%,使得图片充满＜div＞容器,见第 10 行代码。

3. 本案例采用图片互换的方式拖放图片,即将一张图片拖动,放到另一张图片的位置,另一张图片就会跳到该图片的位置,从而实现图片的移动。

4. 编写 JavaScript 代码,查找并选择 6 块图片,将结果保存在 allBlocks 对象中,见第 42 行代码。

5. 应用"allBlocks.forEach (function(cell) {}"对每一块图片设置监听器 addEventListener,如果发生'dragstart',就执行 myDragStartToMove;如果发生'dragover',就执行 myDragOverBlock;如果发生'drop',就执行 myDroppingAndDropped。注意,cell 是 allBlocks 的单元,'dragstart'、'dragover'与'drop'是拖放的事件,见第 43~47 行代码。

6. 拖动图片时,myDragStartToMove(e)将本图片对象赋值给全局对象"dragSourceElement=this;"保存,设置'move'属性,同时将 this.innerHTML 赋值给 dataTransfer 对象,见第 13~16 行代码。

7. 拖动图片到另外一块图片位置的上方时,myDragOverBlock(e)设置 preventDefault()状态,允许接纳新对象到此位置,见第 17~20 行代码。

8. 释放图片时,在 myDroppingAndDropped(e)中,"dragSourceElement.innerHTML = this.innerHTML； this.innerHTML = e.dataTransfer.getData('text/html');"实现 2 张图片的交换,见第 21~27 行代码。

9. 第 23 行代码"dragSourceElement！==this"用于判断 2 张图片是否为同一张,如果相同就不交换,如果不相同就交换。

【案例学习目标】

1. 掌握应用 HTML5 拖放 API 的设计方法；
2. 深刻理解 dataTransfer 对象作用与应用。

8.2 HTML5 拖放 API

拖放(drag 和 drop)是指点击选中对象后不松手,拖动对象达到目标位置上方,然后松手释放对象,让对象布置在新的位置上。在网页中应用 HTML5 拖放 API,让页面中的任意元素变成可拖动的,可以开发出更加友好的人机交互界面。

浏览器 IE 9、Firefox、Opera 12、Chrome 以及 Safari 5 支持拖放,但在 Safari 5.1.2 中不支持拖放。

8.2.1 理解拖放过程

案例 12 是一个简单的拼图游戏,但其代码并不简单。为了更好地理解代码的拖放过程,先看看下面的实例。

【实例 8-1】 分析表 8-2 中代码的运行结果。

表 8-2　实例 8-1 的核心代码(Exmp-8-1 拖放过程.html)

行	核心代码
1	`<html>`
2	`<head>`
3	`　　<style>`
4	`　　　　section { background-color: FloralWhite; margin: 0 auto 20px; padding: 10px; width: 80%; }`
5	`　　　　#div1, #div2, #div3 { width: 400px; height: 400px; margin: 3px; padding: 2px;`
6	`　　　　border: 1px solid #aaaaaa; float: left; }`
7	`　　　　span { margin: 10px 5px; border: 1px solid #F00; font-size: 24px; }`
8	`　　</style>`
9	`　　<script type="text/javascript">`
10	`　　　　function Idrag(ev){ev.dataTransfer.setData("Text",ev.target.id);}`
11	`　　　　function allowDrop(ev){ev.preventDefault();}`
12	`　　　　function Idrop(ev){`
13	`　　　　　　ev.preventDefault();`
14	`　　　　　　var mydata = ev.dataTransfer.getData("Text");`
15	`　　　　　　ev.target.appendChild(document.getElementById(mydata));`
16	`　　　　}`
17	`　　</script>`
18	`</head>`
19	`<body>`
20	`　　<section>`
21	`　　　　<h1>将图片和文字在方框容器之间拖动</h1>`
22	`　　　　<div id="div1" ondragover="allowDrop(event)" ondrop="Idrop(event)">`
23	`　　　　　　<span id="p1" draggable="true" ondragstart="Idrag(event)">本框接受放置</span>`
24	`　　　　　　<span id="p2" draggable="true" ondragstart="Idrag(event)">本文字可以拖动</span>`
25	`　　　　</div>`
26	`　　　　<div id="div2">`
27	`　　　　　　<span id="p3">本框不接受放置</span>`
28	`　　　　　　<span id="p4" draggable="false">本文字不可以拖动</span>`

续表

行	核心代码
29	`</div>`
30	`<div id="div3" ondragover="allowDrop(event)" ondrop="Idrop(event)">`
31	`<span id="p5" draggable="true" ondragstart="Idrag(event)">`本框接受放置`</span>`
32	`<span id="p6" draggable="true" ondragstart="Idrag(event)">`图文可以拖动`</span>`
33	`<img id="drag1" src="pic/a.jpg" draggable="true" ondragstart="Idrag(event)" width="400" height="255" alt=""/>`
34	`</div>`
35	`<aside style="clear:both;">`
36	`<span id="p7" draggable="true">`本文字似乎可以拖动,请试试看`</span>`
37	`</aside>`
38	`</section>`
39	`</body>`
40	`</html>`

本实例的代码(完整的代码请下载课程资源浏览)运行结果分析如下。

1. 本实例网页的布局是在＜section＞…＜/section＞中嵌套3个div框和一个aside框,3个div框排列成一行,aside框独自一行。

2. 在第1个div框和第3个div框中,其内的文本元素与图像元素设置有draggable="true"(见第23～24行,第31～33行代码),表示文本元素与图像元素可以拖动;同时还设置有ondragstart="Idrag(event)",表示开始拖动文本元素或图像元素时执行Idrag(event)任务(见第10行代码),"ev.dataTransfer.setData("Text",ev.target.id);"表示把文本元素或图像元素设置为dataTransfer对象的数据。

3. 第1个div框和第3个div框设置为可以动态接纳新增加的HTML元素,见表8-2中第22行与第30行代码。在第1个和第3个div框中,设置的ondragover="allowDrop(event)",表示该容器为接受拖动到其位置上方的对象做好准备。设置的ondrop="Idrop(event)",表示接下来要执行释放图片的任务(见第12～16行代码),其中"ev.preventDefault();"表示解禁默认设置(默认是不允许拖动对象HTML元素放置到目标元素中),"ev.dataTransfer.getData("Text");"表示从dataTransfer对象中取出数据,"ev.target.appendChild(document.getElementById(data));"表示将拖动对象HTML元素添加到容器中。

4. 在第2个div框中,第28行文本对象设置有draggable="false",表示不可以拖动,第27行文本对象未设置,其效果与第28行文本对象相同。

5. 第2个div框与第1个div框、第3个div框不同,未做任何拖放属性设置,表示不接受任何拖动到其位置上方的对象,更不会将拖动对象HTML元素添加到该容器中。

6. 第 36 行代码文本设置有 draggable="true"，表示可以拖动，但不能被目标容器接受，只有进一步为其设置 ondragstart="Idrag(event)"后，将自身的 id 号传递给 dataTransfer 对象，这时容器才能识别拖动对象、接纳并将其添加为子对象进行显示。

文本元素、图像元素拖放的效果如图 8-2 所示。

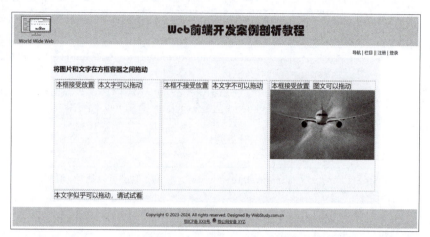

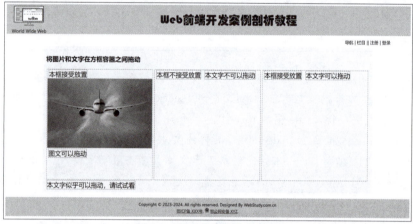

图 8-2　图文元素的拖放效果

8.2.2　设计拖放过程

1. 设置 HTML 元素为可拖动的

为了使 HTML 元素可拖动，将其 draggable 属性设置为 true：

```
<img draggable="true">
```

2. 设置被拖动元素的传递数据

当 HTML 元素刚刚拖动时，就会触发 ondragstart 事件。

在 ondragstart 事件的响应函数（例如，Idrag(event)）中，利用 dataTransfer.setData() 方法设置被拖动元素的传递数据类型和值。例如：

```
function Idrag(ev){ ev.dataTransfer.setData("Text",ev.target.id); }
```

上述代码中，Text 是一个 DOMString 表示要添加到 dataTransfer 对象中 drag object 的数据类型，该值是被拖动元素的 id（如"drag1"）。

3. 设置目标元素的属性

当拖动的 HTML 元素到达目标元素的位置上方时，触发 ondragover 事件。此时要对目标元素进行 event.preventDefault() 设置，阻止目标元素的默认处理方式（默认不允许拖动元素的数据/元素放置其中），为实现拖动元素放置到目标元素中做好准备。

4. 接受拖动元素为新的子节点

当目标元素为接受拖动元素的设置准备好后，即可释放拖动元素到目标元素中，此时触发 ondrop 事件。在 ondrop 事件的响应函数中，利用 dataTransfer.getData() 方法，取出拖动元素传递的数据（如 id），并将其添加为子元素，从而完成 HTML 元素的拖动过程。

【释例 8-1】 ondrop 事件调用的函数 Idrop(event) 如下。

```
function Idrop(ev){
    ev.preventDefault();
    var data=ev.dataTransfer.getData("Text");
    ev.target.appendChild(document.getElementById(data));
}
```

这段代码调用 preventDefault() 来避免浏览器对数据的默认处理；通过 dataTransfer.getData("Text") 方法获得拖动元素的数据，该方法返回在 setData() 方法中设置为相同类型的任何数据，可以是拖动元素的"id("drag1");"，最后把拖动元素追加到放置元素（目标元素）中。

8.2.3 DragEvent 事件

在拖放元素时，拖放动作会触发相关元素的拖放事件 DragEvent，该事件继承于鼠标事件 MouseEvent。常用的 DragEvent 事件及其描述如表 8-3 所示。

表 8-3 常用的 DragEvent 事件及其描述

事件名称	事件触发	描述
ondragstart	该事件由被拖动的元素触发	当用户刚开始拖动元素时触发该事件
ondrag	该事件由被拖动的元素触发	当元素处于拖动中触发该事件
ondragenter	该事件由目标元素触发	当拖动元素进入目标元素时发生触发该事件
ondragleave	该事件由目标元素触发	当拖动元素离开目标元素时触发该事件
ondragover	该事件由目标元素触发	当拖动元素在目标元素上移动时发生触发该事件，事件状态在 dragenter 之后，在 dragleave 之前
ondrop	该事件由目标元素触发	将拖动元素放置在目标元素中时触发该事件
ondragend	该事件由被拖动的元素触发	当拖动操作结束时激发该事件。例如在拖动元素的过程中释放鼠标左键或按下键盘上的 Esc 键均可触发该事件。该事件状态在 drop 之后

从用户在被拖动元素上单击鼠标左键开始拖动，到将该元素被释放到指定的目标元素

中,整个拖放过程触发的事件按照如下顺序进行:

> dragstart -> drag -> dragenter -> dragover -> dragleave -> drop -> dragend

如果反复拖动元素离开和进入目标元素,则 dragEnter 和 dragLeave 事件会被执行多次。

8.2.4 dataTransfer 对象

在 HTML5 中实现元素拖放操作,需要应用 dataTransfer 对象进行添加和处理数据。DragEvent 中的 datatransfer 属性来源于 HTML5 中的 DataTransfer 对象,其中包含的每项数据均可有独立的数据类型。

1. dataTransfer 对象属性

(1) effectAllowed 属性。

effectAllowed 用于设置拖动允许发生的拖动行为,effectAllowed 提供所有允许的拖放类型。

在 dragstart 事件中设置 effectAllowed 属性,该属性值可设为"none""copy""copyLink""copyMove""link""linkMove""move""all"和"uninitialized",具体见表 8-4。

表 8-4 effectAllowed 属性及其描述

属性	描述
copy	被拖动对象复制到目标元素,dropEffect 应设置为"copy"
move	被动对象移动到目标元素,dropEffect 应设置为"move"
link	目标元素建立一个被拖动对象的链接,dropEffect 应设置为"link"
copyLink	复制对象或建立对象链接,dropEffect 应设置为"copy"或"link"
copyMove	复制或移动对象,dropEffect 应设置为"copy"或"move"
linkMove	移动对象或建立对象链接,dropEffect 应设置为"move"或"link"
all	允许所有的拖放行为
none	不允许任何拖放行为
uninitialized	effectAllowed 的默认值,执行行为等同于 all

【释例 8-2】 观察下面的代码。

```
function dragStart(event) {
    event.dataTransfer.effectAllowed = 'copyLink';
    event.dataTransfer.setData("Text", event.target.id);
}
```

上述代码表示在 dragStart 中设置的拖放行为的值为 copyLink。

(2) dropEffect 属性。

dropEffect 用于设置拖放操作使用的实际行为,该属性值应该设置为 effectAllowed 允许的值,否则拖放操作会失败。

在 dragenter 和 dragover 事件中设置 dropEffect 属性，允许设置的值有"copy""link""move""none"，具体见表 8-5。

表 8-5 dropEffect 属性及其描述

属　性	描　述
copy	被拖动对象复制到目标元素
move	被拖动对象移动到目标元素
link	目标元素建立一个被拖动对象的链接
none	不允许放到目标位置

【释例 8-3】 观察下面的代码。

```
function dragEnter(event) { event.dataTransfer.dropEffect = 'move'; }
```

上述代码表示在 dragEnter 中设置拖放值为 move。

(3) types 属性。

types 属性返回一个 List 对象，包含所有存储到 dataTransfer 的数据类型，不同浏览器支持的数据类型不同，IE 限制最严格，Chrome 和 Firefox 可以用任意字符串作为一种类型。

(4) files 属性。

files 属性返回一个 List 对象，从本地硬盘拖动文件到浏览器中时，通过该属性获取文件列表，此时 types 属性为 files。

(5) items 属性。

items 属性返回值为 DataTransferItemList 对象。

2. dataTransfer 对象方法

(1) setData(format，data)方法。

setData(format，data)方法用于将指定格式的数据存储在 dataTransfer 对象中并进行传递。一般在 ondragstart 事件中使用，设置需要传递的数据内容。参数 format 定义数据类型，data 定义需要存储的数据。

(2) getData(format，data)方法。

getData(format)方法用于从 dataTransfer 对象中获取指定格式的数据，一般在 ondrop 事件中使用，获取传递的数据内容。参数 format 定义要读取数据的数据类型，如果指定的数据类型不存在，则返回空字符串或报错。

(3) clearData([format])方法。

clearData([format])方法用于从 dataTransfer 对象中删除指定格式的数据，参数 format 可选，如果未指定格式，则删除对象中所有数据。

(4) setDragImage(element，x，y)方法。

setDragImage(element，x，y)方法用于设置拖放操作时跟随的图片。参数 element 定义图片，x 设置图片与鼠标在水平方向上的距离，y 设置图片与鼠标在垂直方向上的距离。默认情况下，被拖动对象转换为一张透明图片跟随鼠标移动，也可以通过该函数自定义图片。

8.3 地 理 定 位

在 HTML5 中，使用 Geolocation API 来获取用户的地理位置信息，由于获取地理位置信息会涉及用户隐私，通常浏览器会先向用户获取请求，只有在用户接受请求后，才能正常获取信息。

IE 9＋、Firefox、Chrome、Safari 和 Opera 支持 Geolocation（地理定位），但要注意的是，Geolocation 对于拥有 GPS 的设备（例如智能手机）更加精确。

8.3.1 应用定位的过程

1. 检测浏览器对 HTML5 地理定位的支持情况

在 HTML5 中，地理定位由 navigator.geolocation 对象提供。因此在使用地理定位前，可以先通过检测该对象是否存在来判断设备的浏览器是否支持地理定位。

2. 使用 getCurrentPosition() 方法来获得用户的位置

使用 getCurrentPosition() 方法可以获得用户的位置并返回用户位置的经度和纬度（第一个参数）。

3. 处理错误和拒绝

getCurrentPosition()方法的第二个参数用于处理错误，它规定当获取用户位置失败时运行的函数。

下面实例展示使用 navigator.geolocation 判断浏览器是否支持地理定位，使用 getCurrentPosition()方法获得用户的位置、返回用户位置的经度和纬度以及处理错误的过程。

【实例 8-2】 设计一个网页，应用 Geolocation API 来获取用户的地理位置信息。

打开 Dreamweaver 2021，打开"模板"站点，打开"Web 网页设计模板.html"文件，另存为"Exmp-8-2 获取用户的地理位置.html"，在其中输入核心代码，如表 8-6 所示（完整的代码请下载课程资源浏览）。

表 8-6 实例 8-4 的核心代码（Exmp-8-4 获取用户的地理位置.html）

行	核 心 代 码
1	`<html>`
2	`<head> <meta charset="UTF-8"/> <title>Exmp-8-4</title> </head>`
3	`<body>`
4	`<h1>`点击下面按钮获取当前位置的地理坐标`</h1><hr>`
5	`<p id="demo">`显示结果是：`</p>`
6	`<button onclick="getLocation()">`点击获取`</button>`
7	`<script>`
8	`var pdemo=document.getElementById("demo");`
9	`function getLocation(){`

续表

行	核 心 代 码
10	`if (navigator.geolocation) {` //先判断浏览器是否支持地理定位
11	`alert("该浏览器支持定位的。");`
12	`navigator.geolocation.getCurrentPosition(showPosition, showError); }`
13	`else { pdemo.innerHTML="该浏览器不支持定位。"; }`
14	`}`
15	`function showPosition(position) {`
16	`pdemo.innerHTML="纬度: "+position.coords.latitude+" 经度: "+position.coords.longitude;`
17	`}`
18	`function showError(error) {`
19	`switch(error.code) {`
20	`case error.PERMISSION_DENIED:`
21	`pdemo.innerHTML="用户拒绝对获取地理位置的请求。"; break;`
22	`case error.POSITION_UNAVAILABLE:`
23	`pdemo.innerHTML="位置信息是不可用的。" ; break;`
24	`case error.TIMEOUT:`
25	`pdemo.innerHTML="请求用户地理位置超时。"; break;`
26	`case error.UNKNOWN_ERROR:`
27	`pdemo.innerHTML="未知错误。" ; break;`
28	`}`
29	`}`
30	`</script>`
31	`</body>`
32	`</html>`

完成网页的设计,进行测试修改,通过后发布网页。网页的浏览效果截图如图 8-3 所示。

图 8-3　获取用户地理位置(本实例通过 Microsoft Edge 测试)

【实例剖析】

1. 表 8-6 中第 10 行代码检测浏览器是否支持地理定位。如果支持，则运行第 12 行代码"getCurrentPosition();"；如果不支持，则运行第 13 行代码，向用户显示"该浏览器不支持定位"。

2. 如果第 12 行代码 getCurrentPosition() 运行成功，则向参数 showPosition 中规定的函数返回一个 coordinates 对象，第 15～17 行代码表示 showPosition() 函数显示获得的经度和纬度。

3. 如果第 12 行代码 getCurrentPosition() 运行失败，则向参数 showError 中规定的函数返回一个 error 对象，第 18～29 行代码表示 showError() 函数处理错误和拒绝的过程。其中，Permission_denied 表示"用户拒绝对获取地理位置的请求"；Position_unavailable 表示"位置信息是不可用的"；Timeout 表示"请求用户地理位置超时"；unknown_error 表示"未知错误"。

4. 请注意，第 10 行代码能够通过，但第 12 行代码不一定有运行结果，与浏览器及其设置有关。

8.3.2 Geolocation 对象

Geolocation 对象是从全局 navigator 对象中定义的，可以直接通过 navigator.geolocation 获取。Geolocation 对象比较简单，只有 3 个方法，见表 8-7。

表 8-7 Geolocation 对象的方法及其描述

方 法 名	方 法 描 述
getCorrentPosition()	当前位置，获取用户位置信息
watchPosition()	监视位置，不断获取用户移动时的位置信息
clearWatch()	清除监视，停止 watchPosition()

1. getCurrentPosition() 方法

要获取地理位置，Geolocation API 提供了两种模式：单次获得和重复获得地理位置。单次获得地理位置使用 getCurrentPosition() 方法，其语法格式如下：

```
navigator.geolocation.getCurrentPosition( successCallback,
                                          [errorCallback], [positionOptions])
```

该方法最多可以有三个参数，如下所示。

（1）success：成功获取位置信息的回调函数，它是该方法唯一必需的参数；

（2）error：用于捕获获取位置信息出错的情况；

（3）option：第三个参数是配置项，该对象影响了获取位置时的一些细节。

如果获得地理位置成功，则 getCurrentPosition() 方法返回位置对象，始终会返回 latitude、longitude 以及 accuracy 属性。如果可用，也会返回其他的属性。位置对象的属性及其描述如表 8-8 所示。

表 8-8 位置对象的属性及其描述

属　性	描　述
coords.latitude	十进制数的纬度
coords.longitude	十进制数的经度
coords.accuracy	位置精度
coords.altitude	海拔,海平面以上以米计
coords.altitudeAccuracy	位置的海拔精度
coords.heading	方向,从正北开始以度计
coords.speed	速度,以米/每秒计
timestamp	响应的日期/时间

【释例 8-4】 下列代码表示获得的地理位置信息。

```
function successCallback (position) {
    var lat =      "纬度:" +  position.coords.latitude + "\r\n";
    var lon =      "经度:" +  position.coords.longitude + "\r\n";
    var accuracy ="海拔:" +  position.coords.accuracy + "米\r\n";
    var time =     "时间戳:" + position.timestamp;
    var str  =  lat + lon + accuracy + altitudeAccuracy + heading + speed + time;
    alert(str);
}
```

2. watchPosition()方法

watchPosition()方法的参数与 getCurrentPosition()方法的参数相同,用于返回用户的当前位置,并继续返回用户移动时的更新位置。

watchPosition()方法和 getCurrentPosition()方法的主要区别是它会持续告诉用户位置的改变,所以它一直在更新用户的位置。当用户在移动时,这个功能会非常有利于追踪用户的位置。

3. clearWatch()方法

clearWatch()方法用于停止 watchPosition()方法。

8.3.3 在地图上显示地理位置

HTML5 提供了地理位置信息的 API,通过浏览器来获取用户当前位置。基于此特性可以开发基于位置的定位服务。在获取地理位置信息时,浏览器都会先向用户询问是否愿意共享其位置信息,待用户同意后才能使用。

【实例 8-3】 应用百度地图定位的方法,编写显示某个地理位置的网页。

打开 Dreamweaver 2021,打开"模板"站点,打开"Web 网页设计模板.html"文件,另存为"Exmp-8-3 在百度地图上显示地理位置.html",在其中输入核心代码,如表 8-9 所示(完整的代码请下载课程资源浏览)。

表 8-9 实例 8-3 的核心代码(Exmp-8-3 在百度地图上显示地理位置.html)

行	核心代码
1	`<html>`
2	`<head>`
3	`<style>`
4	`    section { width: 1600px; }`
5	`    html,body { margin:0;  padding:0; }`
6	`    .iw_poi_title { color:#CC5522;font-size:14px;font-weight:bold;  overflow: hidden;  white-space:nowrap }`
7	`    .iw_poi_content {font:12px arial,sans-serif;overflow:visible;white-space: -moz-pre-wrap;word-wrap:break-word}`
8	`</style>`
9	`<script type="text/javascript" src="http://api.map.baidu.com/api?key=&v=1.1&services=true"></script>`
10	`</head>`
11	`<body>`
12	`    <section><!--百度地图容器:-->`
13	`    <div style="width: 1600px;  height: 1080px;"  id="dituContent"></div> <hr>`
14	`    <asdie>百度地图 JavaScript API GL 是一套由 JavaScript 语言编写的应用程序接口…</asdie>`
15	`    </section>`
16	`    <script>`
17	`    function initMap(){     //创建和初始化地图函数`
18	`        createMap();    //创建地图`
19	`        setMapEvent();  //设置地图事件`
20	`        addMapControl(); //向地图添加控件`
21	`        addRemark();    //向地图中添加文字标注`
22	`    }`
23	`    function createMap(){   //创建地图函数`
24	`        var map = new BMap.Map("dituContent");   //在百度地图容器中创建一个地图`
25	`        var point = new BMap.Point(114.31200,30.549000);//定义一个中心点坐标`
26	`        map.centerAndZoom(point,15);      //设定地图的中心点和坐标并将地图显示在地图容器中`
27	`        window.map = map;           //将 map 变量存储在全局`
28	`    }`
29	`    function setMapEvent(){    //地图事件设置函数`

续表

行	核 心 代 码
30	map.enableDragging(); //启用地图拖动事件,默认启用(可不写)
31	map.enableScrollWheelZoom(); //启用地图滚轮放大缩小
32	map.enableDoubleClickZoom(); //启用鼠标双击放大,默认启用(可不写)
33	map.enableKeyboard(); //启用键盘上下左右键移动地图
34	}
35	function addMapControl(){ //地图控件添加函数,向地图中添加缩放控件
36	var ctrl_nav = new BMap.NavigationControl({ anchor:BMAP_ANCHOR_TOP_LEFT, type:BMAP_NAVIGATION_CONTROL_LARGE});
37	map.addControl(ctrl_nav); //向地图中添加缩略图控件
38	var ctrl_ove = new BMap.OverviewMapControl({ anchor:BMAP_ANCHOR_BOTTOM_RIGHT, isOpen:1});
39	map.addControl(ctrl_ove); //向地图中添加比例尺控件
40	var ctrl_sca = new BMap.ScaleControl({ anchor:BMAP_ANCHOR_BOTTOM_LEFT});
41	map.addControl(ctrl_sca);
42	}
43	var lbPoints = [{point:"114.31200|30.549000", content:"[武汉市黄鹤楼]"}];
44	function addRemark(){ //向地图中添加文字标注函数
45	for(var i=0;i<lbPoints.length;i++){
46	var json = lbPoints[i];
47	var p1 = json.point.split("|")[0]; var p2 = json.point.split("|")[1];
48	var label = new BMap.Label("<div style='padding:2px;'>"+json.content+"</div>", { point: new BMap.Point(p1,p2), offset: new BMap.Size(3,-6)});
49	map.addOverlay(label);
50	label.setStyle({ borderColor:"#999" });
51	}
52	}
53	initMap(); //创建和初始化地图
54	</script>
55	</body>
56	</html>

完成网页的设计,进行测试修改,通过后发布网页。网页的浏览效果截图如图 8-4 所示。

图 8-4　应用百度地图定位显示地理位置（武汉市黄鹤楼）

在表 8-9 中，第 25 行代码"（114.31200，30.549000）"表示中心点坐标，第 26 行代码"（point，15）"表示放大级别为 15，第 43 行代码"｛point："114.31200｜30.549000"，content："［武汉市黄鹤楼］"｝"表示在中心点进行数字标识。

请注意，第 13 行代码中 div 框的大小"width：1600px；height：1080px；"要用绝对值表示，不能用百分比表示。

8.4　画　　布

8.4.1　画布基础

在 HTML5 中新增了＜canvas＞元素，用于在页面中绘制图形。＜canvas＞元素拥有多种绘制路径，掌握绘制矩形、圆形、字符以及添加图像的方法。

＜canvas＞元素是一块空白的"画布"，但并不会绘制，需要通过 JavaScript 脚本进行绘制。画布是一个矩形区域，可以控制它的每一个像素。

＜canvas＞元素浏览器的支持情况见表 8-10。表格中的数字表示支持＜canvas＞元素的第一个浏览器版本号。

表 8-10　＜canvas＞元素浏览器的支持情况

元素	浏览器				
	Chrome	IE	Firefox	Safari	Opera
＜canvas＞	4.0	9.0	2.0	3.1	9.0

1．＜canvas＞元素的属性

＜canvas＞元素的属性及其描述如表 8-11 所示。

表 8-11　＜canvas＞元素的属性及其描述

属性	描述
id	设置画布的 ID
style	设置画布的样式
class	设置画布的类
hidden	设置是否隐藏，当值为 true，隐藏画布；为 false 则正常显示
width	设置画布的宽度，当该属性值改变时，画布中已绘制的图形会被擦除
height	设置画布的高度，当该属性值改变时，画布中已绘制的图形会被擦除

2．在网页中创建画布

向页面中添加＜canvas＞元素即可创建画布，其语法格式如下：

```
<canvas id = "画布的 id 号"  width = "画布的宽度"  height = "画布的高度">
    …
</canvas>
```

在 HTML5 页面中创建画布，需要指定＜canvas＞元素的 id 号、画布宽度属性 width 和高度属性 height（单位是像素）。

【释例 8-5】　观察下面的代码。

```
<canvas id="myCanvas" width="200" height="100"></canvas>
```

上述代码表示在网页中创建一个 id 为 myCanvas 的画布，其宽度为 200 像素，高度为 100 像素。

3．画布绘制方法

canvas 元素本身是没有绘图能力的，所以创建画布后必须编写 JavaScript 代码，所有的绘制工作都必须在 JavaScript 中完成。

应用＜canvas＞元素进行绘图的步骤如下。

（1）在页面中定义＜canvas＞元素，为其添加 width 和 height 属性，并指定 id 号；

（2）编写 JavaScript 脚本，通过 canvas 的 id 号、使用 document.getElementById（）方法定位 canvas 元素、获得该 canvas 对象，例如：

```
var myCanvas = document.getElementById('myCanvas');
```

（3）调用 canvas 对象的 getContext（contextID）方法，返回一个图形上下文对象，即 CanvasRenderingContext2D 对象，例如：

```
var myContext = myCanvas.getContext("2d");
```

（4）调用 CanvasRenderingContext2D 对象中相应的绘制方法，实现绘图功能。

【释例 8-6】 观察下面的代码。

```
<script type="text/javascript">
    var myCanvas = document.getElementById("myCanvas");
    var myContext = myCanvas.getContext("2d");
    myContext.fillStyle = "#FF0000";
    myContext.fillRect(0, 0, 150, 75);
</script>
```

上述代码中，首先通过 document.getElementById（）方法找到 id ＝ "myCanvas" 的 canvas 元素，创建一个 myCanvas 对象；然后通过 getContext("2d")方法创建一个 context 对象 myContext；最后使用 myContext 对象的 fillStyle 属性设置填充颜色，使用 fillRect 方法进行矩形绘制。

注意，getContext("2d") 对象是内建的 HTML5 对象，拥有多种绘制路径，掌握绘制矩形、圆形、字符以及添加图像的方法；fillStyle 方法将其染成红色，fillRect 方法规定了形状、位置和尺寸，fillRect 方法的参数为（0,0,150,75），表示在画布上绘制 150×75 的矩形，从左上角（0,0）开始。

4. CanvasRenderingContext2D 对象

通过 getContext(contextID)方法返回一个具有绘图功能的 context 对象，可以为不同的绘制类型（二维、三维）提供不同的环境，但是目前 contextID 只能为"2d"，表示该方法返回一个 CanvasRenderingContext2D 对象，用于绘制二维图形。

CanvasRenderingContext2D 对象的属性和方法及其描述见表 8-12 和表 8-13。

表 8-12　CanvasRenderingContext2D 对象的属性及其描述

属　　性	描　　述
fillStyle	用于设置填充的样式，可以是颜色或模式
strokeStyle	用于设置画笔的样式，可以是颜色或模式
globalCompositeOperation	设置全局的叠加效果
globalAlpha	用于指定在画布上绘制内容的透明度，取值范围为 0.0（完全透明）和 1.0（完全不透明）之间，默认为 1.0
lineCap	用于设置线段端点的绘制形状，取值可以是 butt（默认，不绘制端点）、round（圆形端点）、square（方形端点）
lineJoin	用于设置线条连接点的风格：miter（锐角）、round（圆角）、bevel（切角）

续表

属 性	描 述
lineWidth	用于设置画笔的线条宽度,该属性必须大于0.0,默认是1.0
miterLimit	当lineJoin属性为miter时,该属性用于控制锐角箭头的长度
shadowBlur	设置阴影的模糊度,默认值为0
shadowColor	设置阴影的颜色,默认值为black
shadowOffsetX	设置阴影的水平偏移,默认值为0
shadowOffsetY	设置阴影的垂直偏移,默认值为0
font	用于设置绘制字符串时所用的字体
textAlign	设置绘制字符串的水平对齐方式,可以为start、end、left、right、center等
textBaseAlign	设置绘制字符串的垂直对齐方式,可以是top、middle、bottom等

表8-13 CanvasRenderingContext2D对象的方法及其描述

方 法	描 述
arc()	使用一个中心点和半径以及开始角度、结束角度来绘制一条弧
arcTo()	使用切点和半径来绘制一条圆弧
beginPath()	在一个画布中开始定义新的路径
closePath()	关闭当前定义的路径
createLinearGradient()	创建一个线性颜色渐变
createRadialGradient()	创建一个放射颜色渐变
createPattern()	创建一个图片平铺
fill()	使用fillStyle属性所指定的颜色或样式来填充当前路径
fillRect()	使用fillStyle属性所指定的颜色或样式来填充指定的矩形
fillText()	使用fillStyle属性所指定的颜色或样式来填充字符串
clearRect()	擦除指定矩形区域上绘制的图形
stroke()	绘制画布中的当前路径
strokeRect()	绘制一个矩形框(并不填充矩形的内部)
strokeText()	绘制字符串的边框
drawImage()	在画布中绘制一幅图像
lineTo()	绘制一条直线
moveTo()	将当前路径的结束点移动到指定的位置
rect()	向当前路径中添加一个矩形
clip()	从画布中截取一块区域
bezierCurveTo()	为当前路径添加一条三次贝塞尔曲线

续表

方　　法	描　　述
quadraticCurveTo()	为当前路径添加一条二次贝塞尔曲线
save()	保存当前的绘图状态
restore()	恢复之前保存的绘图状态
rotate()	旋转画布的坐标系统
scale()	缩放画布的用户坐标系统
translate()	平移画布的用户坐标系统

8.4.2　画布应用

1. 绘制矩形

绘制矩形的语法格式如下：

fillRect(x, y, width, height)

其中，参数(x, y, width, height)分别表示矩形左上角的横坐标、纵坐标、矩形的宽度和高度。

当使用 fillRect()方法绘制矩形区域时，应先通过 fillStyle 属性设置矩形填充的颜色或样式。

【释例 8-7】　下面的代码给出了绘制矩形的详细用法。

```html
<canvas id="myCanvas" width="800" height="600"></canvas>
<script type="text/javascript">
    var canvas = document.getElementById("myCanvas");
    var context = canvas.getContext("2d");
    context.fillStyle = "#FF6688";              //设置填充颜色
    context.fillRect(30,30,100,100);            //绘制填充一个矩形
    context.strokeStyle="#000";                 //设置画笔的颜色
    context.lineWidth=15;                       //设置线条的粗细
    context.lineJoin="round";                   //绘制圆角矩形框
    context.strokeRect(20,20,80,80);
</script>
```

2. 绘制路径（直线）

（1）lineTo()方法。

lineTo()方法用来绘制一条直线，语法格式为

lineTo(x, y)

其中，参数(x, y)表示直线终点的坐标。

（2）moveTo()方法。

在绘制直线时，通常配合 moveTo()方法设置绘制直线的当前位置并开始一条新的子路径，其语法格式为

```
moveTo(x, y)
```

其中,参数(x,y)表示新的当前点的坐标。

3. 绘制圆弧或圆

arc()方法使用一个中心点和半径,为一个画布的当前子路径添加一条弧,语法格式为

```
arc(x, y, radius, startAngle, endAngle, counterclockwise)
```

其中,参数(x,y,radius,startAngle,endAngle,counterclockwise)分别表示弧中心的横坐标、纵坐标、弧的半径、弧起始点的角度、弧终止点的角度和逆时针顺时针方向。

4. 绘制渐变

(1) 绘制线性渐变。

createLinearGradient()方法用于创建线性颜色渐变效果,语法格式为

```
createLinearGradient(xStart, yStart, xEnd, yEnd)
```

其中,参数 xStart 和 yStart 分别表示渐变的起始点的 x 和 y 坐标;参数 xEnd 和 yEnd 分别表示渐变的结束点的 x 和 y 坐标。

【释例 8-8】 绘制渐变直线的代码如下。

```
var gradient = cxt.createLinearGradient(0,0,170,0);
gradient.addColorStop(0,"blue");   gradient.addColorStop(0.5,"green");
gradient.addColorStop(1,"red");    cxt.strokeStyle = gradient;
```

该方法创建并返回了一个新的 CanvasGradient 对象,这个方法并没有为渐变指定任何颜色,用户可以使用返回对象的 addColorStop()方法来实现这个功能。

addColorStop()方法在渐变中的某一点添加一个颜色变化,语法格式为

```
addColorStop(offset, color)
```

其中,参数 offset 取值范围为 0.1～1.0(浮点数),表示渐变的开始点和结束点之间的偏移量,offset 为 0 对应开始点,offset 为 1 对应结束点;参数 color 指定 offset 显示的颜色,沿着渐变某一点的颜色值是根据这个值以及其他颜色值来进行插值的。

【释例 8-9】 绘制线性渐变的矩形的代码如下。

```
var gradient = cxt.createLinearGradient(0,0,170,50);
gradient.addColorStop(0,"#FF0000");   gradient.addColorStop(1,"#00FF00");
cxt.fillStyle = gradient;   cxt.fillRect(30,30,200,80);
```

(2) 绘制径向渐变。

createRadialGradient()方法用于创建放射颜色渐变效果,语法格式为

```
createRadialGradient(xStart, yStart, radiusStart, xEnd, yEnd, radiusEnd)
```

其中,参数 xStart 和 yStart 分别表示渐变的起始点的 x 和 y 坐标;参数 xEnd 和 yEnd 分别表示渐变的结束点的 x 和 y 坐标;参数 radiusStart 表示起点圆的半径;参数 radiusEnd 表示终点圆的半径。

该方法创建并返回了一个新的 CanvasGradient 对象,该对象在两个指定圆的圆周之间放射性地插值颜色。

要使用一个渐变来勾勒线条或填充区域,只需要把 CanvasGradient 对象赋给 strokeStyle 属性或 fillStyle 属性即可。

【实例 8-4】 应用 canvas 绘制一个五角星与同心圆,试编写代码。

先对五角星进行分析,确定各个顶点坐标的规律,如图 8-5 所示。请注意,在 canvas 中 Y 轴的方向是向下的。

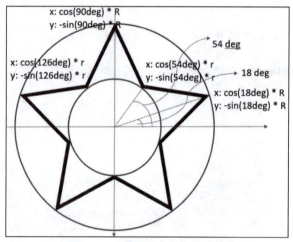

图 8-5 五角星顶点坐标的计算

打开 Dreamweaver 2021,打开"模板"站点,打开"Web 网页设计模板.html"文件,另存为"Exmp-8-4 绘制五角星与同心圆.html",在其中输入核心代码,如表 8-14 所示(完整的代码请下载课程资源浏览)。

表 8-14 实例 8-4 的核心代码(Exmp-8-4 绘制五角星与同心圆.html)

行	核 心 代 码
1	`<html>`
2	`<head> <meta charset="UTF-8"/> <title>Exmp-8-7</title> </head>`
3	`<body>`
4	`<section>`
5	`<h1>`应用 canvas 画五角星与圆`</h1>`
6	`<canvas id="canvas" width="800" height="600" style="border:1px solid #0000AA;"> </canvas>`
7	`<script>`
8	`var c=document.getElementById("canvas");` //画圆(第一个图形)
9	`var ctx=c.getContext("2d");`

续表

行	核心代码
10	ctx.beginPath();　ctx.arc(300,300,250,0,2*Math.PI);　ctx.stroke();
11	
12	var grd=ctx.createRadialGradient(300,300,280,300,300,150);
13	grd.addColorStop(0.1,"yellow");　grd.addColorStop(0.9,"red");
14	ctx.fillStyle=grd;　//Fill with gradient
15	ctx.fill();
16	var canvas = document.getElementById("canvas");　　//画五角星(第二个图形)
17	var context = canvas.getContext("2d");　context.beginPath();
18	//设置 4 个顶点的坐标,根据顶点制定路径
19	for (var i = 0; i < 5; i++) {
20	context.lineTo(Math.cos((18+i*72)/180*Math.PI)*200+300,-Math.sin((18+i*72)/180*Math.PI)*200+300);
21	context.lineTo(Math.cos((54+i*72)/180*Math.PI)*80+300,-Math.sin((54+i*72)/180*Math.PI)*80+300);
22	}
23	context.closePath();
24	context.lineWidth="3";　　//设置边框样式以及填充颜色
25	context.fillStyle = "#F6F152";　context.strokeStyle = "#00FF00";
26	context.fill();　context.stroke();
27	</script>
28	</section>
29	</body>
30	</html>

完成网页的设计,进行测试修改,通过后发布网页。网页的浏览效果截图如图 8-6 所示。

【实例剖析】

1. 在 canvas 中绘制圆形,使用 arc(x,y,r,start,stop) 方法,其中角度 start 与 stop 的单位要用弧度表示。

2. 以圆心为中心,使用颜色渐变,createRadialGradient(x,y,r,x1,y1,r1) 表示创建一个径向渐变。使用渐变对象,必须使用两种或两种以上的停止颜色。使用 addColorStop()方法指定停止颜色,参数使用坐标来描述,可以是 0~1。设置 fillStyle 或 strokeStyle 的值为渐变,然后绘制形状。

图 8-6　应用 canvas 绘制五角星与同心圆

3. 绘制五角星,使用画线 moveTo(x,y) 定义线条开始坐标(本实例省略),lineTo(x,y) 定义线条结束坐标。

5. 绘制文字

绘制文字的方法有 fillText() 和 strokeText() 两种。fillText() 方法用于以填充方式绘制文字内容;strokeText() 方法用于绘制文字轮廓。

(1) 绘制填充文字。

fillText() 方法用于填充方式绘制字符串,语法格式为

```
fillText(text,x,y,[maxWidth])
```

其中,参数(text, x, y)分别表示文本内容、文本的横坐标、纵坐标,参数 maxWidth 是可选的,表示显示文字的最大宽度,可以防止溢出。

(2) 绘制轮廓文字。

strokeText() 方法用于轮廓方式绘制字符串,语法格式为

```
strokeText(text,x,y,[maxWidth])
```

其中,参数含义同上。

6. 绘制图像

在 HTML5 中,Canvas RenderingContext2D 对象还提供了绘制图像的功能,允许对图像的绘制位置、缩放、裁剪、平铺以及图像的像素等进行处理,可以用于图片合成或者制作背景等。只要是 Gecko 排版引擎支持的图像(例如 PNG、GIF、JPEG 等)都可以引入 canvas 中,并且其他的 canvas 元素也可以作为图像的来源。

用户可以使用 drawImage() 方法在一个画布上绘制图像,也可以将源图像的任意矩形区域缩放或绘制到画布上,语法格式为

```
drawImage(image, x, y)
drawImage(image, x, y, width, height)
drawImage(image, sourceX, sourceY, sourceWidth, sourceHeight,
          destX, destY, destWidth, destHeight)
```

其中:

(1) 参数 image 表示所要绘制的图像;
(2) 参数 sourceX、sourceY 表示在绘制图像时,从源图像的哪个位置开始绘制;
(3) 参数 sourceWidth、sourceHeight 表示在绘制图像时,需要绘制源图像的宽度和高度;
(4) 参数 destX、destY 表示所绘图像区域左上角的画布坐标;
(5) 参数 destWidth、destHeight 表示所绘图像区域的宽度与高度。

【实例 8-5】 分析表 8-15 中应用 canvas 元素绘制图像的代码(完整的代码请下载课程资源浏览)。

表 8-15 实例 8-5 的核心代码（Exmp-8-5 应用 canvas 元素绘制图像.html）

行	核心代码
1	`<html>`
2	`<head>`
3	`    <style>`
4	`        section { background-color: FloralWhite;   margin: auto;   padding: 10px;   width: 1280px;   }`
5	`    </style>`
6	`</head>`
7	`<body>`
8	`    <section>`
9	`    <img id="mountain" src="pics/timg.jpeg" alt="" width="1280" height="800" style="display: none">`
10	`    <h1>Image in Canvas</h1><hr>`
11	`    <canvas id="myCanvas" width="1280" height="800" style="border:1px solid #ddd;">不支持</canvas>`
12	`    <script>`
13	`        var c=document.getElementById("myCanvas");`
14	`        var ctx=c.getContext("2d");`
15	`        var img=document.getElementById("mountain");`
16	`        img.onload = function() { ctx.drawImage( img, 20, 30 ); }`
17	`    </script>`
18	`    </section>`
19	`</body>`
20	`</html>`

本实例的代码分析如下。

1. 把一幅图像放置到画布上，使用 drawImage(image，x，y)方法，其中 x、y 表示图像左上角偏离 cnavas 左上角的距离。

2. 本实例的图像源在表 8-15 第 9 行代码中进行了隐藏设置 display：none。

3. 当使用 drawImage()方式绘制图像时，经常因为图像比较大而导致不能立即显示，用户需要耐心等待直到图像全部加载完毕后才能显示出来。

4. 通过 Image 对象的 onload 事件可以实现图像边加载边绘制效果，而无须等待图像全部加载完。

网页的浏览效果如图 8-7 所示。

图 8-7 应用 canvas 元素绘制图像的浏览效果

8.5 本章小结

通过 HTML5 的拖放 API，可以实现网页元素的拖动功能，在一些需要用户进行排序、分类或自定义布局的场景中，拖放 API 能够带来极佳的用户体验，提升用户界面的灵活性和互动性。掌握拖放 API 的难点在于理解其事件处理机制，例如 dragstart、dragover、drop 等事件的正确使用。

应用 HTML5 中的音频和视频标签，可以直接在网页上嵌入音频和视频内容，而无须依赖第三方插件。

地理定位是 HTML5 的另一个重要特性。通过访问用户的地理位置信息，可以为用户提供更加个性化的服务，例如基于位置的推荐、导航等。地理定位也涉及用户隐私和安全问题，因此在使用时需要特别谨慎，并遵守相关法律法规和道德准则。

HTML5 的画布（canvas）API 提供了一套强大的绘图功能，可以在画布上绘制各种图形、文字和图像，实现复杂的动画和交互效果。掌握画布 API 的难点在于理解其绘图上下文和坐标系统，以及如何使用 JavaScript 进行绘图操作。

习 题

一、单项选择题

1. 用于播放 HTML5 视频文件的正确标签是（　　）。
   A. <movie>　　　B. <media>　　　C. <video>　　　D. <audio>
2. （　　）不是 canvas 的方法。
   A. getContext()　　B. fill()　　　C. stroke()　　　D. controller()

3. HTML5 不支持的视频格式是（　　）。
   A. ogg　　　　　　B. MP4　　　　　　C. flv　　　　　　D. webM
4. （　　）表示 HTML5 内建对象用于在画布上绘制。
   A. getContent　　　B. getContext　　　C. getGraphics　　　D. getCanvas
5. 以下不是 HTML5 新增的 API 是（　　）。
   A. Media API　　　B. Command API　　C. History API　　　D. Cookie API
6. 在 HTML5 中，拖动 API 中的（　　）会在元素开始被拖动时触发。
   A. dragstart　　　B. drag　　　　　　C. dragover　　　　D. drop
7. 在 HTML5 的<audio>标签中，（　　）用于指定音频文件。
   A. src　　　　　　B. audio　　　　　C. file　　　　　　D. url
8. 关于 HTML5 的<canvas>元素，正确的说法是（　　）。
   A. 它用于插入图片
   B. 它自身不具备绘图能力，需要配合 JavaScript 使用
   C. 它只能绘制简单的形状，不能绘制复杂的图像
   D. 它只能用于 2D 绘图，不支持 3D 绘图
9. 在 HTML5 中，（　　）通常与地图服务（如 Google Maps）一起用于嵌入地图。
   A. <map>　　　　　B. <iframe>　　　　C. <embed>　　　　D. <canvas>
10. 在 HTML5 中，API（　　）提供了拖放功能。
    A. Drag API　　　　　　　　　　　　B. Drop API
    C. Drag and Drop API　　　　　　　　D. Move API

二、判断题
1. Canvas 是 HTML 中可以绘制图形的区域。　　　　　　　　　　　　　　　（　　）
2. HTML5 的音频标签<audio>支持所有的音频格式。　　　　　　　　　　　（　　）
3. HTML5 的视频标签<video>支持所有的视频格式。　　　　　　　　　　　（　　）

三、问答题
1. 简述画布中 stroke 和 fill 的区别。
2. 如何使用 HTML5 地理定位 API 获取一次当前的定位信息？
3. 在画布上绘制空心矩形和实心矩形分别使用的是哪种方法？
4. 如何将元素设置为允许拖放的状态？

第 9 章

应用 CSS3 渲染网页效果

应用 CSS3 制作出的网页不仅能够满足网页表现和内容相分离的 Web 标准要求,还能提供一些高级功能,例如滤镜、过渡、转换和动画等。这些功能在美化页面、增强网页视觉效果方面,比借助于图像处理软件和动画制作软件等传统方法要简单和方便得多。

9.1 案例 13 汽车自动驾驶动画设计

【案例描述】

应用 CSS3 属性,设计一个汽车自动驾驶的动画网页。

【软件环境】

Windows 10,Dreamweaver 2021,Photoshop,Fireworks,IE,Edge,Chrome。

【案例解答】

打开 Dreamweaver 2021,打开"模板"站点,打开"Web 网页设计模板.html"文件,另存为"Case-13-汽车自动驾驶动画网页.html",在其中输入核心代码,如表 9-1 所示。完整的代码请下载课程资源浏览。

表 9-1 案例 13 的核心代码(Case-13-汽车自动驾驶动画网页.html)

行	核 心 代 码
1	`<html>`
2	`<head>`
3	`<style>`
4	`@keyframes myfirst {`
5	`0%  {background-image:url(Pic-Car/Car.png); left:100px; top:100px; transform:rotate(0deg);}`
6	`14%  {background-image:url(Pic-Car/Car.png); left:800px; top:100px; transform:rotate(0deg);}`
7	`15%  {background-image:url(Pic-Car/Car.png); left:800px; top:100px; transform:rotate(30deg);}   ……`
8	`99%  {background-image:url(Pic-Car/Car.png); left:100px; top:100px; transform:rotate(270deg);}`

续表

行	核心代码
9	100% {background-image:url(Pic-Car/Car.png); left:100px; top:100px; transform:rotate(360deg);} }
10	@-webkit-keyframes myfirst {
11	0% {background-image:url(Pic-Car/Car.png); left:100px; top:100px; transform:rotate(0deg);}
12	100% {background-image:url(Pic-Car/Car.png); left:100px; top:100px; transform:rotate(360deg);} }
13	#Car { width:223px; height:97px;
14	background-image:url(Pic-Car/Car/car.png); background-size:contain;
15	position:relative; left:100px; top:100px;
16	animation:myfirst 60s;
17	-webkit-animation:myfirst 10s; } /* Safari and Chrome */
18	</style>
19	</head>
20	<body>
21	<section>
22	<div id="Car"><img src="Pic-Car/car.png" width="223" height="97" alt=""/></div>
23	</section>
24	</body>
25	</html>

完成网页的设计，进行测试修改，通过后发布网页。

网页的浏览效果截图如图 9-1 所示，图 9-1(a)表示汽车的直线运动，图 9-1(b)表示汽车的转弯运动。

【问题思考】

如果表 9-1 中的第 22 行代码是＜div id="Car"＞＜/div＞,将会是什么浏览效果？

【案例剖析】

1. 汽车是放置在＜div id="Car"＞＜img src="Pic-Car/car.png" width="223" height="97" alt=""/＞＜/div＞中的，并同时设置为＜div＞框的背景图像(第 14 行代码)。汽车的初始位置由第 15 行代码设置。

2. 第 4～9 行代码表示"@keyframes myfirst"关键帧代码设置，其中百分数表示运动时间(运动开始为 0，运动结束为 100%)，"left：100px；top：100px；"表示汽车运动位置，"transform：rotate(0deg)；"表示汽车方向，第 16 行代码"animation：myfirst 60s；"表示 myfirst 动画开始，持续时间为 60s。可见，本案例 CSS3 使用的是关键帧动画技术。

3. 第 10～12 行代码表示"@-webkit-keyframes myfirst"关键帧代码，与"@keyframes

(a) 直线运动

(b) 转弯运动

图 9-1 汽车自动驾驶动画网页

myfirst"关键帧相同,第 17 行代码"-webkit-animation：myfirst 10s;"表示 myfirst 动画开始,持续时间为 10s。

4. 本案例的动画元素是#Car {background-image：url(Pic-Car/Car/car.png);},在初始位置<div id="Car"> <img src="Pic-Car/car.png" width="223" height="97" alt=""/></div>,采用的是实体图像。

【案例学习目标】

1. 掌握 CSS3 属性的设置方法;

2. 掌握应用关键帧@keyframes 及 animation 属性设计动画的基本方法。

9.2 CSS3 边框

应用 CSS3 可以为边框指定颜色、创建圆角、使用图像绘制边框和添加阴影等。

【小提示】 ①IE 9+支持 border-radius 和 box-shadow 属性。②Firefox、Chrome 以及

Safari 支持所有新的边框属性。③对于 border-image，Safari 5 以及更老的版本需要前缀"-webkit-"。④Opera 支持 border-radius 和 box-shadow 属性，但是对于 border-image 需要前缀"-o-"。

9.2.1 边框颜色

应用 border-color 属性，可为 HTML 元素边框指定颜色。语法格式如下：

```
border-color:  #color
```

【释例 9-1】为 HTML 元素框的四个边指定不同的颜色，代码如下。

```
div { border-bottom-color: red;   border-left-color: yellow;
      border-right-color: blue;   border-top-color: green;   }
```

9.2.2 边框圆角

应用 border-radius 属性，可为 HTML 元素边框创建圆角。语法格式如下：

```
border-radius:   none | <length> [/<length>]
```

其参数说明如下。

none：默认值，表示元素没有圆角。<length>：长度值，不可为负数。

一个值：如果在 border-radius 属性中只指定一个值，那么将生成四个圆角。但是如果要在四个角上一一指定，可以使用以下规则。

两个值：第一个值为左上角与右下角，第二个值为右上角与左下角。例如 border-radius：15px 50px。

三个值：第一个值为左上角，第二个值为右上角和左下角，第三个值为右下角。例如 border-radius：15px 50px 30px。

四个值：第一个值为左上角，第二个值为右上角，第三个值为右下角，第四个值为左下角。例如 border-radius：15px 50px 30px 5px。

9.2.3 边框图像

应用 border-image 属性，可使用图像创建一个 HTML 元素边框，即 border-image 属性允许指定一个图片作为边框。语法格式如下：

```
Border-image:   none | <image> [<number>|<percentage>]
```

其参数说明如下。

none：默认值，表示边框无背景图。
<image>：使用绝对或相对 URL 地址指定边框的背景图片。
<number>：设置边框宽度或边框背景图片大小，单位像素。

图 9-2　边框图像

<percentage>：设置边框背景图像大小，单位百分比。

例如，图 9-2 表示为 HTML 元素边框设置图像的效果。

9.3　CSS3 背景

在 CSS3 中包含几个新的背景属性，能够提供更大背景控制。它们是 background-origin、background-size、background-clip 和 background-image。

9.3.1　background-origin

background-origin 属性定义 background-position 属性的参考位置。默认情况下，background-position 属性总是根据 HTML 元素左上角为坐标原点定位背景图像，使用 background-origin 属性可以改变这种定位方式。语法格式如下：

background-origin： padding-box | border-box | content-box

其参数说明如下。

border-box：从边框开始显示背景。

content-box：从内容区域开始显示背景。

padding-box：从边框与内容之间的空白区域开始显示背景。

图 9-3 表示了这三个区域的关系。

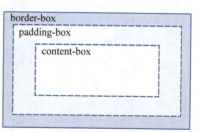

图 9-3　背景原点设置示意图

9.3.2　background-size

应用 background-size 属性指定背景图像的大小。

在 CSS3 之前，背景图像大小由图像的实际大小决定。在 CSS3 中可以规定背景图像的尺寸，允许在不同的环境中指定背景图像的大小，重复使用背景图像。

以像素或百分比规定背景图像的尺寸。如果以百分比规定尺寸，指定的大小是相对于父元素的宽度和高度的百分比的大小。

【释例 9-2】　为 HTML 元素框的背景指定大小，代码如下。

```
body {background-size:100% 100%;}
div {background-size:80px 60px;}
```

9.3.3　background-clip

应用 background-clip 背景剪裁属性是从指定位置开始绘制。语法格式如下：

background-clip： padding-box | content-box

9.3.4 background-image

在 CSS3 中可以通过 background-image 属性添加多张背景图片。不同的背景图像之间用逗号隔开,可以给不同的图像设置多个不同的属性。

【释例 9-3】 为 HTML 元素框设置不同的背景,代码如下。

```
div { background-image: url(img_flwr.gif), url(paper.gif);
    background-position: right bottom, left top;
    background-repeat: no-repeat, repeat; }
```

或者写成:

```
div {background: url(img_flwr.gif) right bottom no-repeat, url(paper.gif) left top repeat;}
```

9.4 颜 色 渐 变

应用 CSS3 的颜色渐变(gradients)属性可以在两个或多个指定的颜色之间显示平稳的过渡。

通过使用 gradients 属性代替图像,可以减少下载的时间和宽带的使用。此外,渐变效果的元素在放大时看起来效果更佳,因为 gradient 是由浏览器生成的。

CSS3 定义了两种类型的渐变。

(1) 线性渐变(linear gradients),向下/向上/向左/向右/对角方向;

(2) 径向渐变(radial gradients),由它们的中心定义。

9.4.1 CSS3 线性渐变

为了创建一个线性渐变,必须至少定义两种颜色节点(颜色节点即想要呈现平稳过渡的颜色),同时,还要设置一个起点和一个方向(或一个角度)。语法格式如下:

```
background-image: linear-gradient( direction, color-stop1, color-stop2, ...)
```

例如,图 9-4 是一个上下方向渐变的示例图。

图 9-4 上下方向渐变

1. 线性渐变——从上到下

从上到下的线性渐变,是默认设置。

【释例9-4】 从顶部开始的线性渐变,起点是红色,慢慢过渡到蓝色,代码如下。

```
div { background-image: linear-gradient( #e66465, #9198e5 ); }
```

2. 线性渐变——从左到右

设置从左到右的线性渐变。

【释例9-5】 从左边开始的线性渐变,起点是红色,慢慢过渡到蓝色,代码如下。

```
div { background-image: linear-gradient( to right, red, yellow ); }
```

3. 线性渐变——对角

两个对角的线性渐变,通过指定水平和垂直的起始位置来制作一个对角渐变。

【释例9-6】 从左上角开始(到右下角)的线性渐变,起点是红色,慢慢过渡到黄色,代码如下。

```
div { background-image: linear-gradient( to bottom right,red , yellow); }
```

4. 使用角度

如果想要在渐变的方向上做更多的控制,可以定义一个角度,而不用预定义方向(to bottom、to top、to right、to left、to bottom right 等)。语法格式如下:

background-image: linear-gradient(angle, color-stop1, color-stop2)

角度是指水平线和渐变线之间的角度,逆时针方向计算,如图9-5所示。例如,0deg 将创建一个从下到上的渐变,90deg 将创建一个从左到右的渐变。

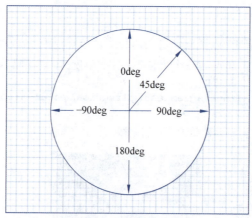

图 9-5 渐变角度

请注意,很多浏览器(Chrome、Safari、firefox 等)使用了旧的标准,即 0deg 将创建一个从左到右的渐变,90deg 将创建一个从下到上的渐变。

【释例9-7】 使用角度设置颜色渐变效果,代码如下。

```
#div1 { background-image: linear-gradient( 0deg, red, yellow); }
#div2 { background-image: linear-gradient( 90deg, red, yellow); }
#div3 { background-image: linear-gradient( 180deg, red, yellow); }
#div4 { background-image: linear-gradient( -90deg, red, yellow); }
```

上述代码的渲染效果如图 9-6 所示。

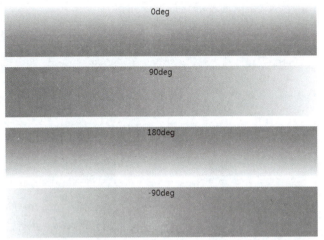

图 9-6　不同角度的渲染效果

5. 使用透明度

CSS3 渐变也支持透明度（transparent），可用于创建减弱变淡的效果。为了添加透明度，应使用 rgba() 函数来定义颜色节点。

rgba() 函数中的最后一个参数可以是从 0 到 1 的值，定义颜色的透明度：0 表示完全透明，1 表示完全不透明。

【释例 9-8】　使用透明度设置颜色渐变效果，代码如下。

```
div { background-image: linear-gradient(to right, rgba(255,0,0,0), rgba(255,0,0,1) ); }
```

上述代码表示从左边开始的线性渐变，起点是完全透明，慢慢过渡到完全不透明的红色，如图 9-7 所示。

图 9-7　设置透明度的线性渐变效果

9.4.2　CSS3 径向渐变

径向渐变是从中心开始向四周的颜色渐变。为了创建一个径向渐变，必须至少定义两

种颜色节点。颜色节点即想要呈现平稳过渡的颜色。同时也可以指定渐变的中心、形状(原型或椭圆形)、大小。语法格式如下:

```
background: radial-gradient( center, shape size, start-color, ..., last-color )
```

在默认情况下,渐变的中心是 center(表示在中心点),渐变的形状是 ellipse(表示椭圆形),渐变的大小是 farthest-corner(表示到最远的角落)。

【释例 9-9】 使用径向渐变设置颜色渐变效果,代码如下。

```
#div1 { background-image: radial-gradient( red, yellow, green ); }    //ellipse
#div2 { background-image: radial-gradient( circle,  red, yellow, green ); }
                                                                      //circle
```

图 9-8 表示椭圆形径向渐变效果,图 9-9 表示圆形径向渐变效果。

图 9-8　椭圆形径向渐变效果

图 9-9　圆形径向渐变效果

9.5　滤镜属性

CSS 滤镜(filter)不需要使用任何图像处理软件,单纯用 CSS 就会生成多种滤镜效果,例如模糊效果、透明效果、色彩反差调整和色彩反相等。它不仅能对图片进行滤镜处理,而且对任何网页元素、甚至视频都可以处理。

应用 filter 属性的语法格式如下:

```
CSS 选择器 { filter:  none | <filter-function > [ <filter-function> ]; }
```

参数说明如下。

filter 属性的默认值是 none,且不具备继承性。

filter 的属性值基本上都是 0~1 或者大于 0 的数值,也有例外情况,例如,blur 属性值以像素为单位,可以是任何整数;hue-rotate 滤镜值以"deg"单位,表示度数。

filter-function 属性值具有以下可选值,这些值可以选一个,也可以选多个。

(1) grayscale(),灰度级(黑白效果);

(2) sepia(),褐色(怀旧老照片效果);

(3) saturat(),色彩饱和度;

(4) hue-rotate(),色相旋转(色调);

(5) invert(),反色；

(6) opacity(),透明度；

(7) brightness(),亮度；

(8) contrast(),对比度；

(9) blur(),模糊；

(10) drop-shadow(),阴影。

【实例 9-1】 设计有关一个花朵的图册网页,应用各种滤镜属性,观察浏览效果。

打开 Dreamweaver 2021,打开"模板"站点,打开"Web 网页设计模板.html"文件,另存为"Exmp-9-1 滤镜的应用.html",在其中输入核心代码(完整的代码请下载课程资源浏览),如表 9-2 所示,保存文件。

表 9-2 实例 9-1 的核心代码(Exmp-9-1 滤镜的应用.html)

行	核 心 代 码
1	`<html>`
2	`<head>`
3	`<style>`
4	`.blur {-webkit-filter: blur(4px);   filter: blur(4px);}`
5	`.brightness {-webkit-filter: brightness(0.30);   filter: brightness(0.30);}`
6	`.contrast {-webkit-filter: contrast(180%);   filter: contrast(180%);}`
7	`.grayscale {-webkit-filter: grayscale(100%);   filter: grayscale(100%);}`
8	`.huerotate {-webkit-filter: hue-rotate(180deg);   filter: hue-rotate(180deg);}`
9	`.invert {-webkit-filter: invert(100%);   filter: invert(100%);}`
10	`.opacity {-webkit-filter: opacity(50%);   filter: opacity(50%);}`
11	`.saturate {-webkit-filter: saturate(7);   filter: saturate(7);}`
12	`.sepia {-webkit-filter: sepia(100%);   filter: sepia(100%);}`
13	`.shadow {-webkit-filter: drop-shadow(8px 8px 10px green);   filter: drop-shadow(8px 8px 10px green);}`
14	`td { border: 1px dashed #0000FF;   margin: 5px;   padding: 20px; }`
15	`</style>`
16	`</head>`
17	`<body>`
18	`<section>`
19	`<h1>花朵的各种滤镜效果</h1> <hr>`

续表

行	核心代码
20	`<table>`
21	`<tr>`
22	`<td><img src="pic-css/flower.jpg" alt="flower" width="180" height="135"></td>`
23	`<td><img class="blur" src="pic-css/flower.jpg" alt="flower" width="180" height="135"></td>`
24	`<td><img class="brightness" src="pic-css/flower.jpg" alt="flower" width="180" height="135"></td>`
25	`<td><img class="contrast" src="pic-css/flower.jpg" alt="flower" width="180" height="135"></td>`
26	`<td><img class="grayscale" src="pic-css/flower.jpg" alt="flower" width="180" height="135"></td>`
27	`<td><img class="huerotate" src="pic-css/flower.jpg" alt="flower" width="180" height="135"></td>`
28	`</tr>`
29	`<tr>`
30	`<td align="center">original picture</td>`
31	`<td align="center">blur</td>`
32	`<td align="center">brightness</td>`
33	`<td align="center">contrast</td>`
34	`<td align="center">grayscale</td>`
35	`<td align="center">huerotate</td>`
36	`</tr>`
	...
37	`</table>`
38	`<p><strong>注意:</strong> Internet Explorer 不支持 filter 属性。</p>`
39	`</section>`
40	`</body>`
41	`</html>`

完成网页的设计,进行测试修改,通过后发布网页。各种滤镜效果如图 9-10 所示。

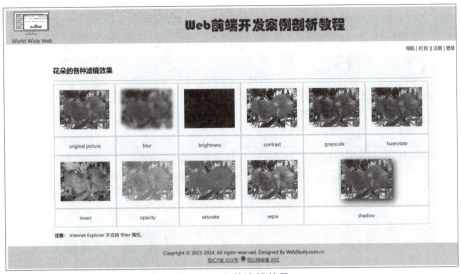

图 9-10　各种滤镜效果

9.6　文本效果

CSS3 包含多个新的文本特性，例如 box-shadow、text-shadow、text-overflow、word-wrap、word-break 等。应用 CSS3 的文本效果可以增加页面的渲染效果。

9.6.1　盒子阴影

在 CSS3 中，box-shadow 属性适用于盒子阴影。应用 box-shadow 属性可为 HTML 元素添加阴影效果。语法格式如下：

box-shadow: none | h-shadow v-shadow blur spread color | inset | initial | inherit

注意，boxShadow 属性把一个或多个下拉阴影添加到 HTML 元素框上，该属性是一个用逗号分隔阴影的列表。每个阴影由 2～4 个长度值、一个可选的颜色值和一个可选的 inset 关键字来规定。省略长度的值是 0。box-shadow 的属性值及含义参见表 9-3。

表 9-3　box-shadow 的属性值及含义

属性值	含义
none	默认值，不显示阴影
h-shadow	必需，水平阴影的位置。允许负值
v-shadow	必需，垂直阴影的位置。允许负值
blur	可选，模糊距离
spread	可选，阴影的尺寸或大小

续表

属 性 值	含 义
color	可选,阴影的颜色,默认值是黑色。在 Safari 浏览器中,color 参数是必需的,如果未指定颜色,则不显示阴影
inset	可选,将外部阴影(outset)改为内部阴影

【释例 9-10】 设计一个盒子阴影效果,代码如下。

```
div { background-color: #ff9900;
    box-shadow: 10px 10px 5px #888888;     //h-shadow,v-shadow,blur,color
}
```

浏览效果如图 9-11 所示。

【实例 9-2】 设计一个网页,使用盒子阴影制作图像卡片。

打开 Dreamweaver 2021,打开"模板"站点,打开"Web 网页设计模板.html"文件,另存为"Exmp-9-2 盒子阴影效果应用.html",在其中输入代码(完整的代码请下载课程资源浏览),如表 9-4 所示,保存文件。

图 9-11　盒子阴影效果

表 9-4　实例 9-2 的核心代码(**Exmp-9-2-盒子阴影效果应用.html**)

行	核 心 代 码
1	`<html>`
2	`<head>`
3	`  <style>`
4	`    div.container { width: 200px;  margin: 30px;  padding: 25px 12px;  text-align: center;`
5	`    box-shadow:  0 4px 8px 0 rgba(0, 0, 0, 0.5),  0 6px 20px 0 rgba(0, 0, 0, 0.8);  }`
6	`    //box-shadow: h-shadow v-shadow blur spread color,  h-shadow v-shadow blur spread color`
7	`    div.txt {padding: 10px;}`
8	`    article {display: flex;}`
9	`  </style>`
10	`</head>`
11	`<body>`
12	`  <section>`
13	`    <h1>图像卡片</h1> <p>box-shadow 属性可以用来创建纸质样式卡片。</p> <hr>`
14	`    <article>`

续表

行	核 心 代 码
15	<div class="container">
16	< img src="pic-css/夹竹桃花朵.jpg" width="180" height="135" alt=""/>
17	<div class="txt">夹竹桃花朵</div>
18	</div>
19	<div class="container">
20	< img src="pic-css/蓝色花朵特写.jpg" width="180" height="135" alt=""/>
21	<div class="txt"><span>蓝色花朵特写</span></div>
22	</div>
23	<div class="container">
24	< img src="pic-css/紫色藏红花朵.jpg" width="180" height="120" alt=""/>
25	<div class="txt"><p>紫色藏红花朵</p></div>
26	</div>
27	</article>
28	</section>
29	</body>
30	</html>

完成网页的设计,进行测试修改,通过后发布网页。盒子阴影的浏览效果如图 9-12 所示。

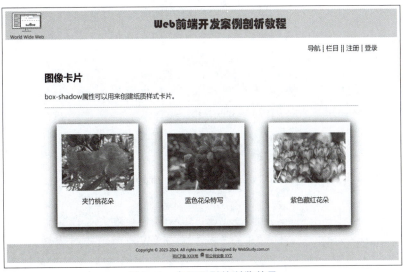

图 9-12　盒子阴影的浏览效果

9.6.2 文本阴影

在 CSS3 中,text-shadow 属性适用于文本阴影。使用时要指定水平阴影、垂直阴影、模糊的距离以及阴影的颜色等。语法格式如下:

```
text-shadow:   h-shadow v-shadow blur color
```

注意,text-shadow 属性连接一个或更多的阴影文本。一个阴影文本指定 2 或 3 个长度值和一个可选的颜色值,多个阴影文本用逗号分隔开来。

【释例 9-11】 为一段文字设计文本阴影效果,代码如下。

```
<html>
    </head> <style> h1 { text-shadow: 5px 5px 5px #FF0000; } </style> </head>
    <body> <h1>The sun, earth, and moon are constantly moving. </h1> </body>
</html>
```

文本阴影浏览效果如图 9-13 所示。

图 9-13　文本阴影浏览效果

9.6.3 文本溢出

在 CSS3 中,text-overflow 属性用于处理 Text 的溢出,指定当文本溢出包含它的 HTML 元素时应该如何显示。语法格式如下:

```
text-overflow:   clip | ellipsis | string | initial | inherit
```

注意,ext-overflow 需要配合"white-space:nowrap"与"overflow:hidden"两个属性使用。

【实例 9-3】 设计一个网页,使用 text-overflow 属性处理文本的溢出。

打开 Dreamweaver 2021,打开"模板"站点,打开"Web 网页设计模板.html"文件,另存为"Exmp-9-3 文本溢出效果.html",在其中输入代码(完整的代码请下载课程资源浏览),如表 9-5 所示,保存文件。

表 9-5　实例 9-3 的核心代码（Exmp-9-3 文本溢出效果.html）

行	核 心 代 码
1	`<html>`
2	`<head>`
3	`<style>`
4	`div.test { border:1px solid #000000;　font-size:36px;　width:8em;`
5	`white-space:nowrap;　overflow:hidden;　}`
6	`</style>`
7	`</head>`
8	`<body>`
9	`<div class="test" style="text-overflow: ellipsis;"> abcdefghijklmnopqrstuvwxyz </div>`
10	`<div class="test" style="text-overflow: clip;"> ABCDEFGHIJKLMNOPQRSTUVWXYZ </div>`
11	`<div class="test" style="text-overflow: '>>';"> 12345678901234567890123456 7890 </div>`
12	`</body>`
13	`</html>`

完成网页的设计，进行测试修改，通过后发布网页。盒子文本溢出浏览效果如图 9-14 所示（省略、剪切、自定义的效果）。

图 9-14　盒子文本溢出浏览效果

9.6.4　单词换行

在 CSS3 中，word-wrap 属性用来指定是否允许在单词之间进行换行。

如果某个长单词或 URL 地址太长，在行尾无法完整显示，指定该属性后即允许在长单词或 URL 地址内部进行强制文本换行，意味着将一个完整的长单词或 URL 地址分裂为两半,另一半换行显示。

【释例 9-12】 为 HTML 元素框中的英文设置在单词之间换行的效果,代码如下。

```
p { word-wrap: break-word; }
```

文本换行浏览效果如图 9-15 所示。

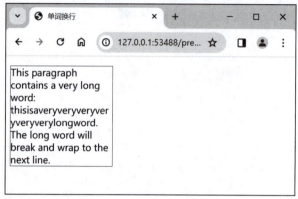

图 9-15　文本换行浏览效果

9.6.5　单词拆分换行

在 CSS3 中,word-break 用来指定单词内的换行规则。word-break 属性的语法格式如下:

```
word-break: break-all | keep-all
```

其中,keep-all 表示只能在半角空格或连字符处换行;break-all 表示允许在单词内换行。图 9-16 表示了两者的区别。

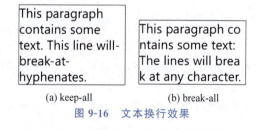

(a) keep-all　　　　　(b) break-all

图 9-16　文本换行效果

9.7　转换属性

CSS3 转换(transform)可以对元素进行移动、缩放、转动、拉长或拉伸,转换的效果是让某个元素改变形状、大小和位置。可以使用 2D 或 3D 转换属性来转换元素。

9.7.1　2D transform

在 CSS3 中,2D transform 属性主要的基本功能包括移动、旋转、缩放、倾斜、旋转和拉伸元素。

2D transform 属性的语法格式如下:

```
CSS 选择器 { transform: none | <transform-function > [ <transform-function> ] ; }
```

transform 属性的默认值是 none。属性值 transform-function 具有以下可选值,这些值可以是一个,也可以写多个。

(1) translate(),元素位移;
(2) rotate(),元素旋转;
(3) scale(),元素缩放;
(4) skew(),元素倾斜;
(5) matrix(),多种变形。

其中,translate()方法,根据左(X 轴)和顶部(Y 轴)位置给定的参数,从当前元素位置移动。matrix()方法把 2D 变换方法合并成一个。matrix 方法有六个参数,包括旋转、缩放、移动(平移)和倾斜等功能。

【实例 9-4】　设计一个网页,使用 translate()方法移动元素。

打开 Dreamweaver 2021,打开"模板"站点,打开"Web 网页设计模板.html"文件,另存为"Exmp-9-4 应用 translate 方法移动元素.html",在其中输入代码(完整的代码请下载课程资源浏览),如表 9-6 所示,保存文件。

表 9-6　实例 9-4 的核心代码(Exmp-9-4 应用 translate 方法移动元素.html)

行	核　心　代　码
1	`<html>`
2	`<head>`
3	`<style>`
4	`  div{ width:200px;　height:100px;　font-size: 24px;`
5	`    background-color:red;　border:1px solid black; }`
6	`  div#div2: hover { transform:　translate(50px,100px);`
7	`    -ms-transform: translate(50px,100px);　　　　　/* IE 9 */`
8	`    -webkit-transform: translate(50px,100px); }　　/* Safari and Chrome */`
9	`</style>`
10	`</head>`
11	`<body>`
12	`  <div> before translate </div>`

续表

行	核心代码
13	`<div id="div2"> after translate </div>`
14	`</body>`
15	`</html>`

完成网页的设计,进行测试修改,通过后发布网页。浏览效果如图9-17所示,可以看到第二个div框相对于原始位置偏离了left:50px和top:100px距离。

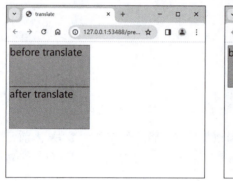
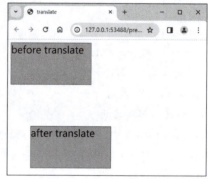

(a) hover前　　　　　　　　　　(b) hover后

图9-17　应用translate方法移动元素

9.7.2　3D transform

CSS3允许使用3D转换来对元素进行格式化。3D转换方法有rotateX()、rotateY()、rotateZ()。rotateZ()实际上就是2D旋转。

【释例9-13】　为HTML元素设置绕X轴与Y轴旋转变换的效果,代码如下。

```
transform:rotateX(120deg);
transform:rotateY(130deg);
```

上述代码表示绕沿X轴的3D旋转和沿Y轴的3D旋转。

9.8　过渡属性

在CSS3中,过渡(transition)是指从一种样式(状态)转变到另一个样式(状态),以实现某种效果,无须使用Flash动画或JavaScript。

CSS3过渡是元素从一种样式逐渐改变为另一种样式的效果,例如渐显、渐弱、颜色变化、大小变化等。这种效果可以在鼠标单击、获得焦点、被点击或对元素任何改变中触发,并圆滑地以动画效果改变CSS的属性值。

如果要实现这一点,必须规定以下两项内容。

(1)指定要添加效果的CSS属性;

(2）指定效果的持续时间。

【实例 9-5】 分析表 9-7 代码的运行结果。

表 9-7 实例 9-5 的核心代码（Exmp-9-5 过渡效果.html）

行	核 心 代 码
1	`<html>`
2	`<head>`
3	`<style>`
4	`div { width: 100px; height: 100px; background: yellow;`
5	`transition: width 1s, height 5s, background 10s, transform 15s;`
6	`-moz-transition: width 1s, height 5s, background 10s, -moz-transform 15s;`
7	`-webkit-transition: width 1s, height 5s, background 10s, -webkit-transform 15s;`
8	`-o-transition: width 1s, height 5s, background 10s, -o-transform 15s; }`
9	`div:hover { width: 200px; height: 200px; background: red;`
10	`transform: rotate(180deg);`
11	`-moz-transform: rotate(180deg); /* Firefox 4 */`
12	`-webkit-transform: rotate(180deg); /* Safari and Chrome */`
13	`-o-transform: rotate(180deg); } /* Opera */`
14	`</style>`
15	`</head>`
16	`<body>`
17	`<div>`请把鼠标指针放到黄色的 div 元素上,浏览过渡过程的效果。`</div>`
18	`<p><b>`注意:`</b>`本例在 Internet Explorer 中无效。`</p>`
19	`</body>`
20	`</html>`

代码运行结果分析如下。

1. 当鼠标移动阴影文字块(如图 9-18(a)所示)时,其 width 用时 1s、height 用时 5s、background 颜色用时 10s 发生改变,同时文字块用时 15s 旋转 180°；

2. 当鼠标(任何时候)离开文字块(如图 9-18(b)所示)时,文字块的当前状态作出相反的变化,还原到原始状态；

3. 过渡动作完成后的效果如图 9-18(c)所示。可见,过渡就是在两种状态之间进行动态切换(在触发条件下)。

可以对 transition 进行更多的属性设置,实现更多的效果,transition 属性及其描述见表 9-8。

(a) 初始状态　　　　　　　(b) 过渡状态　　　　　　　(c) 完成状态

图 9-18　过渡动画

表 9-8　transition 属性及其描述

属　　性	描　　述
transition	简写属性,用于在一个属性中设置四个过渡属性
transition-property	规定应用过渡的 CSS 属性的名称
transition-duration	定义过渡效果花费的时间。默认是 0
transition-timing-function	规定过渡效果的时间曲线。默认是 "ease"
transition-delay	规定过渡效果何时开始。默认是 0

9.9　CSS3 动画

在 CSS3 中,使用动画(animation)属性可以创建更复杂的动画,取代许多网页动画图像、Flash 动画和 JavaScript 实现的效果。CSS3 这种动画也是使元素从一种样式(状态)逐渐变化为另一种样式(状态)的效果,可以以任意多的次数改变任意多的样式。

9.9.1　CSS3 动画原理

创建 CSS3 动画,要先建立 @keyframes 的具体规则,然后再将该规则绑定到对象(选择器)上。

(1) 在@keyframes 规则内,如果指定一个 CSS 样式,动画将逐步从目前的样式更改为新的样式;如果指定多个 CSS 样式,动画将按照样式的顺序依次更改。

(2) 在@keyframes 规则内,用 form 或 0% 表示初始的样式(第一帧),用 to 或 100% 表示最后的样式(结束帧),n% 表示中间帧,0<n<100。

(3) 用@keyframes 定义动画后,要将它绑定到一个目标对象(选择器)上,否则动画不会有任何效果。必须定义动画的名称、规定动画的时长。如果忽略时长,则动画不会被允许,因为默认值是 0。

表 9-9 列出了@keyframes 规则和 animation 属性。

表 9-9　@keyframes 规则和 animation 属性

属　　性	描　　述	CSS 版本
@keyframes	规定动画	3
animation	所有动画属性的简写属性，除了 animation-play-state 属性	3
animation-name	规定 @keyframes 动画的名称	3
animation-duration	规定动画完成一个周期所花费的秒或毫秒。默认是 0	3
animation-timing-function	规定动画的速度曲线。默认是 "ease"	3
animation-delay	规定动画何时开始。默认是 0	3
animation-iteration-count	规定动画被播放的次数。默认是 1	3
animation-direction	规定动画是否在下一周期逆向地播放。默认是 "normal"	3
animation-play-state	规定动画是否正在运行或暂停。默认是 "running"	3
animation-fill-mode	规定对象动画时间之外的状态	3

9.9.2　多个关键帧动画

制作多个帧的动画需要用百分比 n％(0＜n＜100)来定义中间帧发生的时间。

【实例 9-6】　分析表 9-10 代码的运行结果。

表 9-10　实例 9-6 的核心代码（Exmp-9-6 多个关键帧的动画.html）

行号	核　心　代　码
1	`<html>`
2	`<head>`
3	`　　<style>`
4	`　　　　article { background-image:url("Pic-Car/7dbb2fc6baf4167e13202bc5d1f31f30.jpeg");`
5	`　　　　background-repeat: no-repeat;  background-size: cover;`
6	`　　　　width: 1660px;  height: 900px;  }`
7	`　　　　.car img { position: absolute;  left: 380px;  top: 1050px;`
8	`　　　　transform:  rotateZ(9deg);`
9	`　　　　-webkit-transition: 5s linear;  }`
10	`　　　　.car img:hover { -webkit-transform:  translate(985px, 0px);  }`
11	`　　　　.fly img { position: absolute;  left: 30px;  top: 1050px;`
12	`　　　　@keyframes myfirst {`
13	`　　　　　　0%　{-webkit-transform: translate(0px, 0px);}`

续表

行号	核心代码
14	30%　{-webkit-transform: translate(800px, -650px);}
15	40%　{-webkit-transform: translate(1250px, -250px);}
16	70%　{-webkit-transform: translate(1300px, -155px);}
17	100% {-webkit-transform: translate(1330px, -150px);}　}
18	.fly img { animation:　myfirst 20s;
19	-webkit-animation:　myfirst 10s;　}　　　/* Safari 与 Chrome */
20	\</style>
21	\</head>
22	\<body>
23	\<article>
24	\<div class="fly"> \<img src="pic/汽车 1.png" width="343" height="121" /> \</div>
25	\<div class="car"> \<img src="pic/汽车 2.png" width="343" height="121" /> \</div>
26	\</article>
27	\</body>
28	\</html>

本实例代码(完整的代码请下载课程资源浏览)运行结果分析如下。

1. 动画用 0%、30%、40%、70%、100%五个关键帧表示了四段动画效果:飞行汽车爬升、空中飞行、降落和缓行,用时间间隔和距离(高度和长度)控制动画动作的快慢,效果如图 9-19 所示。

2. 在动画中,如果对象位置发生改变,可以用属性"transform：translate(a px, b px);"来实现。

(a) 爬升

(b) 飞行

(c) 降落

图 9-19　飞行汽车动画

【实例 9-7】　分析表 9-11 中代码的运行结果,并指出动画 animation 属性简写的具体含义。

表 9-11　实例 9-7 的核心代码（Exmp-9-7 动画 animation 属性简写.html）

行	核 心 代 码
1	`<html>`
2	`<head>`
3	`<style>`
4	`article { width:300px;　height:100px;　background:red;　position:relative;`
5	`　animation:　myfirst 5s linear 2s infinite alternate;`
6	`　-moz-animation:　myfirst 5s linear 2s infinite alternate;　　/* Firefox: */`
7	`　-webkit-animation: myfirst 5s linear 2s infinite alternate;`
8	`　-o-animation: myfirst 5s linear 2s infinite alternate; }　　/* Opera: */`
9	`@keyframes myfirst {`
10	`　0%　{background:red; left:0px; top:0px;}`
11	`　100%　{background:blue; left:200px; top:200px;} }`
12	`@-moz-keyframes myfirst {`
13	`　0%　{background:red; left:0px; top:0px;}`
14	`　100% {background:blue; left:200px; top:200px;} }　/* Firefox */`
15	`@-webkit-keyframes myfirst {`
16	`　0%　{background:red; left:0px; top:0px;}`
17	`　100%　{background:blue; left:200px; top:200px;} }　/* Safari and Chrome */`
18	`@-o-keyframes myfirst{`
19	`　0%　{background:red; left:0px; top:0px;}`
20	`　100%　{background:blue; left:200px; top:200px;} }　/* Opera */`
21	`</style>`
22	`</head>`
23	`<body>`
24	`　<article></article>`
25	`</body>`
26	`</html>`

本实例代码(完整的代码请下载课程资源浏览)运行结果分析如下。

1. 本实例动画初始状态,位置为"left：0px；top：0px；",效果如图 9-20(a)所示。

2. 动画中间某个状态,位置为"left：a px；top：b px；",效果如图 9-20(b)所示。

3. 动画末位状态,位置为"left：200px；top：200px；",效果如图 9-20(c)所示。

4. 本实例动画为无限循环动画,在正向"初始-中间-末位"动作完成后,接下来进行反向动作"末位-中间-初始",再进行正向动作,如此循环,不断进行下去。

(a) 初始　　　　　　　　　　(b) 中间　　　　　　　　　　(c) 末位

图 9-20　动画的三个状态

5. 按照属性"animation：myfirst 5s linear 2s infinite alternate；"的次序，动画 animation 属性简写的具体含义分析如下。

```
animation-name: myfirst;                      //动画名称:myfirst
animation-duration: 5s;                       //动画时长:5s
animation-timing-function: linear;            //动画计时功能:线性
animation-delay: 2s;                          //动画延迟:2s
animation-iteration-count: infinite;          //动画迭代次数:无限
animation-direction: alternate;               //动画方向:交替
```

9.10　本章小结

CSS3 具有众多的新特性，包括边框、背景、颜色渐变、滤镜效果、文本效果、转换属性、过渡属性、@keyframes 规则以及多列文本等，为网页设计提供了丰富的工具，使得网页的视觉效果更加生动、美观和富有创意。

边框和背景作为网页设计的基础元素，其应用能够大大提升网页的整体美感。通过 CSS3，可以实现更为复杂的边框样式和背景效果，例如圆角边框、阴影效果以及渐变背景等，这些都能为网页增添独特的视觉效果。

CSS3 提供了丰富的文本效果选项，例如文字阴影、文字装饰、文本溢出处理等，CSS3 让文字排版更加灵活多样，能够更好地呈现网页内容。

滤镜效果为网页设计提供了更多的创意空间，通过模糊、亮度调整、对比度调整等滤镜，可以营造出独特的视觉效果。

转换属性和过渡属性是 CSS 动画的核心。通过合理使用这两个属性，可以创建出平滑、自然的动画效果，例如元素的旋转、缩放、移动等。这不仅为网页增添了动态元素，还能提升用户的交互体验。

@keyframes 规则是 CSS 动画的关键组成部分，允许定义动画的关键帧，从而实现更为复杂的动画效果。通过与其他 CSS 属性的配合，可以创建出各种独特的动画。

此外，多列文本也是 CSS3 中一个实用的特性。它允许将文本分成多列显示，这在处理大量文本或需要特殊布局的场景中非常有用。

习 题

一、单项选择题

1. 用 CSS3 实现圆角的属性名称是（　　）。
   A. border-radius　　　　　　　　B. box-shadow
   C. border-style　　　　　　　　D. border-image

2. CSS3 属性（　　）用于创建渐变背景。
   A. background-gradient　　　　　B. linear-gradient
   C. gradient-background　　　　　D. background-image

3. （　　）属性可以为 div 元素添加阴影边框。
   A. border-radius　　　　　　　　B. box-shadow
   C. border-style　　　　　　　　D. border-image

4. 给文本添加阴影的属性名称是（　　）。
   A. margin　　　B. box-shadow　　　C. text-shadow　　　D. border

5. 如果希望实现以慢速开始，然后加快，最后慢慢结束的过渡效果，应该使用（　　）的过渡模式。
   A. ease　　　B. ease-in　　　C. ease-out　　　D. ease-in-out

6. CSS3 中的 transform 属性可以用来（　　）。
   A. 改变元素的尺寸　　　　　　　B. 旋转元素
   C. 改变元素的颜色　　　　　　　D. 添加阴影到元素

7. CSS3 的 flex 属性是 Flexbox 布局中（　　）属性的简写。
   A. flex-grow、flex-shrink 和 flex-basis
   B. flex-direction、flex-wrap 和 justify-content
   C. display、flex-flow 和 align-items
   D. order、flex-grow 和 align-self

8. 在 CSS3 中，属性（　　）用于定义动画。
   A. @keyframes　　　　　　　　B. animation
   C. transition　　　　　　　　D. transform

9. CSS3 的 column-count 属性用于实现（　　）效果。
   A. 多列文本布局　　　　　　　　B. 文本对齐
   C. 文本缩进　　　　　　　　　　D. 文本阴影

10. CSS3 中用于设置元素透明度的属性是（　　）。
    A. opacity　　　　　　　　　　B. transparent
    C. alpha　　　　　　　　　　　D. visibility

二、判断题

1. flash 动画效果完全可以使用 CSS3 动画效果来代替。（　　）
2. 在 CSS3 中，@font-face 用来设置 HTML 代码的字体。（　　）
3. 在 CSS3 中，column-gap 属性用来设置列间距。（　　）

三、问答题

1. CSS3 属性选择器包括哪几种？
2. CSS3 新增了哪几个与背景有关的属性？
3. 平滑过渡属性有哪几个函数？
4. 在 CSS3 中如何定义背景图片的尺寸？
5. 在 CSS3 中，Animation 动画的@keyframe 有什么作用？

第 10 章

jQuery 基础与应用

jQuery 极大地简化了 HTML 元素的选取与操作、CSS 样式的修改、文档结构的遍历、事件的处理、动画效果的创建以及 Ajax 交互等复杂操作,使开发者能够高效地进行 Web 页面的构建与交互设计。

本章介绍 jQuery 的语法基础、核心概念与基本用法,以及如何利用 jQuery 精准地选择并操作页面上的特定元素、如何通过事件处理机制为页面元素绑定各种事件,并编写出高效且灵活的处理函数。介绍 jQuery 的 DOM 操作方法,包括元素的创建、插入、删除、修改等,以及页面结构的动态调整技巧,从而实现页面的灵活变化。介绍 jQuery 的动画与效果功能,创建出引人入胜的页面动态效果,为用户带来更加愉悦的体验。

10.1 案例 14 滑动图片组网页设计

【案例描述】

在网页中经常看到滑动图片组的界面。单击"上一张"可以看到前一张图片及其配文,单击"下一张"可以看到后一张图片及其配文。在主图的下面还会有这些图片的缩略图。试用 jQuery 设计一个这样的网页。

【案例解答】

打开 Dreamweaver 2021,打开"模板"站点,打开"Web 网页设计模板.html"文件,另存为"Case-14-滑动图片组网页.html",在其中输入核心代码,如表 10-1 所示,完整的代码请下载课程资源浏览。

表 10-1 案例 14 的核心代码(Case-14-滑动图片组网页.html)

行	核 心 代 码
1	`<html>`
2	`<head>`
3	`<style>`
4	`main.focus1 { position:relative; overflow:visible; width:800px; margin: 20px auto; }`
5	`section.show1 { position:relative; overflow:hidden; width:665px; height: 300px; float:left; }`

续表

行	核 心 代 码
6	//section.show1 { position: relative; overflow: visible; width: 665px; height:300px; float:left; }
7	article.pics { width:3350px; position:absolute; left:0px; top:0px; }
8	article.pics ul { float:left; text-align:center; line-height:25px; }
9	article.pics ul li { width:665px; height:280px; background:#f8f8f8; margin-top:3px; float:left; }
10	.show1 {border: 1px solid red}
11	.pics { border: 1px solid blue}
12	aside.circle { position:absolute; left:45px; top: 315px; }
13	aside.circle li { width:120px; height:60px; margin-right:10px; background:#ccc; float:left; }
14	aside.circle .circle-cur { border:2px solid #f00; background:#ff0; }
15	.prev, .next { float:left; padding:105px 9px 0; }
16	.prev, .next { width:15px; height:20px; display:block; }
17	.prev a, .next a { width:15px; height:20px; display:block; }
18	.prev a, .next a { background:url(../images/prevBtn.png) center center no-repeat; }
19	.prev a, .next a { background-color: antiquewhite; }
20	</style>
21	<script src="jQuery/jquery-3.7.1.js"></script>
22	</head>
23	<body>
24	<main class="focus1">
25	<div class="prev"> <a href="javascript:void(0)"><b>&lt;</b></a> </div>
26	<section class="show1">
27	<article class="pics">
28	<ul>
29	<li index="0">
30	< img src="images/A1.jpeg" width="650" height="248" alt=""/>
31	<div>金色的沙漠</div>
32	</li>
	……
33	</ul>

续表

行	核 心 代 码
34	`</article>`
35	`</section>`
36	`<div class="next"> <a href="javascript:void(0)"><b>&gt;</b></a> </div>`
37	`<aside class="circle">`
38	`<ul>`
39	`<li class="circle-cur"> <img src="images/A1.jpeg" width="120" height="60" /> </li>`
40	`<li><img src="images/A2.jpeg" width="120" height="60" alt=""/></li>` ...
41	`</ul>`
42	`</aside>`
43	`</main>`
44	`<div style="clear: both"></div>`
45	`<footer> <img src="Logo/footer150.png" width="100%" height="100%" alt=""/> </footer>`
46	`<script>`
47	`$(function() {`
48	`//setInterval(nextscroll,2000);` //设置定时器启动程序
49	`$(".prev a").click(function() {` //左向箭头,控制上一幅图片
50	`var vcon = $(".pics ");`
51	`var offset = ( $(".pics li").width() ) * -1;`
52	`var lastItem = $(".pics ul li").last();`
53	`vcon.find("ul").prepend(lastItem);`
54	`vcon.css("left", offset);`
55	`vcon.animate( {left: "0px"}, "5000", function() {circle();} );`
56	`});`
57	`$(".next a").click(function() {` //右向箭头,控制下一幅图片
58	`nextscroll();`
59	`});`
60	`function nextscroll() {`
61	`var vcon = $(".pics ");`
62	`var offset = ( $(".pics li").width() ) * -1;`

续表

行	核 心 代 码
63	vcon.stop().animate({ left: offset }, "slow",
64	function() {
65	var firstItem = $(".pics ul li").first();
66	vcon.find("ul").append(firstItem);
67	$(this).css("left", "0px");
68	circle();
69	}
70	);
71	};
72	function circle() {
73	var currentItem = $(".pics ul li").first();
74	var currentIndex = currentItem.attr("index");
75	$(".circle li").removeClass("circle-cur");
76	$(".circle li").eq(currentIndex).addClass("circle-cur");
77	};
78	})
79	</script>
80	</body>
81	</html>

完成网页的设计，进行测试修改，通过后发布网页。滑动图片组网页的浏览效果截图如图 10-1 所示，通过左向箭头和右向箭头，可以逐一浏览全部的图片。

图 10-1　滑动图片组网页的浏览效果

【案例剖析】

1. 本案例网页页面的布局结构是：左向箭头放在＜div class＝"prev"＞…＜/div＞容器中，主图片放在＜section class＝"show1"＞…＜/section＞容器中，右向箭头放在＜div class＝"next"＞…＜/div＞容器中，缩略图放在＜aside class＝"circle"＞…＜/aside＞容器中，这四个板块一起放在＜main class＝"focus1"＞…＜/main＞容器中。左向箭头、主图片、右向箭头采用"float：left；"属性排成一行，缩略图设置属性"position：absolute；left：45px；top：315px；"进行绝对定位，排在第二行。表10-1中第44行代码＜div style＝"clear：both"＞…＜/div＞专门用于清除向左浮动的影响，使得后面的页脚＜footer＞…＜/footer＞定位是正常的。

2. 五张图片及配文按照顺序依次放在＜article class＝"pics"＞＜ul＞＜li＞…＜/li＞＜/ul＞＜/article＞嵌套容器中，网页打开的初始浏览状态如图10-1所示。如果采用自动播放图片（启用第48行代码），图片组是"从右往左"滑动到主窗口中进行显示的。

3. 单击左向箭头，从第49行代码开始执行，执行第50行代码"var vcon ＝ ＄（".pics "）；"获得五张图片对象，第51行代码＄（".pics li"）.width（）获得图片的宽度，第52行代码获得最后一张图片，第53行代码将获得的最后一张图片插在图片组的最前面，第54行代码将整个图片组向左偏移一个offset的距离，第55行代码应用动画将图片组向右缓慢滑动到原始位置（主窗口位置），完成后执行回调函数"circle（）；"将对应的缩略图画上红色边框线，滑动过程的剖析图如图10-2所示。

图 10-2　滑动过程的剖析图

4. 单击右向箭头，从第57行代码开始执行，执行第61行代码"var vcon ＝ ＄（".pics "）；"获得五张图片对象，第62行代码＄（".pics li"）.width（）获得图片的宽度，第63行代码将整个图片组动画缓慢停止，再向左偏移offset的位置，完成后执行回调函数"function（）；"获得第一张图片（第65行代码），并将第一张图片添加图片组的最后面（第66行代码），再将图片组（此时第二张图片在最前面）调整到原始的主窗口位置（第67行代码），最后在对应的缩略图画上红色边框线。第4步过程也可以通过图10-2来帮助理解。

5. 给对应的缩略图画上边框线。第73行代码获取动态图片组的第一张图片，第74行代码获取其 index 值,第 75 行代码取消缩略图的边框线,第 76 行代码给 index 的图片画上边框线。请注意,图片组在向左、向右的滑动过程中,第一张和最后一张图片是动态变化的,但图片自身的 index 值保持不变,首尾衔接的环序是不变的。

6. 如果要实现图片自动滑动效果,可以设置 setInterval(nextscroll,2000)等来实现(第48 行代码)。

7. 本案例完全采用 jQuery 代码来实现图片滑动的交互效果,涉及选择器、jQuery 对象的方法与属性、jQuery 事件、DOM 节点的插入、jQuery 动画等诸多内容,通过对代码进行剖析,能够加深对这些知识的理解程度。

【问题思考】

如果要实现图片组"从左往右"滑动效果,应如何修改代码?

【案例学习目标】

1. 掌握在网页中应用 jQuery 进行编码的基本操作过程;
2. 掌握应用恰当的 jQuery 选择器准确选取 HTML 元素的方法;
3. 深刻理解 jQuery 对象的含义;
4. 掌握应用 jQuery 动画实现动态效果的方法。

10.2　jQuery 简介

1. jQuery 概述

jQuery 是一个快速的、简洁的 JavaScript 框架,它于 2006 年 1 月由 John Resig 发布,是继 Prototype 之后的又一个优秀的 JavaScript 代码库(或框架)。jQuery 设计的宗旨是 "Write Less,Do More",即倡导写更少的代码,做更多的事情。

jQuery 封装了 JavaScript 常用的功能代码,提供了一种简便的 JavaScript 设计模式,从而优化了 HTML 文档操作、事件处理、动画设计和 Ajax 交互。

jQuery 拥有独特的链式语法和短小清晰的多功能接口,使得代码更加简洁易读。jQuery 可以对元素的一组操作进行统一的处理,不需要重新获取对象,即可以基于一个对象进行一组操作,这种方式精简了代码量,减小了页面体积,有助于浏览器快速加载页面,提高用户的体验性。

同时,jQuery 还提供了高效灵活的 CSS 选择器,并可以对这些选择器进行扩展,大大简化了对网页元素的获取和操作,从而方便开发者快速定位和操作页面元素。

此外,jQuery 拥有便捷的插件扩展机制和丰富的插件,这使得开发者可以根据需要扩展其功能,轻松地为页面添加各种功能,例如图片轮播、表单验证、模态框和弹出窗口等,满足各种复杂的开发需求。

jQuery 兼容各种主流浏览器,例如 IE 6.0+、FF 1.5+、Safari 2.0+、Opera 9.0+等,这使得开发者无须担心浏览器兼容性问题,能够更加专注于业务逻辑的实现。

在 Web 前端开发中,通过学习和使用 jQuery,可以提高开发效率,实现更加丰富的 Web 交互效果。

2. jQuery 版本

目前常用的 jQuery 包括 1.x、2.x 和 3.x 版本。

（1）jQuery 1.x：这个系列主要面向旧版浏览器（如 IE 6/7/8）的兼容性。虽然官方仅做 BUG 维护，不再新增功能，但由于其广泛的使用与对旧版浏览器的兼容性，许多项目仍然选择使用这个版本。其中，1.12.4 是 1.x 系列的最后一个版本。

（2）jQuery 2.x：这一系列的版本摒弃了对旧版浏览器的支持，主要用于现代浏览器，并提供了更好的性能。官方同样只做 BUG 维护，功能不再新增。其中，2.2.4 是 2.x 系列的最后一个版本。

（3）jQuery 3.x：这一系列的版本在 2.x 的基础上进行了改进，并继续支持现代浏览器。它修复了一些已知问题，并提供了新的功能。这是目前官方主要更新维护的版本。

此外，对于需要使用特定版本 jQuery 的开发者，可以通过内容分发网络（content delivery network，CDN）来引用相应版本的 jQuery 库。CDN 通过将资源分布在全球各地的服务器上，能够提供更快速度和可靠性的技术支持。

随着技术的不断发展和更新，jQuery 的版本在不断更新中，每个新版本都会带来一些新的特性、修复一些已知的问题，以及提升性能和稳定性。目前最新的 jQuery 版本是 3.7.1，该版本于 2023 年 8 月 28 日发布。

对于开发者来说，选择适合项目需求的 jQuery 版本非常重要。在一些旧项目或特定场景中，可能需要使用较旧的 jQuery 版本。因此在选择版本时，应该根据项目的实际情况和需求进行权衡。

10.3 在网页中引用 jQuery

如果需要在网页中应用 jQuery，则应先在网页文档中包含 jQuery 库文件。

【释例 10-1】 jQuery 库是一个 JavaScript 文件，在网页中使用 HTML 的 ＜script＞ 标签引用"jquery.js"的代码如下。

```
<head>
    <script src="jquery.js"></script>
</head>
```

其中，＜script＞标签应该位于页面的 ＜head＞ 部分。

一般使用以下两种方法在网页中引用 jQuery 库。

（1）从 jquery.com 下载 jQuery 库文件后，添加到＜script＞＜/script＞首标签中；

（2）从 CDN 中载入 jQuery，例如，从 Google 中加载 jQuery。

1. 下载 jQuery 库文件

jQuery 是一种开源函数库，读者可以直接访问官网页面进行下载，如图 10-3 所示。

按照释例 10-1 的方法，将下载的 jQuery 库文件插入 HTML 文档中即可，例如＜script src=" jquery-3.7.1.min.js "＞＜/script＞。

请注意，从 jquery.com 网站中下载的 jQuery 有以下两个版本。

（1）Uncompressed Development Version（未压缩的开发版本）。

未压缩的版本最适合在开发或调试期间使用，其代码可读的。

（2）Compressed Production Version（压缩的生产版本）。

图 10-3　下载 jQuery 库

压缩文件可以节省带宽并提高生产环境中的性能。

2. 引用 CDN 链接

在 HTML 文档中引入 jQuery 库文件时，如果不希望下载并存放 jQuery 库文件，那么也可以通过 CDN 引用它。即在<head>标签或者<body>标签的底部添加 jQuery 的 CDN 链接，它允许从远程服务器加载 jQuery 库，而无须在自己的服务器上存储它。

【释例 10-2】要使用 jQuery CDN，可以直接在 script 标签中引用来自 jQuery CDN 域的文件。先访问 https://releases.jquery.com 并单击想要使用的文件版本，获取包括 Subresource Integrity 属性在内的完整 script 标签，然后将该标签复制并粘贴到 HTML 文件中即可。

```
<head>
    <script src="https://code.jquery.com/jquery-3.7.1.js" integrity="sha256-eKhayi8LEQwp4NKx N + CfCh + 3qOVUtJn3QNZ0TciWLP4 =" crossorigin = "anonymous"></script>
</head>
```

integrity 和 crossorigin 属性用于子资源完整性（subresource integrity，SRI）检查，这允许浏览器确保托管在第三方服务器上的资源未被篡改。

此外，百度、新浪、Google、Staticfile CDN、CDNJS CDN、微软的服务器都存有 jQuery。在网页设计中，用户根据实际情况可以使用百度、新浪等国内 CDN 地址，也可以使用 Google 和微软的国外 CDN 地址。

【释例 10-3】 使用百度 CDN 的代码如下。

```
<head>
    <script src="https://apps.bdimg.com/libs/jquery/2.1.4/jquery.min.js">
</script>
</head>
```

【释例 10-4】 使用 Microsoft CDN 的代码如下。

```
<head>
    <script src="https://ajax.aspnetcdn.com/ajax/jquery/jquery-1.9.0.min.js">
</head>
```

使用 Google 或微软的 jQuery 的优势在于,当用户在访问引用了 Google 和微软 CDN 的网站时,就会从谷歌或微软加载 jQuery,当用户再访问其他的站点时,就从缓存中加载 jQuery,这样可以减少加载时间。同时,大多数 CDN 都可以确保当用户向其请求文件时,会从离用户最近的服务器上返回响应,这样也可以提高加载速度。

请注意,引入 jQuery 的 CDN 链接可能会因为网络问题或者 CDN 的变更而失效,因此在实际项目中,可能需要将其替换为稳定的本地链接,或者使用 npm 等工具进行包管理。

10.4 jQuery 语法

1. jQuery 的基础语法

jQuery 通过选取 HTML 元素,可以对选取的元素执行某些操作。jQuery 的基础语法结构如下:

```
$(selector).action()
```

其中,美元符号"$"表示 jQuery 语句,选择符 selector 用于选取或查找 HTML 元素,函数 action() 执行对元素的操作,action()需要替换为对元素某种具体操作的方法名。

【释例 10-5】 在 HTML 文档中应用 jQuery 选取元素并执行操作的核心代码如下。

```
$(this).hide();                //隐藏当前元素
$("p").hide();                 //隐藏所有<p>元素
$("p.test").hide();            //隐藏所有 class="test" 的<p>元素
$("#test").hide();             //隐藏 id="test" 的元素
```

注意,jQuery 通常使用美元符号"$"作为简写方式,$("myDiv")与 jQuery("myDiv")完全等价。但在同时使用了多个 JavaScript 函数库的 HTML 文档中,jQuery 就有可能与其他同样使用"$"符号的函数(例如 Prototype)冲突。因此 jQuery 使用 noConflict()方法自定义其他名称来替换可能产生冲突的"$"符号表达方式。例如:

```
var my$ = jQuery.noConflict();    my$("p").hide();
```

上述代码就可以使用"my$"来代替"$"了。

jQuery 的基础语法主要包括选择器和操作元素两大方面。

jQuery 提供了多种类型的选择器，包括元素选择器、ID 选择器、类选择器等，使得开发者能够精确地定位和操作页面元素。元素选择器("element")可以用于选中所有指定类型的元素，例如，("p")将选中所有的<p>标签元素，ID 选择器("#id")和类选择器(".class")则分别用于选中具有特定 ID 或类的元素。

一旦通过选择器选中了 HTML 元素，就可以使用 jQuery 提供的各种方法来操作这些元素。例如，可以使用 text()、html()、val()等方法获取或设置元素的文本内容、HTML 内容或表单元素的值。此外，还可以使用 append()、prepend()、after()、before()等方法向元素中插入新的内容。

注意，jQuery 选择器返回的对象是 jQuery 对象（集合对象），它不能直接调用 DOM 定义的方法。因此，在使用 jQuery 操作元素时，需要注意区分 DOM 对象和 jQuery 对象，并正确地进行转换。

2. jQuery 对象

DOM 是以层次结构组织的节点或信息片段的集合，每一份 DOM 都可以表示成一棵树。jQuery 对象就是通过 jQuery 包装 DOM 对象后产生的对象。jQuery 对象使用 jQuery 中的方法。

（1）jQuery 对象和 DOM 对象的对比。

DOM 对象是通用的，既可以在 jQuery 程序中使用，也可以在标准 JavaScript 程序中使用。jQuery 对象来自 jQuery 类库，只能在 jQuery 程序中使用，只有 jQuery 对象才能引用 jQuery 类库中定义的方法，通过 jQuery 的选择器 $()，可以获得 HTML 元素和对应的 jQuery 对象。

例如，根据 HTML 元素的"id=mid"获取对应的 jQuery 对象的方法如下：

```
var jqObj = $("#mid");
```

注意，使用 document.getElementsById("mid")得到的是 DOM 对象，而使用 $("#mid")得到的是 jQuery 对象，这两者并不是等价的。

（2）jQuery 对象转换成 DOM 对象。

jQuery 提供了两种转换方式将一个 jQuery 对象转换成 DOM 对象，分别是[index]和 get(index)。

① jQuery 对象是一个类似数组的对象，可以通过[index]的方法得到相应的 DOM 对象。

② jQuery 本身也提供 get(index)方法，可以得到相应的 DOM 对象。

（3）DOM 对象转换成 jQuery 对象。

对于一个 DOM 对象，只需要用符号"$()"把它包装起来，就可以得到一个 jQuery 对象了。例如：

```
var Dm= document.getElementById("mid");      //DOM 对象
var $Qm = $(Dm);                              //jQuery 对象
```

```
alert ( $(Dm).val() );                    //获取文本框的值并弹出
alert ( $Qm.val() );                      //获取文本框的值并弹出
```

DOM 对象转换后就可以使用 jQuery 中的方法了。

通过以上方法,可以实现 DOM 对象和 jQuery 对象之间的转换。请注意,jQuery 对象不可以使用 DOM 中的方法,只有 DOM 对象才能使用 DOM 中的方法。

3. 入口函数 $(document).ready()

jQuery 还提供了入口函数 $(document).ready(),它可以在文档加载完成后执行特定的代码。这对于确保在 DOM 元素可用之前不执行任何操作非常有用。

为了避免文档在完全加载(就绪)之前就运行了 jQuery 代码导致出现潜在的错误,所有的 jQuery 函数都需要写在一个文档就绪(document ready)函数中,即在 DOM 加载完成后才可以对 DOM 进行操作。如果在文档没有完全加载之前就运行函数,某 HTML 元素标签可能还无法查询获取,操作可能失败。例如,获得未完全加载的图像的大小、试图隐藏一个不存在的元素等。

文档就绪函数的语法如下:

```
$(document).ready(function(){
    //jQuery 代码;
});
```

【实例 10-1】 编写一个在 HTML 文档中应用 jQuery 代码的典型实例。

编写的代码如表 10-2 所示。

表 10-2 在 HTML 文档中应用 jQuery 代码的典型实例

行	核 心 代 码
1	`<!DOCTYPE html>`
2	`<html>`
3	`<head>`
4	`    <title>我的网页</title>`
5	`    <!-- 引入 jQuery 库: -->`
6	`    <script src="https://code.jquery.com/jquery-3.6.0.min.js"></script>`
7	`</head>`
8	`<body>`
9	`    <h1>我的网页</h1>`
10	`    <hr>`
11	`    <p>欢迎来到我的网页</p>`
12	`    <p>这是一个使用 jQuery 的网页。</p>`
13	`    <!-- 在下面使用 jQuery: -->`

续表

行	核心代码
14	`<script>`
15	`    $(document).ready(function(){`
16	`        $("p").click(function(){`
17	`            $(this).hide();`
18	`        });`
19	`    });`
20	`</script>`
21	`</body>`
22	`</html>`

本实例展示了在 HTML 文档中应用 jQuery 代码的完整过程。

首先对<head>…</head>中的<script>标签的 src 属性进行设置,从 jQuery 的官方 CDN 引入 jQuery 库(见第 6 行代码),然后在<body><script>…</script></body>中编写 jQuery 代码(见第 15~19 行代码),这些代码会在文档加载完成后执行。在这个例子中,当页面加载完成后,单击任何<p>元素都会使其隐藏起来。

请注意,第 16 行与第 18 行代码表示"\$("p").click(function(){…});",当鼠标 click 事件发生后,会执行 click()里面的 jQuery 语句"\$(this).hide();"。

10.5 jQuery 选择器

jQuery 选择器允许对 HTML 元素组或单个元素进行操作,即 jQuery 选择器允许对 DOM 元素组或单个 DOM 节点进行操作。

jQuery 选择器基于元素的 id、类、类型、属性、属性值等查找或选择 HTML 元素,它基于已经存在的 CSS 选择器,此外还有一些自定义的选择器。

jQuery 所有选择器都以美元符号开头,即"\$()"。

10.5.1 基础选择器

1. 元素选择器

jQuery 的元素选择器基于元素名选取元素。多数情况下,元素选择器匹配的是一组元素。应用元素选择器的语法如下:

```
$("element");
```

其中,element 为要选取或查找元素的标签名。

【释例 10-6】 jQuery 可以使用 CSS 选择器来选取 HTML 元素,示例如下。

要查询全部<div>元素,可以使用下面的 jQuery 代码:

```
$("div");
```

在页面中选取所有 <p> 元素的 jQuery 代码如下。

```
$("p") ;                    //选取 <p> 元素
$("p.intro");               //选取所有 class="intro" 的 <p> 元素
$("p#demo") ;               //选取所有 id="demo" 的 <p> 元素
```

【释例 10-7】 用户单击按钮后，所有<p>元素将被隐藏的 jQuery 代码如下。

```
$(document).ready(function(){
    $("button").click(function(){
        $("p").hide();
    });
});
```

2. id 选择器

jQuery 的 #id 选择器通过 HTML 元素的 id 属性选取指定的元素。在页面中元素的 id 应该是唯一的，所以通过 #id 选择器选取的元素是唯一的。应用 id 选择器的语法格式如下：

```
$("#idName");
```

其中，idName 为所要选取或查找元素的 id 名称。

【释例 10-8】 用户单击按钮后，id="test" 属性的元素将被隐藏的 jQuery 代码如下。

```
$(document).ready(function(){
    $("button").click( function(){  $("#test").hide();  } );
});
```

id 选择器也可以和元素选择器配合使用，例如，释例 10-6 中的"＄("p♯demo");"选择器。

3. class 选择器

jQuery 的 class 选择器通过 HTML 元素的 class 属性选取指定元素，应用 class 选择器的语法格式如下：

```
$(".className");
```

其中，className 为所要选取或查找元素的 class 名称。

【释例 10-9】 用户单击按钮后，所有 class="test"属性的元素将被隐藏的 jQuery 代码如下。

```
$(document).ready(function(){
    $("button").click(function(){ $(".test").hide(); });
});
```

class 选择器也可以和元素选择器配合使用，例如，释例 10-6 中的"$("p.intro");"选择器。

4. 复合选择器

复合选择器将多个选择器（元素选择器、id 选择器、class 选择器）组合在一起，两个选择器之间以逗号分隔，只要符合其中的任何一个筛选条件就会被匹配，返回的是一个集合形式的 jQuery 包装集，利用 jQuery 索引器就可以取得集合中的 jQuery 对象。

应用复合选择器的语法格式如下：

```
$("selector1, selector2, …, selectorN");
```

其中，selector1，selector2，…，selectorN 为有效的选择器，可以是元素选择器、id 选择器、class 选择器等。

【释例 10-10】 要查询文档中的全部的＜span＞标签和使用 CSS 类 myClass 的＜div＞标签，可以使用下面的 jQuery 代码：

```
$(" span, div.myClass");
```

5. 通配符选择器

所谓的通配符，就是指符号"*"，它代表着页面上的每一个元素，如果使用 $("*")，就能取得页面上所有的 DOM 元素集合的 jQuery 包装集。

10.5.2　层次选择器

jQuery 层次选择器通过 DOM 对象的层次关系来获取特定的元素，例如同辈元素、后代元素、子元素和相邻元素等，层次选择器的用法与基础选择器相似，使用"$()"函数来实现。

1. ancestor descendant 选择器（祖先-后代选择器）

ancestor descendant 选择器中的 ancestor 代表祖先，descendant 代表后代，用于在给定的祖先元素下匹配所有的后代元素。应用 ancestor descendant 选择器的语法格式如下：

```
$("ancestor descendant");
```

其中，ancestor 指任何有效的选择器，descendant 用于匹配元素的选择器，并且它是 ancestor 元素的后代元素。

【释例 10-11】 要匹配 div 元素下的全部 img 元素，可以使用下面的 jQuery 代码。

```
$("div img");
```

2. parent＞child 选择器（父-子选择器）

parent＞child 选择器中的 parent 代表父元素，child 代表子元素，用于在给定的父元素下匹配所有的子元素。使用该选择器只能选择父元素的直接子元素。应用 parent ＞ child 选择器的语法格式如下：

```
$("parent > child");
```

其中，parent 指任何有效的选择器，child 用于匹配元素的选择器，并且它是 parent 元素的子元素。

【释例 10-12】 要匹配表单中所有的子元素 input，可以使用下面的 jQuery 代码。

```
$("form > input");
```

3. prev + next 选择器（前后-紧邻选择器）

prev + next 选择器用于匹配所有紧接在 prev 元素后的 next 元素。其中，prev 和 next 是两个相同级别的元素。应用 prev + next 选择器的语法格式如下：

```
$("prev + next");
```

其中，prev 指任何有效的选择器，next 是一个有效选择器并紧接在 prev 选择器之后。

【释例 10-13】 要匹配<div>标记后的<p>标签，可以使用下面的 jQuery 代码。

```
$("div +p");
```

4. prev ~ siblings 选择器（前后-兄弟选择器）

prev ~ siblings 选择器用于匹配 prev 元素之后的所有 siblings 元素。其中，prev 和 siblings 是两个相同辈的元素。应用 prev ~ siblings 选择器的语法格式如下：

```
$("prev ~ siblings");
```

其中，prev 指任何有效的选择器，siblings 是一个有效选择器，并紧接在 prev 选择器之后。

【释例 10-14】 要匹配 ol 元素的同辈元素 ul，可以使用下面的 jQuery 代码。

```
$("ol ~ ul");
```

10.5.3 属性选择器

属性选择器就是以元素的属性作为过滤条件，选择具有指定属性要求的元素。jQuery 使用路径表达式(XPath)在 HTML 文档中进行导航，从而选择指定属性的元素。jQuery 属性选择器及其描述如表 10-3 所示。

表 10-3 jQuery 属性选择器及其描述

选择器	描述	示例
[attribute]	选取或匹配包含给定属性(名称)的元素	$("div[name]")匹配含有 name 属性的 div
[attribute=value]	选取或匹配给定的属性等于某个特定值的元素	$("div[name=test]")匹配 name 属性是 test 的 div 元素
[attribute!=value]	选取或匹配所有含有指定属性、但属性值不等于特定值的元素	$("div[name!=test]")匹配 name 属性不是 test 的 div 元素

续表

选 择 器	描 述	示 例
[attribute*=value]	选取或匹配给定的属性中包含某些值的元素	$("div[name*=test]")匹配name属性中含有test值的div元素
[attribute^=value]	选取或匹配给定的属性是以某些值开始的元素	$("div[name^=border]")匹配name属性以border开头的div元素
[attribute$=value]	选取或匹配给定的属性是以某些值结尾的元素	$("div[name$=.png]")匹配name属性以.png结尾的div元素
[selector1][…][selectorN]	复合属性选择器,需要同时满足多个条件时使用	$("div[id][name^=ba]")匹配具有id属性并且name属性是以ba开头的div元素

【释例 10-15】 jQuery 属性选择器示例如下。

```
$("[href]")                    //选取所有带有 href 属性的元素
$("[href='#']")                //选取所有带有 href 值等于 "#" 的元素
$("[href!='#']")               //选取所有带有 href 值不等于 "#" 的元素
$("[href$='.jpg']")            //选取所有 href 值以 ".jpg" 结尾的元素
```

10.5.4 表单选择器

表单在 Web 前端开发中占据重要的地位,在 jQuery 中引入的表单选择器能够让用户更加方便地处理表单数据。通过表单选择器可以快速定位到某类表单元素,如表 10-4 与表 10-5 所示。

表 10-4 指定类型的表单元素选择器及其描述

选择器	描 述	用法示例	用法解释
:input	匹配所有<input>元素	$(":input") $("form :input")	选择所有的<input>元素 选择<form>标签中的所有input元素
:text	选择 type="text"的<input>元素	$(":text")	选择类型为文本的<input>元素
:password	选择 type="password"的<input>元素	$(":password")	选择类型为密码的<input>元素
:radio	选择 type="radio"的<input>元素	$(":radio")	选择类型为单选按钮的<input>元素
:checkbox	选择 type="checkbox"的<input>元素	$(":checkbox")	选择类型为复选框的<input>元素
:submit	选择 type="submit"的<input>和<button>元素	$("input:submit")	选择类型为提交按钮的<input>和<button>元素
:reset	选择 type="reset"的<input>和<button>元素	$(":reset")	选择类型为重置按钮的<input>和<button>元素
:button	选择 type="button"的<input>和<button>元素	$(":button")	选择类型为普通按钮的<input>和<button>元素

续表

选择器	描述	用法示例	用法解释
:image	选择 type="image" 的＜input＞元素	$(":image")	选择类型为图像的＜input＞元素
:file	选择 type="file"的＜input＞元素	$(":file")	选择类型为文件上传的＜input＞元素
:hidden	匹配所有的不可见元素，或者 type 为 hidden 的元素	$(":hidden")	选择不可见元素

表 10-5　指定状态的表单元素选择器及其描述

选择器	描述	用法示例	用法解释
:enabled	表示所有启用的 ＜input＞和＜button＞ 元素	$("input:enabled")	＜input type="text" enabled="enabled"＞（这个元素会被选中）
:disabled	表示所有被禁用的 ＜input＞和＜button＞ 元素	$("input:disabled")	＜input type="text" disabled="disabled"＞（这个元素不会被选中）
:selected	表示下拉列表中处于选中状态的＜option＞元素	$("option:selected")	＜option value="1" selected="selected"＞Option 1＜/option＞（这个元素会被选中）
:checked	表示所有被选中的单选按钮或者复选框	$("input:checked")	＜input type="checkbox" checked="checked"＞（这个元素会被选中）

10.5.5　过滤选择器

jQuery 过滤器可单独使用，也可以与其他选择器配合使用。根据筛选条件可分为简单过滤器、内容过滤器、可见性过滤器、子元素过滤器和表单对象的属性过滤器等。

1. 简单过滤器

简单过滤器是指以冒号开头，通常用于实现简单过滤效果的过滤器。例如，匹配找到的第一个元素等。jQuery 提供的简单过滤器及其描述如表 10-6 所示。

表 10-6　简单过滤器及其描述

过滤器	描述	示例与说明
:first	匹配找到的第一个元素，与选择器结合使用	$("p:first") 选择第一个 ＜p＞ 元素
:last	匹配找到的最后一个元素，与选择器结合使用	$("p:last") 选择最后一个 ＜p＞ 元素
:even	匹配所有索引值为偶数的元素，索引值从 0 开始	$("tr:even") 选择表格中索引为偶数的 ＜tr＞ 元素
:odd	匹配所有索引值为奇数的元素，索引值从 0 开始	$("tr:odd") 选择表格中索引为奇数的 ＜tr＞ 元素
:eq(index)	匹配索引值为给定值的元素，索引值从 0 开始	$("tr:eq(0)") 选择表格中的第 1 个＜tr＞元素

续表

过滤器	描述	示例与说明
:gt(index)	匹配索引值大于给定值的元素，索引值从 0 开始	$("tr:gt(1)")选择表格中第 2 个及以后的＜tr＞元素
:lt(index)	匹配索引值小于给定值的元素，索引值从 0 开始	$("tr:lt(1)")选择表格中第 2 个及以前的＜tr＞元素
:header	选取所有标题元素，例如 h1～h6	$(":header")选择全部的标题元素
:not(selector)	排除匹配选择器的元素	$("input:not(:checked)")匹配没有被选中的 input 元素
:animated	匹配所有正在执行动画效果的元素	$(:animated)匹配所有正在执行的动画
:focus	选取当前获取焦点的元素(1.6+版本)	$("input:focus")匹配当前获取焦点的＜input＞元素
:target	选择由文档 URI 的格式化识别码表示的目标元素	若 URI 为 http://example.com/#foo，则 $("div:target")将获取＜div id="foo"＞元素

【释例 10-16】　:first 过滤器只能选择符合条件的第一个元素。例如：

```
$("div:first")
```

上述代码表示选择页面上的第一个＜div＞元素。

2. 内容过滤器

内容过滤器是指根据元素的文字内容或所包含的子元素的特征进行过滤的选择器。内容过滤器包括:contains(text)、:empty、:has(selector)和:parent 4 种，如表 10-7 所示。

表 10-7　内容过滤器及其功能描述

过滤器	功能描述	示　　例
:contains(text)	选取内容包含 text 文本的元素	$("li:contains('js')")获取内容中含"js"的＜li＞元素
:empty	选取内容为空的元素	$("li:empty")获取内容为空的＜li＞元素
:has(selector)	选取内容包含指定选择器的元素	$("li:has('a')")获取内容中含＜a＞元素的所有＜li＞元素
:parent	选取内容不为空的元素(特殊)	$("li:parent")获取内容不为空的＜li＞元素

【释例 10-17】　观察下列代码。

```
$("div:has(table)")
```

上述代码表示选择所有包含表格的块元素＜div＞。

3. 可见性过滤器

元素的可见状态有两种，分别是隐藏状态和显示状态。

可见性过滤器利用元素的可见状态匹配元素。可见性过滤器也有两种，一种是匹配所有可见元素的:visible 过滤器，另一种是匹配所有不可见元素的:hidden 过滤器，如表 10-8

所示。

表 10-8 可见性过滤器及其功能描述

过滤器	功能描述	示　例
:hidden	获取所有隐藏元素	$("li:hidden")获取所有隐藏的<li>元素
:visible	获取所有可见元素	$("li:visible")获取所有可见的<li>元素

【释例 10-18】 观察下列代码。

```
$("p:hidden")
```

上述代码表示查找所有隐藏的段落元素<p>。

可见性过滤器比较复杂,如何正确应用可见性过滤器的总结如下。

(1) display:none;。

当元素的 display 属性设置为 none 时,该元素从页面布局中完全移除,不仅不可见,而且不会占据任何空间。用户无法看到该元素,也无法与之交互。使用:hidden 选择器可以选中所有这样的元素,包括那些通过其他方式(例如 visibility:hidden;、opacity:0;、父元素隐藏等)隐藏的元素。

(2) visibility:hidden;。

当元素的 visibility 属性设置为 hidden 时,元素的内容是隐藏的,但元素仍然占据着布局中的空间。这意味着元素仍然会影响页面的布局,就像它可见时一样。因此,从布局和占据空间的角度来看,它也是可见的,但内容对用户来说是不可见的。

(3) opacity:0;。

当元素的 opacity 属性设置为 0 时,用户无法看到其内容。从布局和占据空间的角度来看,元素仍然是可见的,因为它仍然占据着 DOM 中的位置和尺寸,但从内容可见性的角度来看,它是不可见的。在 JavaScript 和某些 CSS 选择器(例如,jQuery 的:visible 选择器)中,opacity(不透明度,可见度)为 0 的元素可能被视为不可见。

(4) :hidden 选择器。

:hidden 选择器不仅会选择 display:none;的元素,还会选择那些通过其他方式隐藏的元素。这包括 visibility:hidden;(元素不可见但占据空间)、opacity:0;(元素完全透明但占据空间),以及那些由于父元素隐藏而无法显示的元素。因此使用:hidden 会匹配多种隐藏状态的元素。

(5) :visible 选择器。

与:hidden 相对,:visible 选择器用于选择那些在页面上实际可见的元素。这意味着这些元素不仅存在于 DOM 中,而且在视觉上也是可见的。不过,需要注意的是,一些透明度很低(但不是完全透明)的元素可能仍然被认为是可见的,即使它们在视觉上几乎不可见。使用:visible 时需要了解它可能匹配的元素范围。

4. 子元素过滤器

子元素过滤器就是筛选某个给定元素的子元素,具体的过滤条件由选择器的种类而定。jQuery 提供的子元素过滤器如表 10-9 所示。

表 10-9 子元素过滤器及其描述

过滤器	描述
:first-child	选择并返回其父元素的第一个子元素,不区分元素类型
:last-child	选择每一个元素,使其成为其父元素的最后一个子元素。这个选择器会忽略元素的具体类型,只关注元素在其父元素中的位置
:only-child	如果当前元素是唯一的子元素,则匹配
:nth-child(index/even/odd/equation)	索引 index 默认从 1 开始,匹配指定 index 索引、偶数、奇数或符合指定公式(如 2n,n 默认从 0 开始)的子元素
:nth-last-child(index/even/odd/equation)	同上,但计数从最后一个元素开始到第一个
:first-of-type	选择属于其父元素的某个类型的第一个子元素。其他类型的子元素不计算在内,只关注指定类型的子元素,并选取该类型中的第一个子元素
:last-of-type	选择属于其父元素的某个类型的最后一个子元素。其他类型的子元素不计算在内,只关注指定类型的子元素,并选取该类型中的最后一个子元素
:only-of-type	选择所有没有兄弟元素且具有相同的元素名称的元素
:nth-of-type(index/even/odd/equation)	选择同属于一个父元素之下并且标签名相同的子元素中的第 n 个子元素
:nth-last-of-type(index/even/odd/equation)	同上,但计数从最后一个元素到第一个

在 jQuery 中,子元素过滤器可以轻松地选取父元素中的指定子元素进行处理。例如,在页面设计过程中需要突出某些行时,可以通过过滤器来实现表格中某些行的凸显效果。

【释例 10-19】 子元素过滤器的示例如下。

```
$("ul li:nth-child(3) ")                //匹配 ul 中第 3 个子元素 li
$("ul li:nth-child(even) ")             //匹配 ul 中索引值为偶数的 li 元素
```

【释例 10-20】 HTML 代码如下。

```
<div class="container">
    <p>这是第一个段落。</p>   <div>这是一个 div 元素。</div>
    <p>这是第二个段落。</p>   <span>这是一个 span 元素。</span>
</div>
```

在这个结构中有一个包含多种子元素的 div 容器。如果想要选择这个容器中的第一个 p 元素(即第一个段落),可以使用 :first-of-type 选择器。

```
.container p:first-of-type { color: blue; }
```

这段 CSS 代码会将 .container 中的第一个 p 元素(即"这是第一个段落。")的文本颜色设置为蓝色。:first-of-type 选择器确保只有 p 类型的第一个子元素会被选中,而不是所有子元素的第一个。

5. 表单对象的属性过滤器

表单对象的属性过滤器通过表单元素的状态属性（例如，选中、不可用等状态）匹配元素，包括：checked 过滤器、：disabled 过滤器、：enabled 过滤器和：selected 过滤器 4 种，具体见表 10-5。

【释例 10-21】 表单对象的属性过滤器的示例如下。

```
$("input:checked")                //匹配 checked 属性为 checked 的 input 元素
$("input:disabled")               //匹配 disabled 属性为 disabled 的 input 元素
$("input:enabled")                //匹配 enabled 属性为 enabled 的 input 元素
$("select option:selected")       //匹配 select 元素中被选中的 option
```

请注意，选择器＄("input")与＄(":input")虽然都可以获取表单项，但是它们表达的含义有一定的区别，前者仅能获取表单标签是＜input＞的控件，后者则可以同时获取页面中所有的表单控件，包括表单标签是＜select＞以及＜textarea＞的控件。

10.5.6 jQuery 选择器应用实例

jQuery 的 css()方法用于改变指定 HTML 元素的 CSS 属性，其语法格式如下：

```
$(selector).css(propertyName, value);
```

其中，selector 可以是任意有效的选择器，propertyName 为 CSS 属性名称，value 为需要设置的 CSS 属性值。

下面通过一个简单的例子来说明 jQuery 的 css()方法。

【实例 10-2】 编写一个把所有 p 元素的背景颜色更改为红色的完整网页代码。
编写的代码如下。

```
<html>
<head>
    <script type="text/javascript" src="/jquery/jquery.js"></script>
    <script type="text/javascript">
        $(document).ready(function(){
            $("button").click(function(){
                $("p").css("background-color","red");
            });
        });
    </script>
</head>
<body>
    <h2>This is a heading</h2> <p>This is a paragraph.</p>
    <p>This is another paragraph.</p> <button type="button">Click me</button>
</body>
</html>
```

jQuery 的链式语法是其强大的功能之一，可以在一个元素上连续调用多个方法，而无须重复选择该元素。这是因为每个 jQuery 方法都会返回当前的 jQuery 对象，从而允许继续在该对象上调用其他方法。下面通过一个简单的例子来说明 jQuery 的链式语法。

【实例 10-3】 试分析下面代码的运行效果。

```
<main>
    <p>春日游</p>
    <p>春风拂面柳丝长,绿水青山映斜阳。</p>
    <p>花间蝶舞翩跹至,草上莺啼婉转扬。</p>
    <p>远望群山云雾绕,近观碧水映花香。</p>
    <p>此景只应天上有,人间难得几回尝。</p>
    <script>
        $(document).ready(function() {
            $("p").css("color", "red").css("font-size", "36px").slideUp
                (1000).fadeIn(5000);
            //$("p").css({"color": "red", "font-size": "36px"}).slideUp(1000).
                fadeIn(5000);
        });
    </script>
</main>
```

在上面的代码中,首先使用.css()方法设置段落的文本颜色为红色,字体大小为 36 像素;然后调用.slideUp(1000)以滑动动画的方式隐藏段落,动画持续时间为 1s;最后调用.fadeIn(5000)以淡入动画的方式重新显示段落,动画持续时间为 5s。所有这些操作都是链式调用的,使得代码更加流畅和易于阅读。

【释例 10-22】 表 10-10 是一些重要的 jQuery 选择器应用的实例。

表 10-10　jQuery 选择器应用的实例

选 择 器	实　　　例	选 取 结 果
*	$("*")	选取所有元素
this	$(this)	选取当前 HTML 元素
element.class	$("p.intro")	选取 class 为 intro 的 <p> 元素
.class.class	$(".intro.demo")	选择那些同时拥有 intro 和 demo 两个类名的 HTML 元素
.class,.class	$(".intro,.demo")	选取 class 为 "intro" 或 "demo" 的所有元素
element:first	$("p:first")	选取第一个 <p> 元素
element element:first	$("ul li:first-child")	选取每个 <ul> 元素的第一个 <li> 元素
:even	$("tr:even")	选取所有偶数 <tr>,索引值从 0 开始,第一个元素是偶数(0)
:eq(index)	$("ul li:eq(3)")	选取列表中的第四个元素(index 从 0 开始)
:not(selector)	$("input:not(:empty)")	选取所有不为空的 input 元素
:contains(text)	$(":contains('W3School')")	选取包含指定字符串的所有元素
:has(selector)	$("div:has(p)")	选取所有包含有 <p> 元素在其内的 <div> 元素

续表

选 择 器	实 例	选 取 结 果
:parent	$(":parent")	匹配所有含有子元素或者文本的父元素
:root	$(":root")	选取文档的根元素
:lang(language)	$("p:lang(de)")	选取所有 lang 属性值为 "de" 的 <p> 元素
:focus	$(":focus")	选取当前具有焦点的元素
:target	$("p:target")	选取当前 URL 的片段标识符(哈希或锚点)指向的 <p>元素
:empty	$(":empty")	选取无子(元素)节点的所有元素
:hidden	$("p:hidden")	选取所有隐藏的 <p> 元素
:visible	$("table:visible")	选取所有可见的表格
s1,s2,s3	$("h1,div,p")	选取所有 <h1>、<div> 和 <p> 元素
[name1=v1][name2=v2]	$("input[id][name$='man']")	选取带有 id 属性,并且 name 属性以 man 结尾的输入框
[attribute=value]	$("[href='#']")	选取所有 href 属性的值等于 "#" 的元素
[attribute!=value]	$("[href!='#']")	选取所有 href 属性的值不等于 "#" 的元素
[attribute^=value]	$("[title^='Tom']")	选取所有带有 title 属性且值以 "Tom" 开头的元素
[attribute$=value]	$("[href$='.jpg']")	选取所有 href 属性的值包含以 ".jpg" 结尾的元素
:input	$(":input")	选取所有 <input> 元素
:text	$(":text")	选取所有 type="text" 的 <input> 元素
:checkbox	$(":checkbox")	选取所有 type="checkbox" 的 <input> 元素
:submit	$(":submit")	选取所有 type="submit" 的 <input> 元素
:button	$(":button")	选取所有 type="button" 的 <input> 元素
:image	$(":image")	选取所有 type="image" 的 <input> 元素
:enabled	$(":enabled")	选取所有激活的 input 元素
:disabled	$(":disabled")	选取所有禁用的 input 元素
:selected	$(":selected")	选取所有被选取的 input 元素
:checked	$(":checked")	选取所有被选中的 input 元素
parent > child	$("div > p")	选取<div> 元素的直接子元素<p>
:animated	$(":animated")	选取当前正在执行动画效果的元素
:first-child	$("p:first-child")	选取每个父元素的第一个是 <p>的子元素
:first-of-type	$("p:first-of-type")	选取每个父元素中的第一个 <p> 元素类型
:nth-child(n)	$("p:nth-child(2)")	选取每个父元素的第二个子元素是 <p> 的元素
:nth-of-type(n)	$("p:nth-of-type(2)")	选取每个父元素中的第二个 <p> 元素类型,其他类型的子元素不计算在内

续表

选 择 器	实 例	选 取 结 果
:only-child	$("p:only-child")	选取那些是其父元素唯一子元素的 \<p\> 元素
:only-of-type	$("p:only-of-type")	选取那些在其父元素中作为唯一 \<p\> 类型子元素的 \<p\> 元素

下面是一个 jQuery 选择器应用的分析实例。

【实例 10-4】 分析在下列代码中，应用 $("p：first-of-type") 与 $("p：first-child") 的选择结果。

```
<div>
    <h2>标题</h2>
    <p>我是 div 中的第一个 p 元素</p>
    <span>我是 span 元素</span>
    <p>我是 div 中的第二个 p 元素,但不会被选中</p>
</div>
<section>
    <p>我是 section 中的第一个也是唯一的 p 元素</p>
    <div>
        <p>我是嵌套 div 中的第一个 p 元素</p>
        <p>我是嵌套 div 中的第二个 p 元素,但不会被选中</p>
    </div>
</section>
```

对于 $("p：first-of-type")，会选中 3 个\<p\>元素。

(1) div 中的第一个\<p\>元素(因为它是该 div 中第一个\<p\>类型的元素)。

(2) section 中的\<p\>元素(因为它是该 section 中唯一的\<p\>元素,自然也是第一个)。

(3) 嵌套 div 中的第一个\<p\>元素(因为它是该嵌套 div 中第一个\<p\>类型的元素)。

其他的\<p\>元素不会被选中,因为它们不是它们各自父元素中的第一个\<p\>类型元素。

对于 $("p：first-child")，会选中 2 个\<p\>元素。

(1) 在第一个 div 元素中,第一个子元素是\<h2\>,这里的\<p\>不是第一个子元素,不会被选中。

(2) 在第二个 section 元素中,第一个子元素是\<p\>,因此这个\<p\>会被选中。

(3) 在嵌套的 div 元素中,第一个子元素是\<p\>,嵌套层级中的\<p\>元素也会被选中。

10.6　jQuery 事件

应用 jQuery 事件处理,可以避免直接使用原生 JavaScript 的烦琐和复杂性,能够更方便地处理页面上的各种用户交互,例如点击、鼠标移动、键盘输入等,完成表单提交、显示/隐藏元素、改变元素样式等任务。在 jQuery 中,事件处理通常涉及以下三个步骤。

(1) 选择元素：使用 jQuery 选择器来选择页面上的特定元素。这些选择器可以是基于元素类型、ID、类名或其他属性的。

（2）绑定事件：使用 jQuery 的.on()方法（或其他类似方法，例如.click()、.hover()等）来绑定事件处理函数到所选元素上。这些事件可以是标准的 DOM 事件，也可以是 jQuery 自定义的事件。

（3）编写事件处理函数：编写一个函数来定义当事件发生时应该执行的操作。这个函数通常作为.on()方法的第二个参数传递。

【释例 10-23】 下面是一个简单的示例，展示了如何使用 jQuery 来处理按钮的点击事件。

```
<script>
   //选择页面上的按钮元素：
   $('button').on( 'click', function(){ alert('按钮被点击了!'); });
</script>
```

在这个释例中，首先使用 $('button')选择器选择了页面上的所有按钮元素。然后使用.on('click', function() {...})绑定了一个点击事件处理函数到这些按钮上。当任何一个按钮被点击时，都会弹出一个警告框显示"按钮被点击了!"。

这只是 jQuery 事件处理的一个简单示例，实际上，jQuery 提供了非常强大和灵活的事件处理机制，可以满足各种复杂的用户交互需求。

请注意，在实际应用中，"$("p").bind("click"，function(){...});"可以简写为：

```
$("p").click(function(){...});
```

它使得代码更加简洁易读。

另外，$("p").on("click"，function(){...})；可以简写为下列 3 种形式。

```
$("p").click(function(){...});
$("p").on("click", () => {... });   //箭头函数
$("p").on("click", (event) => {    //如果需要引用,请使用 event.currentTarget
                                   //请注意,这里不能使用 this 来引用被点击的<p>元素
});
```

如果经常需要对同一类型的元素绑定相同的事件处理函数，可以考虑将事件处理函数定义为一个独立的函数，然后在 .on() 方法中引用它，这样可以使代码更加清晰和可维护。例如：

```
function handleClick() {   //jQuery 代码... }
$("p").on("click", handleClick);
```

10.6.1 文档事件

jQuery 常见文档/窗口事件及其描述如表 10-11 所示。

表 10-11 jQuery 常见文档/窗口事件及其描述

事件名称	描 述	语 法 格 式
ready()	当文档准备就绪时触发事件	$(document).ready(function)
load()	当指定元素加载时触发事件	$(selector).load(function)
ajaxStart	当首个 Ajax 请求开始时触发事件	$(document).ajaxStart(function( ) { alert('Ajax 请求已开始'); });

1. 页面加载事件

在 jQuery 中，$(document).ready() 方法是一个常用的页面加载事件，它确保了在 DOM 完全加载并准备就绪后再执行指定的函数。

$(document) 表示获取整个文档对象，$(document).ready() 方法的语法格式为：

```
$(document).ready(function() {
    //在这里写代码
});
```

可以简写为

```
$().ready(function() {
    //在这里写代码
});
```

当 $() 不带参数时，默认的参数就是 document，所以 $() 是 $(document) 的简写形式。还可以进一步简写为：

```
$(function() {
    //在这里写代码
});
```

虽然语法可以更短一些，但是不提倡使用简写的方式，因为较长的代码更具可读性，也可以防止与其他方法混淆。

"$(document).ready()"方法的工作原理是，它会等待 HTML 文档被完全加载和解析完成后，再执行其中的 JavaScript 代码。即当这个方法被调用时，所有的 DOM 元素都已经存在于页面中，并且可以被 JavaScript 访问和修改。

需要注意的是，"$(document).ready()"并不等待图片、CSS 文件或其他外部资源加载完成，它只确保 DOM 结构已经加载。如果需要等待所有资源都加载完成，可以使用原生的 window.onload 事件或者 jQuery 的"$(window).on('load', function() {...})"。

"$(document).ready()"方法极大地提高了 Web 响应速度，因为它允许开发者在 DOM 加载完成后立即开始与页面进行交互，而不需要等待所有资源都加载完毕。这对于提升用户体验和页面性能至关重要。

通过上面的介绍可以看出，在 jQuery 中可以使用"$(document).ready()"方法代替传统的 window.onload() 方法，两者之间细微的区别主要表现在以下三方面。

（1）在一个页面上可以无限制地使用"$(document).ready()"方法，各个方法间并不冲突，会按照在代码中的顺序依次执行；而一个页面中只能使用一个 window.onload() 方法。

（2）使用 window.onload 方式多次绑定事件处理函数时，只保留最后一个，执行结果也只有一个；"$(document).ready()"允许多次设置处理事件，事件执行结果会相继输出。

（3）在一个文档完全下载到浏览器时（包括所有关联的文件，例如图片、横幅等）就会响应 window.onload() 方法；而"$(document).ready()"方法是在所有的 DOM 元素完全就绪以后就可以调用，不包括关联的文件。例如，当页面上还有图片没有加载完毕但是 DOM 元素已经完全就绪时，就会执行"$(document).ready()"方法。在相同条件下，window.onload() 方法是不会执行的，它会继续等待图片加载，直到图片及其他的关联文件都下载完毕时才执行。

2. load() 事件

当页面中指定的元素被加载完毕时会触发 load() 事件。该事件通常用于监听具有可加载内容的元素，例如图像元素<img>、内联框架<iframe>等。

【释例 10-24】 观察下面的代码。

```
$("img").load( function(){ alert("图像已经加载完毕!"); });
```

上述代码表示当图像元素<img>中的图片资源加载完毕时弹出提示框。

10.6.2 鼠标事件

以下是 jQuery 中常见的鼠标事件及其描述，如表 10-12 所示。

表 10-12　常见的鼠标事件及其描述

事件名称	描　　述	示 例 代 码
click	用户单击元素时触发	$('#myButton').click(function() { alert('按钮被单击'); });
dblclick	用户双击元素时触发	$('#myElement').dblclick(function() { alert('元素被双击'); });
mousedown	用户按下鼠标按键时触发	$('#myButton').mousedown(function() { alert('鼠标按键被按下'); });
mouseup	用户释放鼠标按键时触发	$('#myButton').mouseup(function() { alert('鼠标按键被释放'); });
mousemove	鼠标指针在元素内部移动时触发	$('#myDiv').mousemove(function(e) { alert('鼠标位置: X=' + e.pageX + ', Y=' + e.pageY); });
mouseover	鼠标指针穿过元素时触发	$('#myElement').mouseover(function() { alert('鼠标进入元素'); });
mouseout	鼠标指针离开元素时触发	$('#myElement').mouseout(function() { alert('鼠标离开元素'); });
mouseenter	鼠标指针进入元素边界时触发（不触发子元素）	$('#myDiv').mouseenter(function(){ $(this).css('background-color', 'red'); });
mouseleave	鼠标指针离开元素边界时触发（不触发子元素）	$('#myDiv').mouseleave(function(){ $(this).css('background-color', 'red'); });

续表

事件名称	描 述	示例代码
hover	为 mouseenter 和 mouseleave 事件绑定处理函数	$('#myDiv').hover(function(){alert('进入');},function(){alert('离开');});

这些事件可以单独使用，也可以组合在一起，以创建出复杂且交互式的用户界面。可以根据自己的需求，在这些事件上绑定相应的处理函数，以响应用户的鼠标活动。

10.6.3 键盘事件

以下是 jQuery 中常见的键盘事件及其描述，如表 10-13 所示。

表 10-13 常见的键盘事件及其描述

事件名称	描 述	示例代码
keydown	当用户按下键盘上的任意键时触发	$().keydown(function(e){ alert('按键码：' + e.keyCode); });
keyup	当用户释放键盘上的任意键时触发	$().keyup(function(e){ alert('按键释放：' + e.keyCode); });
keypress	当用户在键盘上按下并释放一个键，产生一个可打印的字符时触发	$().keypress(function(e){ alert('按键字符：' + String.fromCharCode(e.which)); });

这些键盘事件可以用于捕获用户在页面上的键盘活动，并执行相应的处理逻辑。在示例代码中，使用 e.keyCode 或 e.which 来获取按键的编码或字符值，这有助于确认用户按下了哪个键。可以根据自己的需求，在这些事件上绑定相应的处理函数，以响应用户的键盘输入。

注意，keydown 和 keyup 事件可以捕获所有的键盘按键，包括控制键（例如 Shift、Ctrl、Alt 等）和功能键（例如 F1～F12）。而 keypress 事件通常用于捕获可打印的字符输入。

10.6.4 表单事件

以下是 jQuery 中常见的表单事件及其描述，如表 10-14 所示。

表 10-14 常见的表单事件及其描述

事件名称	描 述	示例代码
submit	当表单提交时触发	$('form').submit(function(e){e.preventDefault(); alert('已提交');});
change	当表单元素的值改变时触发，例如输入框内容变化、选择框选项改变等	$('input[type="text"]').change(function(){alert('内容已改变');});
focus	当表单元素获得焦点时触发，例如用户单击输入框	$('input[type="text"]').focus(function(){ $(this).css('border','1px solid red'); });
blur	当表单元素失去焦点时触发，例如用户单击输入框外的区域	$('input[type="text"]').blur(function(){ $(this).css('border', '1px solid black'); });
click	当表单元素被单击时触发，常用于按钮单击事件	$('button').click(function(){alert('按钮被单击');});

续表

事件名称	描 述	示 例 代 码
select	当文本被用户选中时触发,通常用于＜textarea＞或＜input type="text"＞	＄('textarea').select(function(){alert('文本被选中');});

这些表单事件可以帮助捕获用户在表单上的各种操作,并执行相应的处理逻辑。在示例代码中,展示了如何使用这些事件来触发不同的函数。例如阻止表单提交、改变元素样式、显示警告框等。可以根据自己的需求,在这些事件上绑定相应的处理函数,以增强表单的交互性和用户体验。

注意,在使用submit事件时,通常会调用e.preventDefault()来阻止表单的默认提交行为,以便在JavaScript中处理表单数据或执行其他逻辑。如果需要提交表单,可以在事件处理函数中手动调用＄.ajax()或其他方法来发送表单数据到服务器。

10.6.5 浏览器事件

在jQuery中,与浏览器相关的事件主要涉及窗口和文档对象。以下是一些常见的浏览器事件及其描述,如表10-15所示。

表10-15 浏览器事件及其描述

事件名称	描 述	示 例 代 码
load	当整个页面及所有依赖资源(例如,样式表和图片)完成加载时触发	＄(window).on('load', function() { alert('页面加载完成');});
unload	当用户离开页面时触发(注意:现代浏览器对unload事件的支持有所限制,可能无法执行异步操作或显示对话框)	＄(window).on('unload', function() { alert('页面即将卸载');});
resize	当浏览器窗口的大小发生改变时触发	＄(window).resize(function() { alert('窗口大小已改变');});
scroll	当用户滚动包含滚动条的元素时触发,通常用于window对象来检测页面滚动	＄(window).scroll(function() { alert('页面滚动了');});
hashchange	当URL的片段标识符(即"♯"后面的部分)发生变化时触发	＄(window).on('hashchange', function(){alert('URL哈希值变了');});
popstate	当浏览器历史状态发生变化时触发,例如单击前进、后退按钮	window.onpopstate=function(e){alert('浏览器历史状态已变');};

这些事件可以帮助检测和处理与浏览器窗口或页面加载状态相关的操作。在示例代码中,展示了如何使用这些事件来触发不同的函数,例如,弹出警告框来通知用户某个事件已经发生。

当用户离开当前页面时会触发unload()事件,该事件只适用于window对象。可能导致触发unload()事件的行为如下。

(1) 关闭整个浏览器或当前页面;

(2) 在当前页面的浏览器地址栏中输入新的URL地址并进行访问;

(3) 使用浏览器上的前进或后退按钮;

(4) 单击浏览器上的刷新按钮或使用当前浏览器支持的快捷方式刷新页面；

(5) 单击当前页面中的某个超链接导致跳转新页面。

注意，出于安全和用户体验的考虑，现代浏览器对 unload 事件的处理有所限制。在 unload 事件处理程序中，可能无法执行异步 Ajax 请求或显示自定义的对话框。因此，在设计依赖于 unload 事件的功能时要特别小心。

【释例 10-25】 观察下面的代码。

```
$(window).unload( function(){ alert("您已经离开当前页面"); });
```

上述代码表示用户离开当前页面时弹出提示框。

另外，resize 和 scroll 事件可能会频繁触发，因此在这些事件的处理程序中应该避免执行复杂的操作，以防止性能下降。如果需要，可以使用防抖（debounce）或节流（throttle）技术来优化这些事件的处理。

10.6.6 事件绑定与解除

以下是 jQuery 中事件绑定的常用方法、描述与示例代码，如表 10-16 所示。

表 10-16　事件绑定的常用方法、描述与示例代码

方法	描述	示例代码
.on()	绑定一个或多个事件到选定的元素上	$('#myButton').on('click', function() { alert('Button clicked'); });
.bind()	为被选元素添加一个或多个事件处理程序	$('#myButton').bind('click', function() { alert('Button clicked'); });
.delegate()	为被选元素的子元素添加一个或多个事件处理程序	$('#parent').delegate('child', 'click', function() { alert('Child clicked'); });
.one()	用于为元素绑定一个或多个事件，但只触发一次。一旦事件被触发并执行了相关函数，就不用再对该元素进行绑定了	$("#myButton").one("click", function() { alert("once"); });

以下是 jQuery 中事件解除的常用方法、描述与示例代码，如表 10-17 所示。

表 10-17　事件解除的常用方法、描述与示例代码

方法	描述	示例代码
.off()	从选定的元素上解除一个或多个事件处理程序	$('#myButton').off('click');
.unbind()	从被选元素上解除一个或多个事件处理程序	$('#myButton').unbind('click');
.undelegate()	从被选元素的子元素上解除一个或多个事件处理程序	$('#parent').undelegate('child', 'click');

这些方法是 jQuery 中用于事件绑定和解除的常用手段。使用 .on() 和 .off() 方法是最推荐的方式，因为它们提供了更灵活和强大的事件处理机制。

.bind()和.unbind()是早期 jQuery 版本中的方法,虽然仍然可用,但建议逐渐迁移到.on()和.off()。

.delegate()方法允许在父元素上绑定事件处理程序,以处理子元素的事件,这在某些情况下可能很有用。

注意,当解除事件时,如果只想解除特定的事件处理程序,可以传递相同的函数引用给.off()或.unbind()方法。如果只提供事件类型,那么会解除该类型的所有事件处理程序。如果不提供任何参数,那么会解除元素上的所有事件处理程序。

【释例 10-26】 下面的代码为一个对象同时绑定 mouseenter 和 mouseleave 事件。

```
$("p").bind("mouseenter mouseleave", function(){
    $(this).toggleClass("entered");
});
```

【释例 10-27】 下面的代码为一个对象同时绑定多个事件,且每个事件具有单独的处理函数。

```
$("button").bind({
    click: function(){$("p").slideToggle();},
    mouseover: function(){$("body").css("background-color","red");},
    mouseout: function(){$("body").css("background-color","#FFFFFF");}
});
```

【释例 10-28】 下面的代码在事件处理之前传递一些附加的数据。

```
function handler(event) { alert(event.data.foo); }
$("p").bind( "click", { foo: "bar" }, handler );
```

10.6.7 jQuery 事件对象

在 jQuery 中,事件对象(event object)是当某个事件被触发时创建的一个特殊对象,它包含了与该事件相关的所有信息。当用户在网页上进行交互,例如点击按钮、移动鼠标或输入文本时,事件对象就会被创建并传递给相应的事件处理函数。

jQuery 的事件对象实际上是 JavaScript 原生事件对象的一个封装,提供了许多有用的方法和属性,使得开发者可以更加便捷地使用事件对象。通过事件对象,可以获取事件的类型、触发事件的 DOM 元素、鼠标位置、事件发生的时间等信息,并且可以使用事件对象提供的方法来阻止事件的默认行为或停止事件的传播。例如,可以使用 event.preventDefault()方法来阻止事件的默认行为,使用 event.stopPropagation()方法来阻止事件冒泡,还可以使用 event.target 属性来获取触发事件的元素等。

此外,jQuery 的事件对象还支持自定义数据传递。在绑定事件处理函数时,可以传递一些附加数据,这些数据会被存储在事件对象的 event.data 属性中,然后在事件处理函数中被访问和使用。

在 jQuery 中处理事件时,事件对象通常会作为回调函数的第一个参数传入,开发者可以在回调函数内部访问和操作这个对象。

需要注意的是,在使用 jQuery 的事件对象时,需要确保已经正确引入了 jQuery 库,并且事件处理函数是在文档加载完成后才绑定的。这样才能保证事件对象能够被正确创建和使用。

【实例 10-5】 分析一个简单的示例代码,学习如何在 jQuery 中使用事件对象。

```
<html>
<head>
    <title>jQuery 事件对象示例</title>
    <script src="https://code.jquery.com/jquery-3.6.0.min.js"></script>
</head>
<body>
    <button id="myButton">点击我</button>
    <script>
        $(document).ready(function() {
            $('#myButton').click(function(event) {
                alert('按钮被点击了!');
                console.log('触发事件的元素:', event.target);
                console.log('事件类型:', event.type);
                //阻止事件冒泡:
                event.stopPropagation();
            });
        });
    </script>
</body>
</html>
```

在这个示例中,当用户点击 id 为 myButton 的按钮时,会触发一个点击事件,并调用相应的事件处理函数。在事件处理函数中,通过 event 参数获取到了事件对象,并使用其 target 和 type 属性输出了触发事件的元素和事件类型。同时还使用 event.stopPropagation() 方法阻止了事件冒泡。

1. jQuery 事件对象的方法

以下是 jQuery 中事件对象的常用方法、描述与示例代码,如表 10-18 所示。

表 10-18　jQuery 中事件对象的常用方法、描述与示例代码

方　　法	描　　述	示 例 代 码
stopPropagation()	阻止事件冒泡到父元素	event.stopPropagation();//阻止事件冒泡
preventDefault()	阻止元素发生默认的行为(例如,当点击提交按钮时阻止对表单的提交)	event.preventDefault();//阻止默认行为
stopImmediatePropagation()	阻止事件冒泡,并阻止其他事件处理程序	event.stopImmediatePropagation();//阻止冒泡和其他处理程序
isPropagationStopped()	根据事件对象中是否调用过 stopPropagation() 方法来返回一个布尔值	if(event.isPropagationStopped()) { //如果事件冒泡已被阻止 }

续表

方法	描述	示例代码
isDefaultPrevented()	根据事件对象中是否调用过preventDefault()方法来返回一个布尔值	if(event.isDefaultPrevented()){ //如果默认行为已被阻止 }

【释例10-29】 下面的代码展示了jQuery事件对象方法的应用。

```
$('#myButton').click(function(event) {
    event.stopPropagation();                //阻止事件冒泡
    event.preventDefault();                 //阻止默认行为
});
```

在实际使用时，事件处理程序的参数名与示例中的event一致，或者将示例中的event替换为实际使用的参数名。

2. jQuery事件对象的属性

以下是jQuery中事件对象的常用属性、描述与示例代码，如表10-19所示。

表10-19　jQuery中事件对象的常用属性、描述与示例代码

属性	描述	示例代码
type	获取事件的类型（例如"click"）	console.log(event.type); //输出事件类型
target	获取触发事件的元素	console.log(event.target); //输出触发元素
pageX	获取鼠标指针相对于文档的水平坐标	console.log(event.pageX); // 输出鼠标坐标
pageY	获取鼠标指针相对于文档的垂直坐标	console.log(event.pageY);
which 或 keyCode	获取键盘事件的键码（对于非字符键）	console.log(event.which); //输出键码
ctrlKey，altKey，shiftKey，metaKey	检查是否按下了对应的控制键	console.log(event.ctrlKey);
data	访问传递给事件处理程序的附加数据	console.log(event.data); //输出附加数据
result	在事件冒泡或捕获阶段设置或获取事件处理程序的返回值	console.log(event.result);
originalEvent	访问原生的DOM事件对象	console.log(event.originalEvent);
relatedTarget	获取与事件相关的其他元素（如鼠标移出事件的移入元素）	console.log(event.relatedTarget);
delegateTarget	对于委托事件，获取绑定事件处理程序的元素	console.log(event.delegateTarget);
namespace	获取事件处理程序中使用的命名空间	console.log(event.namespace);

续表

属　性	描　述	示例代码
isDefaultPrevented()	检查是否调用了 preventDefault()方法	console.log(event.isDefaultPrevented());
isPropagationStopped()	检查是否调用了 stopPropagation()方法	console.log(event.isPropagationStopped());
isImmediatePropagationStopped()	检查是否调用了 stopImmediatePropagation()方法	console.log(event.isImmediatePropagationStopped());

【释例 10-30】 触发元素示例的代码如下。

```
$('button').click(function(event) {
    console.log(event.target);           //输出触发点击事件的 button 元素
});
```

【释例 10-31】 事件坐标示例的代码如下。

```
$('div').mousemove(function(event) {
    console.log('X坐标: ' + event.pageX);
    console.log('Y坐标: ' + event.pageY);
});
```

【释例 10-32】 阻止事件冒泡示例的代码如下。

```
$('div').click(function(event) {
    event.stopPropagation();             //阻止事件冒泡到父元素
    console.log('div被点击了');
});
$('body').click(function() {
    console.log('body被点击了');          //由于事件冒泡被阻止,这里不会被执行
});
```

10.7　jQuery 文档操作

jQuery 文档操作提供了一系列方法和函数,用于对 HTML 文档进行动态修改和操作。通过 jQuery 文档操作,可以方便地添加、删除、修改页面元素,以及改变元素的属性、样式和内容等。还可以通过对文档结构和尺寸的操作,获取或设置元素的高度和宽度,获取元素的位置信息。

10.7.1　内容操作

在第 1 章中定义 HTML 元素为

```
<element>元素 = <element>  content  </element>
```

其中，文本信息 content 称为文本元素。在 jQuery 中略有不同，细分为元素的文本内容与 HTML 内容。例如：

```
<div>
    <p>jQuery Text</p>
</div>
```

上述代码中，div 元素的文本内容就是"jQuery Text"，文本内容不包含元素的子元素，只包含元素的文本内容。而<div>元素的 HTML 内容就是"<p> jQuery Text </p>"，HTML 内容不仅包含元素的文本内容，而且还包含元素的子元素。

1. 对元素的文本内容操作

jQuery 提供了 text() 和 text(val) 两种方法，用于对元素的文本内容操作，其中，text() 用于获取全部匹配元素的文本内容，text(val) 用于设置全部匹配元素的文本内容。

【实例 10-6】 无参数调用：text() 的应用举例。

当 text() 方法没有传递任何参数时，它会被用来获取匹配元素集合中所有元素的文本内容。这个方法会遍历所有匹配的元素，并将它们的文本内容拼接成一个字符串返回。在这个过程中，所有的 HTML 标签都会被忽略，只返回纯文本内容。

```
<div id="myDiv">
    <p>这是第一段文本。</p>
    <p>这是<strong>第二段</strong>文本。</p>
    <ul>
        <li>列表项 1</li>
        <li>列表项 2</li>
    </ul>
</div>
```

使用 text() 方法来获取 #myDiv 元素及其子元素的文本内容代码如下。

```
var textContent = $('#myDiv').text();
document.write(textContent);
```

在网页中显示以下文本内容：

这是第一段文本。这是第二段文本。列表项 1 列表项 2

注意，所有 HTML 标签（例如 <p>、<strong> 和 <li>）都被忽略了。文本内容被拼接成一个连续的字符串。空格和换行符（在 HTML 源代码中）通常也会被包含在返回的字符串中，除非它们在 CSS 或 HTML 中被特别处理。

【实例 10-7】 带参数调用：text(value) 的应用举例。

当 text() 方法接受一个参数（通常是字符串 value）时，它会设置匹配元素集合中所有元素的文本内容，遍历所有匹配的元素，并将它们的文本内容设置为提供的值。同样，这个方法会忽略任何 HTML 标签，只将文本内容设置到元素中。

修改实例 10-6 的代码，使用 text(value) 方法来设置 #myDiv 元素及其子元素的文本内容代码如下。

```
var textContent = $('#myDiv').text("用新的内容覆盖了原来的内容");
```

在网页中显示以下文本内容：

用新的内容覆盖了原来的内容

2. 对元素的 HTML 内容操作

jQuery 提供了 html() 和 html(val) 两种方法，用于对元素的 HTML 内容操作，其中，html() 用于返回匹配元素集合中第一个元素的 HTML 内容，这个方法会获取元素内部的全部 HTML 结构，包括标签和文本。html(val) 会设置匹配元素集合中所有元素的 HTML 内容，这个方法会替换元素内部的所有现有内容，包括标签和文本。但在使用 html(val) 时，需要特别注意，确保传递的 HTML 字符串是安全的，以防止潜在的 XSS 攻击。

【实例 10-8】 无参数调用：html() 的应用举例。

当 html() 不带参数调用时，它返回匹配元素集合中第一个元素的 HTML 内容，包括所有的 HTML 标签和文本。

修改实例 10-6 的代码，使用 html() 方法来获取 #myDiv 元素及其子元素的文本内容代码如下：

```
var textContent = $('#myDiv').html();
console.log(textContent);
```

在控制台中显示以下文本内容。

```
<p>这是第一段文本。</p>
<p>这是<strong>第二段</strong>文本。</p>
<ul>
    <li>列表项 1</li>
    <li>列表项 2</li>
</ul>
```

【实例 10-9】 带参数调用：html(value) 的应用举例。

当 html() 带有参数 val 调用时，它设置匹配元素集合中所有元素的 HTML 内容，替换元素内部的所有现有内容。

修改实例 10-6 的代码，使用 html(value) 方法来设置 #myDiv 元素及其子元素的文本内容代码如下：

```
var textContent = $("#myDiv").html("<h2>这是新的标题</h2><p>这是新的段落内容</p>");
//console.log(textContent);
```

在网页中显示以下文本内容。

这是新的标题
这是新的段落内容

3. 对表单的内容操作

jQuery 的 val()方法用于获取或设置表单元素(例如<input>、<select>和<textarea>)的值。

(1) 获取表单元素的值。

当 val()方法没有参数时,它会返回被选元素的当前值。

【释例 10-33】 获取表单元素的值举例。

表单元素的 HTML 代码如下:

```
<input type="text" id="myInput" value="Hello, World!">
```

获取表单元素的值的 jQuery 代码如下:

```
var inputValue = $('#myInput').val();
alert(inputValue);
```

(2) 设置表单元素的值。

当 val()方法带有参数时,它会设置被选元素的值。

【释例 10-34】 设置表单元素的值示例。

表单元素的 HTML 代码如下:

```
<input type="text" id="myInput" >
```

设置表单元素的值的 jQuery 代码如下:

```
$('#myInput').val(' Hello, jQuery!');
```

10.7.2 属性操作

在 jQuery 中,有很多方法用于操作 HTML 元素的属性。这些方法可以获取、设置、添加、删除或切换元素的属性。

1. attr(attributeName)

jQuery 方法 attr(attributeName)用于获取指定属性的值。

【释例 10-35】 获取元素属性示例(获取图片的 src 属性)。

图像元素的 HTML 代码如下:

```
<img id="myImage" src="image.jpg" alt="My Image">
```

获取元素属性的 jQuery 代码如下:

```
var imageSrc = $('#myImage').attr('src');
console.log('图片的 src 是: ' + imageSrc);
```

2. attr(attributeName,value)

jQuery 方法 attr(attributeName,value)用于设置指定属性的值。

【释例 10-36】 设置元素属性示例(设置链接的 href 属性)。
链接元素的 HTML 代码如下：

```
<a id="myLink" href="#">点击我</a>
```

设置元素属性的 jQuery 代码如下：

```
$('#myLink').attr('href', 'https://example.com');
```

3. removeAttr(attributeName)

jQuery 方法 removeAttr(attributeName)用于删除指定属性。

【释例 10-37】 删除元素属性示例(删除图片的 alt 属性)。
图像元素的 HTML 代码如下：

```
<img id="myImage" src="image.jpg" alt="My Image">
```

删除元素属性的 jQuery 代码如下：

```
$('#myImage').removeAttr('alt');
```

4. prop(propertyName)

jQuery 方法 prop(propertyName)用于获取由属性表示的属性值(例如 checked、selected、disabled 等)。

【释例 10-38】 获取表单元素状态属性示例(复选框是否被选中的状态)。
表单元素的 HTML 代码如下：

```
<input type="checkbox" id="myCheckbox" checked>
```

获取表单元素状态属性的 jQuery 代码如下：

```
var isChecked = $('#myCheckbox').prop('checked');
console.log('复选框是否被选中：' + isChecked);
```

5. prop(propertyName，value)

jQuery 方法 prop(propertyName，value)用于设置由属性表示的属性值。

【释例 10-39】 设置表单元素状态属性举例(单选按钮是否被选中的状态)。
表单元素的 HTML 代码如下：

```
<input type="radio" id="myRadio" name="myRadioGroup" value="option1">
```

设置表单元素状态属性的 jQuery 代码如下：

```
$('#myRadio').prop('checked', true);
```

10.7.3 样式操作

在 jQuery 中，样式操作可以通过多种方法来实现。

1. css()方法

jQuery 方法中的 css()方法用于获取或设置被选元素的一个或多个样式属性。

【释例 10-40】 获取或设置被选元素的一个或多个样式属性举例。

获取样式值的代码如下：

```
var color = $('#myElement').css('color');        //获取元素的颜色
console.log(color);
```

设置样式值的代码如下：

```
$('#myElement').css('color', 'red');             //将元素颜色设置为红色
```

【问题思考】

在代码"$('#myElement').css('color', 'red');"中，如果不存在 color 属性，会有什么结果？

2. addClass(className)方法

jQuery 方法 addClass(className)用于给元素添加一个或多个类。

【释例 10-41】 向被选元素添加一个或多个类示例。

```
$('#myElement').addClass('newClass');            //添加一个类
$('#myElement').addClass('class1 class2');       //添加多个类
```

【释例 10-42】 给元素添加类属性示例(给一个元素添加 highlight 类)。

元素的 HTML 代码如下：

```
<div id="myDiv">Hello, World!</div>
```

给元素添加一个类属性的 jQuery 代码如下：

```
$('#myDiv').addClass('highlight');
```

3. removeClass(className)

jQuery 方法 removeClass(className)用于从元素中移除一个或多个类。

【释例 10-43】 从被选元素移除一个或多个类示例。

```
('#myElement').removeClass('newClass');          //移除一个类
$('#myElement').removeClass('class1 class2');    //移除多个类
$('#myElement').removeClass();                   //移除所有类
```

【释例 10-44】 给元素移除类属性示例(移除元素的 highlight 类)。

元素的 HTML 代码如下：

```
<div id="myDiv" class="highlight">Hello, World!</div>
```

给元素移除一个类属性的 jQuery 代码如下:

```
$('#myDiv').removeClass('highlight');
```

4. toggleClass(className)

jQuery 方法 toggleClass(className)用于动态地切换元素的类。如果元素已有该类，则删除；如果元素没有该类，则添加。

【实例10-10】 使用 .toggleClass(className) 方法设计一个具体实例。

设计的具体实例代码如下:

```
<html>
<head>
    <style>
        .highlight { background-color: yellow;  color: black; }
    </style>
    <script src="jQuery/jquery-3.7.1.js"></script>
</head>
<body>
    <main>
        <button id="toggleButton">切换高亮</button>
        <div id="myDiv">单击上面的按钮来切换我的高亮状态。</div>
        <script>
            $(document).ready(function() {
                $('#toggleButton').click(function() {
                    $('#myDiv').toggleClass('highlight');
                                                //切换 myDiv 的 'highlight' 类
                });
            });
        </script>
    </main>
</body>
</html>
```

在这个示例中有一个 ID 为 toggleButton 的按钮和一个 ID 为 myDiv 的 div 元素。div 元素初始时没有 highlight 类，因此它不会有黄色背景。当单击按钮时，toggleClass('highlight')方法会被调用，它会在 myDiv 元素上切换 highlight 类；如果再次单击按钮，myDiv 元素此时已经有 highlight 类，那么该类会被移除，背景色会恢复为默认值。因此每次单击按钮时，myDiv 元素的背景色会在默认颜色和黄色之间切换。

10.7.4 节点操作

在 jQuery 中，节点操作包括创建、插入、替换、删除、复制以及隐藏和显示 DOM 节点。以下是关于节点操作的一些主要方法和示例。

1. 创建节点

使用工厂函数 $()即可以创建新节点。例如:

```
var newLi = $("<li>新的列表项</li>");          //创建一个新的<li>元素
```

2. 插入节点

可以使用 append( )、prepend( )、appendTo( )、prependTo( )多种方法将新节点插入 DOM 中。

append( )方法用于在被选元素的内部结尾插入内容或元素节点。它接受一个参数，这个参数可以是一个 HTML 字符串、jQuery 对象或者 DOM 元素。这个方法会将被选元素作为父元素，将插入的内容或元素添加到其内部末尾。

【释例 10-45】 观察下列代码。

```
$ ("#myDiv").append("<p>本段落放在 myDiv 的结尾</p>");
```

上述代码表示将"<p>本段落放在 myDiv 的结尾</p>"添加到 id 为 myDiv 的元素内部的末尾。

prepend( )方法与 append( )类似，但它是将内容或元素节点插入被选元素的内部开头。即新内容将被添加到被选元素的第一个子元素之前。

【释例 10-46】 观察下列代码。

```
$("#myDiv").prepend("<p>本段落放在 myDiv 的开头</p>");
```

上述代码表示将"<p>本段落放在 myDiv 的开头</p>"添加到 id 为 myDiv 的元素内部的开头。

appendTo( )方法与 append( )的功能相同，但语法顺序相反。它接受一个选择器表达式作为参数，表示要将内容或元素节点插入某个目标元素的内部结尾。

【释例 10-47】 观察下列代码。

```
$("<p>本段落放在 myDiv 的结尾</p>").appendTo("#myDiv");
```

上述代码表示将"<p>本段落放在 myDiv 的结尾</p>"添加到 id 为 myDiv 的元素内部的结尾。这个示例的效果与上面的 append( ) 示例相同，都是将新的段落添加到 myDiv 元素的末尾，但语法上使用了不同的顺序。

prependTo( )方法与 prepend( ) 类似，也是将内容或元素节点插入目标元素的内部开头，但语法顺序与 prepend( ) 相反。

【释例 10-48】 观察下列代码。

```
$("<p>本段落放在 myDiv 的开头</p>").prependTo("#myDiv");
```

上述代码表示将"<p>本段落放在 myDiv 的开头</p>"添加到 id 为 myDiv 的元素内部的开头。这个示例的效果与上面的 prepend( ) 示例相同，都是将前置的段落添加到 myDiv 元素的开头。

此外还有 after( )、before( )、insertAfter( )、insertBefore( )、wrap( ) 方法等。

after( )方法用于在选定元素之后插入内容，before( )方法用于在选定元素之前插入内容，insertAfter()方法用于将内容插入指定元素的后面，insertBefore()方法用于将内容插入指定元素的前面。

wrap()方法在 jQuery 中用于给每个匹配的元素外层包裹一个 HTML 结构。这个方法接受一个参数，该参数可以是一个 HTML 字符串、选择器表达式、jQuery 对象或 DOM 元素。当调用 wrap() 方法时，每个匹配的元素都会被这个指定的 HTML 结构所包裹。

3. 替换节点

使用 replaceWith() 或 replaceAll() 方法可以替换节点。例如：

```
var newElement = $("<p>新的内容</p>");              //创建一个新的<p>元素
$("#oldElement").replaceWith(newElement);            //使用 newElement 替换 oldElement
$(newElement).replaceAll("#oldElement");             //同上，效果相同
```

4. 删除节点

有 remove()、detach()、empty()三种方法可以删除节点。

remove()方法用于从 DOM 中删除所有匹配的元素及其子元素。这个方法会永久性地移除匹配的元素，不仅从 DOM 中删除，还会删除其绑定的事件处理器和 jQuery 数据。

【释例 10-49】 观察下列代码。

```
$("#myElement").remove();
```

上述代码表示所有 id 为 myElement 的元素（及其子元素）都将从 DOM 中被删除，同时它们绑定的任何事件和数据也会被移除。

detach()方法从 DOM 中移除所有匹配的元素，但保留这些元素的 jQuery 数据和事件处理器。与 remove()不同，detach()不会删除元素的内存副本，因此可以稍后重新插入 DOM 中，并保留其原有的事件和数据。

【释例 10-50】 观察下列代码。

```
var detachedElement = $("#myElement").detach();
...
$("#someOtherElement").append(detachedElement);       //将元素重新插入 DOM
```

上述代码表示先使用 detach() 方法将 id 为 myElement 的元素从 DOM 中移除，但保留其事件和数据。然后可以对这个被移除的元素进行一些操作，最后使用 append()将其重新插入 DOM 中。

empty()方法用于删除匹配元素的所有子元素，但不删除元素本身，这意味着匹配的元素仍然保留在 DOM 中，但其内部的 HTML 内容被清空。

【释例 10-51】 观察下列代码。

```
$("#myElement").empty();
```

上述代码表示 id 为 myElement 的元素的所有子元素将被删除，但 myElement 本身仍然保留在 DOM 中。如果 myElement 原本包含其他 HTML 内容，那么这些内容现在将被清空。

总之，remove()用于永久删除元素及其子元素，detach()用于移除元素但保留其事件和数据，以便之后可以重新插入，而 empty()则仅清空元素的内容，保留元素本身。

5. 复制节点

使用 clone()方法可以复制节点。例如：

```
var clonedElement = $("#myElement").clone(true);          //复制元素,包括事件处理和数据
```

6. 隐藏和显示节点

可以使用 hide()和 show()方法来隐藏和显示节点。例如：

```
$("#myElement").hide();                                   //隐藏元素
$("#myElement").show();                                   //显示元素
```

【实例 10-11】 编写一个简单的示例，展示如何组合使用上述方法来操作 DOM 节点。节点操作的组合使用的代码如下。

```
<html>
<head>
    <script src="jQuery/jquery-3.7.1.js"></script>
</head>
<body>
    <main>
        <ul id="myList">   <li>列表项 1</li>   <li>列表项 2</li>   </ul>
        <button id="addItem1">在内部添加项</button>
        <button id="addItem2">在外部添加项</button>
        <button id="removeItem">移除内部项</button>
        <script>
        $(document).ready(function() {
            $("#addItem1").click(function() {
                var newItem1 = $("<li>追加到尾部</li>");
                $("#myList").append(newItem1);
            });
            $("#addItem2").click(function() {
                var newItem2 = $("<h1>插到最外面</h1>");
                $("#myList").before(newItem2);
            });
            $("#removeItem").click(function() {
                $("#myList li:last").remove(); //移除列表的最后一个项
            });
        });
        </script>
    </main>
</body>
</html>
```

在这个示例中创建了 3 个按钮，通过单击不同的按钮，可以动态地改变列表的内容。

10.8　jQuery 动画

jQuery 提供了多种动画效果，使得开发者能够为网页添加流畅的过渡和动态效果，从而提升用户体验。

10.8.1　基本动画

1. show()和 hide()

show()和 hide()是 jQuery 中用于显示和隐藏元素的简单动画方法，具体用法如表 10-20 所示。

表 10-20　show()和 hide()方法及其描述

方法	语法格式	描述	示例
show()	show([speed])	显示被隐藏的元素。speed 参数可选，指定动画的持续时间，可以是 "slow" "fast" 或以毫秒为单位的数字。如果省略，则元素会立即显示，没有动画效果	$("#myElement").show("slow");
hide()	hide([speed])	隐藏匹配的元素。speed 参数与 show() 相同，用于指定动画的持续时间。如果省略，则元素会立即隐藏，没有动画效果	$("#myElement").hide(1000);

show() 方法用于显示之前被隐藏的元素。当调用此方法时，如果元素原本处于隐藏状态（例如，通过 CSS 的"display：none；"或 jQuery 的 hide()方法隐藏），则会将其变为可见状态。如果提供了 speed 参数，则会以动画的形式逐渐显示元素；否则，元素会立即显示。

hide() 方法用于隐藏匹配的元素。与 show() 相反，它会将元素从可见状态变为隐藏状态。同样，如果提供了 speed 参数，隐藏操作会以动画的形式进行；否则，元素会立即消失。

2. fadeIn()和 fadeOut()

fadeIn()和 fadeOut()是 jQuery 中用于改变元素透明度的动画方法，分别用于淡入和淡出效果，具体用法如表 10-21 所示。

表 10-21　fadeIn()和 fadeOut()方法及其描述

方法	语法格式	描述	示例
fadeIn()	fadeIn([speed,[easing],[fn]])	淡入已隐藏的元素。speed 指定动画速度，easing 指定动画的缓动函数，fn 是动画完成后的回调函数	$("#myElement").fadeIn("slow");
fadeOut()	fadeOut([speed,[easing],[fn]])	淡出可见的元素。参数与 fadeIn() 相同	$("#myElement").fadeOut(1000);

fadeIn() 方法用于将原本隐藏的元素以淡入的方式显示出来。通过逐渐改变元素的不透明度，使其从完全透明变为可见状态。可以通过 speed 参数来指定动画的速度，通过

easing 参数来定义动画的缓动效果,以及使用 fn 参数来指定动画完成后的回调函数。

fadeOut() 方法与 fadeIn() 相反,用于将原本可见的元素以淡出的方式隐藏起来。同样,可以通过 speed、easing 和 fn 参数来定义动画的速度、缓动效果和回调函数。

3. slideUp()和 slideDown()

slideUp()和 slideDown() 是 jQuery 中用于改变元素高度的动画方法,分别用于向上滑动隐藏和向下滑动显示元素,具体用法如表 10-22 所示。

表 10-22　slideUp()和 slideDown()方法及其描述

方法	语法格式	描述	示例
slideUp()	slideUp([duration], [easing], [complete])	向上滑动隐藏元素。duration 指定动画持续时间,easing 指定缓动函数,complete 是动画完成后的回调函数	$("#myElement").slideUp(1000);
slideDown()	slideDown([duration], [easing], [complete])	向下滑动显示元素。参数与 slideUp() 相同	$("#myElement").slideDown("slow");

slideUp() 方法用于将元素以向上滑动的方式隐藏起来。它会逐渐减小元素的高度,直到元素完全隐藏。可以通过 duration 参数来指定动画的持续时间,通过 easing 参数定义动画的缓动效果,以及通过 complete 参数指定动画完成后的回调函数。

slideDown() 方法与 slideUp() 相反,用于将元素以向下滑动的方式显示出来。它会逐渐增大元素的高度,直到元素完全可见。参数的含义和用法与 slideUp() 相同。

10.8.2　自定义动画

animate() 方法在 jQuery 中是一个非常强大的函数,允许创建自定义动画。通过这个方法,可以逐渐改变一个或多个 CSS 属性,从而实现平滑的动画效果。

1. 语法格式

```
$(selector).animate(properties, [duration], [easing], [complete])
```

2. 参数描述

(1) properties:一个对象包含要变化的 CSS 属性和对应的值。例如,{left: "250px", opacity: 0.5}。

(2) duration(可选):动画持续的时间,可以是一个数字(以毫秒为单位)或预定义的字符串(例如 "slow" 或 "fast")。

(3) easing(可选):一个字符串,指定动画的缓动函数。例如,"linear"、"easeInQuad" 等。

(4) complete(可选):动画完成后执行的回调函数。

【实例 10-12】　应用 animate() 方法,设计一个简单动画网页。

设计的动画网页的代码如下。

```
<html>
<head>
    <style>
```

```
            #myElement { position: relative;  left: 0px;  background-color: red; }
        </style>
        <script src="jQuery/jquery-3.7.1.js"></script>
</head>
<body>
        <button id="animateBtn">点击开始动画</button>
        <div id="myElement"><img src="Pics/A1.jpg" width="1000" height="750" alt=""/></div>
        <script>
            $("#animateBtn").click(function() {
                $("#myElement").animate({
                    left: '250px',
                    width: '1200px',
                    opacity: 0.5
                }, 2000, "linear", function() {
                    alert("动画已完成!");
                });
            });
        </script>
</body>
</html>
```

在这个示例中,单击按钮后,myElement 这个 div 将会在 2s 内向右移动 250px,宽度变成 1200px,并且其 opacity 不透明度(可见性)将逐渐变为 0.5。动画完成后,会弹出一个警告框显示"动画已完成!",如图 10-4 所示。

(a) 动画未开始　　　　　　　　　　　(b) 动画完成

图 10-4　animate 动画

注意,应用 animate() 方法设计动画,可以使用 em 和 ％ 作为单位;所有指定的属性名需要使用驼峰式命名,例如,使用 marginLeft 而不是 margin-left;如果属性值是数值,可以省略引号。

10.9 jQuery 遍历

在原始的 DOM 模型中，遍历 DOM 树依赖 parentNode、childNodes、firstChild、lastChild、previousSibling 和 nextSibling 等属性来实现。这些属性提供了对 DOM 元素的直接访问，但在处理复杂的 DOM 结构时，它们可能会变得相当烦琐。jQuery 库提供了一套丰富的遍历方法，大大简化了这一过程。jQuery 的遍历方法通常返回 jQuery 对象，因此可以在这些返回的对象上继续调用其他 jQuery 方法，实现链式调用。

10.9.1 向上遍历（祖先元素）

向上遍历常用的方法有 parent()、parents() 和 parentsUntil() 方法，通过向上遍历 DOM 树的方式来查找元素的祖先元素，具体用法如表 10-23 所示。

表 10-23　parent()、parents() 和 parentsUntil() 方法及其描述

方 法	描 述	示 例
parent()	获取当前元素的直接父元素。如果没有找到父元素，则返回一个空的 jQuery 对象	$("div").parent()；获取所有＜div＞元素的直接父元素
parents()	获取当前元素的所有祖先元素，从最近的父元素开始，一直到文档的根元素（＜html＞）。可以通过可选的选择器参数进一步筛选祖先元素	$("div").parents("body")；获取所有＜div＞元素在＜body＞标签内的所有祖先元素
parentsUntil()	获取当前元素与终止元素之间的所有祖先元素（不包括终止元素本身）。可以通过选择器参数进一步筛选祖先元素	$("div").parentsUntil("body")；获取所有＜div＞元素直到＜body＞标签之前的所有祖先元素

10.9.2 向下遍历（子元素和后代元素）

向下遍历常用的方法有 children()、find() 和 contents() 方法，通过向下遍历 DOM 树的方式来查找元素的后代元素，具体用法如表 10-24 所示。

表 10-24　children()、find() 和 contents() 方法及其描述

方 法	描 述	示 例
children([selector])	获取当前元素的所有直接子元素。如果提供了选择器参数，那么只会返回匹配该选择器的直接子元素	$("ul").children("li")；获取所有＜ul＞元素下的直接＜li＞子元素
find(selector)	在当前元素的后代元素中查找与指定选择器匹配的元素。它会遍历所有后代元素，而不仅仅是直接子元素	$("ul").find("li")；在所有＜ul＞元素的后代中查找所有的＜li＞元素
contents()	获取当前元素的所有子节点，包括文本节点和元素节点。这个方法与 children() 不同，因为它会返回文本节点（即文本内容），而不仅仅是元素节点	$("div").contents()；获取＜div＞元素内的所有子节点，包括文本和元素

注意，contents()方法在处理包含文本和元素的混合内容时特别有用，而 children() 和 find() 则更多地用于选择元素节点。

10.9.3 同级遍历(同胞元素)

所谓同胞节点，是指拥有相同父元素的节点。在 jQuery 中提供了多种同胞节点遍历的方法，例如 siblings()、next()、nextAll()、prev()、prevAll()、nextUntil()、prevUntil()等方法，具体用法如表 10-25 所示。

表 10-25　siblings()、prev()、prevAll()、next()、nextAll()、nextUntil()和 prevUntil()方法及其描述

方　　法	描　　述	示　　例
siblings([selector])	获取当前元素的所有同级元素(同胞元素)。如果提供了选择器参数，则只返回匹配该选择器的同级元素	$("div").first().siblings()；获取第一个<div>元素的所有同级元素
prev([selector])	获取当前元素的前一个同胞元素。如果提供了选择器参数，则只返回匹配该选择器的前一个同胞元素	$("li").prev()；获取每个<li>元素的前一个同胞元素
prevAll([selector])	获取当前元素之前的所有同胞元素。如果提供了选择器参数，则只返回匹配该选择器的同胞元素	$("li:last").prevAll()；获取最后一个<li>元素之前的所有同胞元素
next([selector])	获取当前元素的后一个同胞元素。如果提供了选择器参数，则只返回匹配该选择器的后一个同胞元素	$("li").next()；获取每个<li>元素的后一个同胞元素
nextAll([selector])	获取当前元素之后的所有同胞元素。如果提供了选择器参数，则只返回匹配该选择器的同胞元素	$("li:first").nextAll()；获取第一个<li>元素之后的所有同胞元素
nextUntil([selector][,filter]])	获取当前元素之后的所有同胞元素，直到遇到匹配指定选择器的元素为止。如果提供了 filter 参数，则会对结果进行进一步筛选	$("li:first").nextUntil("li:last")；获取第一个<li>元素到最后一个<li>元素之前的所有同胞元素
prevUntil([selector][,filter]])	获取当前元素之前的所有同胞元素，直到遇到匹配指定选择器的元素为止。如果提供了 filter 参数，则会对结果进行进一步筛选	$("li:last").prevUntil("li:first")；获取最后一个<li>元素到第一个<li>元素之后的所有同胞元素

10.9.4 过滤遍历

在 jQuery 中，应用过滤遍历能够缩小搜索元素的范围。三个最基本的过滤方法是 first()、last()和 eq()，应用这些过滤可以在一组元素中的位置来选择一个特定的元素。其他过滤方法，例如 filter()和 not()等，允许选取匹配或不匹配某项指定标准的元素。表 10-26 给出了过滤遍历与其他遍历的方法、描述及示例。

表10-26　过滤遍历与其他遍历的方法、描述及示例

方　　法	描　　述	示　　例
first()	获取当前匹配元素集合中的第一个元素	$("li").first()；获取第一个 <li> 元素
last()	获取当前匹配元素集合中的最后一个元素	$("li").last()；获取最后一个 <li> 元素
eq(index)	获取匹配元素集合中指定索引的元素	$("li").eq(1)；获取索引为 1 的 <li> 元素（第二个元素）
filter(selector)	从当前匹配的元素集合中筛选出符合特定选择器的元素	$("li").filter(".active")；筛选出带有 .active 类的 <li> 元素
not(selector)	从当前匹配的元素集合中排除符合特定选择器的元素	$("li").not(".disabled")；排除带有 .disabled 类的 <li> 元素
each(function(index, element))	对匹配元素集合中的每个元素执行一个函数。该函数接收两个参数：当前元素的索引和当前元素本身	$("li").each(function(i, e){console.log(i, $(e).text());})；遍历所有<li>元素，并打印其索引和文本内容
index([selector])	获取元素在其父元素或一组元素中的位置索引。如果提供了选择器参数，则会在该选择器匹配的元素集合中查找当前元素的位置	var idx = $("#myElement").index()；获取 #myElement 在其父元素中的位置索引
is(selector)	检查当前匹配元素集合中的元素是否满足某个选择器	$("div").is(".myClass")；检查 <div> 元素是否有 .myClass 类
add(selector[, selector]...)	向匹配的已经存在的元素集合中添加一个或多个由选择器指定的元素，形成新的集合	$("div").add("p").css("background", "yellow")；将所有<p>和<div>元素的背景色设置为黄色
has(selector)	将匹配元素集合缩减为包含特定元素的后代的集合。如需选取拥有多个元素在其内的元素，请使用逗号分隔	$("div").has("p")；保留包含 <p> 后代的 <div> 元素

jQuery 的遍历方法为 jQuery 提供了强大的元素筛选和操作功能，each() 用于遍历和处理元素集合，index() 用于确定元素的位置，add() 用于扩展元素集合，而 contents() 则用于获取元素的所有子节点。这些方法使得开发者能够更灵活地处理 DOM 元素和节点。

【实例 10-13】　应用 jQuery 的遍历方法，设计一个简单网页。

设计的网页代码如下。

```
<html>
<head>
    <script src="jQuery/jquery-3.7.1.js"></script>
</head>
<body>
    <div>
        <h3>劝学</h3> <hr>
        <p>学海无涯苦作舟,书山有路志为梯。</p>
        <p>千淘万漉求真知,百炼成钢铸大器。</p>
        <p>勤学不辍终有获,奋发图强莫等闲。</p>
```

```
        <p>莫负青春好时光,他日功成笑开颜。</p>
    </div>
    <ul>
        <li>jQuery 语法</li>    <li>jQuery HTML</li>
        <li>jQuery 遍历</li>    <li>jQuery 动画</li>
    </ul>
    <script>
    $(document).ready(function() {
        //父元素遍历:
        $("p").parent().css("border", "2px solid blue");
        //子元素遍历:
        $("div").children().css("color", "red");
        //同级元素遍历:
        $("hr").next().css("background-color", "yellow");
        //过滤遍历:
        $("li").first().css("font-weight", "bold");
        //索引遍历:
        var index = $("li").eq(0).index();
        alert("第一个列表项的索引是: " + index);
        //遍历所有列表项并输出其内容:
        $("li").each(function() {
            //alert($(this).text());
            console.log($(this).text());
        });
    });
    </script>
</body>
</html>
```

本实例的运行效果如图 10-5 所示。

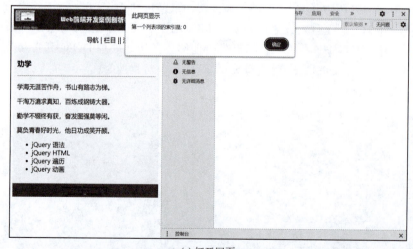

(a)打开网页

图 10-5　jQuery 遍历 DOM(左图打开网页,右图网页交互完成)

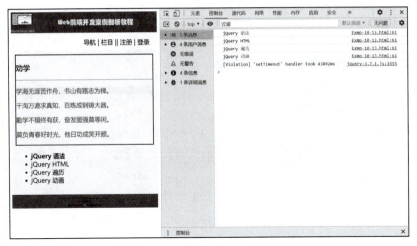

(b) 网页交互完成

图 10-5 （续）

在本实例中使用了多种 jQuery 遍历方法来修改和访问页面上的元素。当打开这个 HTML 文件时,会看到应用了不同样式的元素,并且通过控制台或弹窗显示了列表项的内容。可以根据自己的需求使用这些遍历方法来操作 DOM 树。

10.10 本章小结

应用 jQuery 选择器能够精确地选取页面元素,无论是基础、层次、属性还是过滤、表单选择器,都大大简化了元素选择的过程。jQuery 对象提供了丰富的方法和属性,使得元素操作变得直观且高效。

$(document).ready()作为入口函数,确保了 DOM 加载完成后才执行相关代码,提高了代码的健壮性。在事件处理方面,jQuery 提供了简洁的方式绑定和处理各种事件,增强了网页的交互性。

在文档操作中,无论是内容的获取与设置、属性的修改,还是样式的应用、节点的创建与删除,jQuery 都提供了简洁而强大的 API。此外,其动画效果更是让网页变得生动有趣,提升了用户体验。

应用遍历方法能够在元素之间灵活查找与选择元素,向上遍历、向下遍历、同级遍历和过滤遍历,让复杂的逻辑处理变得轻而易举。

习 题

一、单项选择题

1. 在 jQuery 中,用于选取所有具有指定类名的元素的选择器是(　　)。
   A. $("p") B. $(".classname")
   C. $("#idname") D. $("input[type='text']")

2. (　　)方法用于确保在 DOM 加载完成后才执行相关代码。
　　A. $(window).load()　　　　　　　B. $(document).ready()
　　C. $(document).load()　　　　　　D. window.onload
3. 在 jQuery 中,(　　)方法用于修改元素的样式。
　　A. .css()　　　B. .attr()　　　C. .text()　　　D. .html()
4. (　　)方法用于隐藏被选元素。
　　A. .hide()　　B. .show()　　C. .fadeIn()　　D. .slideDown()
5. 在 jQuery 中,(　　)遍历方法用于选取所有兄弟元素。
　　A. .siblings()　　B. .parent()　　C. .children()　　D. .next()
6. 在 jQuery 中,(　　)可以为元素绑定点击事件。
　　A. $(selector).click()
　　B. $(selector).on("click")
　　C. $(selector).bind("click")
　　D. $(selector).on("click", function(){})
7. 在 jQuery 中,(　　)可以获取元素的内容。
　　A. $(selector).text()　　　　　　B. $(selector).html()
　　C. $(selector).content()　　　　D. $(selector).value()
8. jQuery 方法(　　)用于移除被选元素。
　　A. .remove()　　B. .empty()　　C. .detach()　　D. .hide()
9. 在 jQuery 中,(　　)用于为元素添加类。
　　A. $(selector).addClass("classname")
　　B. $(selector).class("classname")
　　C. $(selector).addClasses("classname")
　　D. $(selector).add("classname")
10. jQuery 选择器(　　)用于选取具有指定属性的元素。
　　A. $(element[attribute])　　　　B. $(element.attribute)
　　C. $(element:attribute)　　　　　D. $(element(attribute))

二、判断题
1. $(document).ready()函数用于在 DOM 完全加载后执行代码。　　　(　　)
2. .html()方法用于获取或设置被选元素的内容(包括 HTML 标记)。　　(　　)
3. 在 jQuery 中,$("p:first")选择器用于选取第一个<p>元素。　　　　(　　)
4. .fadeIn()方法用于隐藏被选元素。　　　　　　　　　　　　　　　(　　)
5. .parent()方法用于获取被选元素的子元素。　　　　　　　　　　　(　　)
6. 在 jQuery 中,$.ajax()方法用于执行 Ajax 请求。　　　　　　　　 (　　)
7. .attr()方法用于获取或设置被选元素的文本内容。　　　　　　　　(　　)
8. 在 jQuery 中,.remove()方法用于隐藏被选元素。　　　　　　　　　(　　)
9. jQuery 中的事件处理函数通常以匿名函数的形式传递。　　　　　　(　　)
10. jQuery 是一个快速、小巧且功能丰富的 JavaScript 库。　　　　　(　　)

三、问答题

1. 在 jQuery 中,给某个元素添加类的作用是什么?

2. 在<div>…</div>中含有<p>、<span>、<h1>等标签,$("p：first")是什么意思?

3. 在<div><ul><li>…</li>…<li>…</li></ul></div>中,$("div")与$("ul")、$("li")的 jQuery 对象是什么?

参 考 文 献

[1] 杨蓓,李林. Web 前端开发案例教程(HTML5＋CSS3＋JavaScript)[M]. 北京：中国铁道出版社,2021.
[2] 裴献,李林,黄志军. 网页设计教程[M]. 北京：科学出版社,2010.
[3] 吴志祥,雷鸿,李林,等. Web 前端开发技术[M]. 武汉：华中科技大学出版社,2019.
[4] QST 青软实训. Web 前端设计与开发：HTML＋CSS＋JavaScript＋HTML5＋jQuery[M]. 北京：清华大学出版社,2016.
[5] 刘瑞新,张兵义,罗东华. Web 前端开发实例教程：HTML5＋JavaScript＋ jQuery[M]. 北京：清华大学出版社,2018.
[6] 周文洁. HTML5 网页前端设计[M]. 北京：清华大学出版社,2017.
[7] 青岛英谷教育科技股份有限公司. HTML5 程序设计及实践[M]. 西安：西安电子科技大学出版社,2016.
[8] 温谦. HTML5＋CSS3 Web 开发案例教程(在线实训版)[M]. 北京：人民邮电出版社,2022.
[9] 储久良. Web 前端开发技术——HTML5、CSS3、JavaScript[M]. 3 版. 北京：清华大学出版社,2018.
[10] 李林,施伟伟. JavaScript 程序设计教程[M]. 北京：人民邮电出版社,2008.